I0886687

Naturkräfte.

Dreizehnter Band.

Mechanik
des
menschlichen Körpers.

Von

Dr. J. Kollmann,
a. o. Professor an der Universität München.

Mit 69 Holzschnitten.

München.
Druck und Verlag von R. Oldenbourg.
1874.

Inhalt.

I.

Der menschliche Organismus.

II.

Mechanik des Nervensystems.

III.

Das Knochengerüste als Stativ des Körpers.

IV.

Mechanik der Gelenke.

V.

Mechanik der Muskeln.

VI.

Schwerpunkt.

VII.

Mechanik der Athmung.

VIII.

Mechanik des Herzens.

I. Der menschliche Organismus.

1. Anschauungen über dessen Kraftquellen.

Im weiten Reich der belebten und leblosen Welt ist die Herrschaft der physikalischen und chemischen Kräfte unbestritten. Auch in dem Organismus des Menschen spielen sie eine fundamentale Rolle. Wohin immer das Auge dringt und den Zusammenhang der Erscheinungen dem denkenden Geiste erschließt, überall findet es Bewegung. Scheint auch der Körper äußerlich zu ruhen, im Innern herrscht dennoch unausgesetzte Thätigkeit. Und sie ist gerade dort in ihrer Gesammtwirkung am mächtigsten, wo sie in die engen Grenzen der kleinsten Gebilde, in die Billionen von Zellen und Fasern gebannt, arbeitet. Aus der Gesammtsumme dieser Bewegungen innerhalb der organisirten Elemente unsers Körpers entsteht Leben. Bei einer oberflächlichen Betrachtung scheint freilich das Recht für eine solche Auffassung zu fehlen. Das ganze Wesen trägt so den Stempel des Außergewöhnlichen, des Vollendeten, daß man sich weigert diesen kleinen Kräften eine solche Wirkung zuzugestehen, daß man sich sträubt gegen den harten Satz der Naturforschung, welcher selbst den Menschen dem schonungslosen Walten chemischer und physikalischer Gesetze preisgibt.

Allein der Beweis läßt sich führen.

Die folgenden Blätter sollen einige jener physikalischen Kräfte und jener mechanischen Theile aus dem menschlichen Organismus, deren Wechselwirkung hinreichend festgestellt ist, zu einem Gesammtbild vereinigen. Mit der Gliederung des menschlichen Körpers soll auch die Aufgabe der einzelnen Theile dargelegt werden, welche ihnen in diesem Triebwerk zukommt. Denn die Gestalt der Knochen wird erst verständlich, wenn sie im Lichte der Mechanik erscheinen als Hebel, an denen nach bestimmten Regeln die Muskeln so befestigt sind, daß eine Verkürzung derselben stets denselben Effect vorausbestimmen läßt. So erhält die Kenntniß vom Bau des Herzens und der Gefäße, ferner die Art ihrer Vertheilung im Körper erst dann die wahre Bedeutung, wenn wir sie dazu verwerthen, den letzten Grund des Kreislaufs zu begreifen. Zwischen dem hydraulischen Druck des Blutes in den Arterien und dem in den Venen herrscht, wie wir heute wissen, ein beträchtlicher Unterschied, und die Hauptaufgabe des Herzens ist es, jenen Druckunterschied zu erzeugen und zu erhalten. Erst seit dieser Entdeckung ist seine Rolle im Körper klar erkannt, und damit auch die der Gefäße und ihrer Vertheilung richtig gewürdigt. Der Akt der Athmung und die Thätigkeit des Nervensystems, dessen geheimnißvolles Wirken so lange der physikalischen Betrachtung trotzte, sie alle liefern genug der Beweise, daß es eine Mechanik des menschlichen Organismus gibt. Diese Erkenntniß hat noch bei keinem Naturforscher die Bewunderung geschmälert, zu der die herrliche Einfachheit des Baues und das sichere Ineinandergreifen vielfach verknüpfter Theile den empfänglichen Beschauer hinreißt. Ja selbst einem drückenden Gefühl, das die Erkenntniß bringt, entgeht er nicht. Wenn er auch wahrnimmt, daß überall ein strenges Gesetz herrscht und die unerbittliche Logik den Gang der Atome regelt; wenn er auch sich rühmen darf, den verborgenen Zusammenhang der Kräfte durch seinen Scharfsinn erkannt zu haben; wenn es ihm auch gelang, dem flüchtigen Räthsel des Lebens ein neues Geheimniß abzulauschen, dem drückenden Gefühl entgeht er nicht, daß der menschliche Erfinder ein Stümper sei gegen den unbekannten Meister der thierischen Schöpfung.

Will man die Mechanik des menschlichen Organismus erläutern, so weist man stets auf seine Aehnlichkeit mit einer Maschine hin. Die Art und Weise, wie namentlich die äußeren Bewegungen sich abspielen, hat selbst für den Unbefangenen etwas, das eine solche Auffassung begünstigt. Mögen die verschiedenen Bewegungen unserer Glieder noch so zahlreich sein, es gibt eine Grenze, in die sie fest gebannt sind. Man beobachte den Gang. Kleine Varietäten, welche Individualität oder Erziehung bedingen, ausgenommen, ist er unter allen Zonen bei allen Rassen derselbe. Ueberall kehrt derselbe Rhythmus wieder. Wie bei einer Maschine werden immer dieselben Kräfte dazu verwendet. Kein Mensch mit gesunden Gliedern denkt ferner jemals an all' die Kunstgriffe, wodurch er die Last seines Körpers fortbewegt. Wir führen die lebhafteste Unterhaltung, unsere Gedanken beschäftigen sich mit fernliegenden Dingen, während sich die Muskel unserer Beine beugen und strecken, und den Körper ohne unsere Aufmerksamkeit weiter tragen.

Der Vergleich des menschlichen und thierischen Organismus mit einer Maschine taucht schon an der Grenzscheide des Mittelalters und der neueren Zeit auf, als jene kühnen

Versuche begannen, lebende Wesen, selbst der höchsten Art, in Form sogenannter **Automaten** nachzubauen. Die Bewegungen vor allem, und die damit verbundenen Leistungen erschienen jenen unternehmenden Köpfen als Thätigkeiten einer Maschine und sie trugen sich alles Ernstes mit der Hoffnung, Copien herstellen zu können, welche mit den Fertigkeiten eines geschulten Dieners die Dauerbarkeit des Stahles verbänden. Selbst vor den schwierigsten Aufgaben scheute man nicht zurück. Das Staunen noch am Schluß des vorigen Jahrhunderts war eine Klavierspielerin, welche beim Spielen gleichzeitig ihren Händen mit den Augen folgte, und nach beendeter Kunstleistung aufstand, um der Gesellschaft eine höfliche Verbeugung zu machen.

Die Ueberzeugung, daß der Organismus nichts anderes sei als eine Maschine, freilich von erstaunlichem Scharfsinn in der Wahl des Materiales und in der Art der Zusammensetzung, drängte sich später eben so deutlich in den Vordergrund, als es sich um die Erfindung des Perpetuum mobile handelte. Diese Maschine sollte ohne äußern Anstoß, von selbst fortdauernd in Bewegung bleiben und ihre Triebkraft unaufhörlich aus sich selbst erzeugen. Ein Perpetuum mobile würde alle Vortheile der Dampfmaschine geboten haben, ohne Brennmaterial zu kosten. Es erzeugte Kraft aus sich selbst, Arbeitskraft aus Nichts, und da Arbeit Geld ist, Reichthum in ewiger Fülle. Man hoffte am leichtesten das Ziel zu erreichen, wenn man sich Thiere und Menschen zum Muster nahm. Sie schienen im Wesentlichen der Idee eines solchen Apparates zu entsprechen: einem Uhrwerk, welches nie aufgezogen, sich die Triebkraft aus Nichts schaffte. Die Nahrung hielt man damals allgemein nur für nothwendig, um die Räder der thierischen Maschine zu schmieren, das abgenützte zu ersetzen und das altgewordene zu erneuern. Die Arbeitskraft galt allen für ein überraschendes Kunststück der großen Zauberin Natur, wozu sie nur der gut construirten Maschine bedürfe. Wem es gelänge, ihr das Geheimniß abzulauschen und eben so geschickt zu sein in der Anwendung der Hebel und Gelenke! Vor ihm lag die Welt, und all' ihre Schätze.

Die stolze Aufgabe hat sich aber als unlösbar erwiesen. Die Voraussetzung war falsch. Aus mangelhafter Kenntniß des Lebensprozesses hielt man den menschlichen Körper für das Vorbild einer solchen Maschine. Fälschlich glaubte man, er erzeuge die Arbeitskraft aus Nichts, und hielt diese und die Temperatur für das Resultat eines sinnreich ineinandergreifenden Triebwerks. Heute wissen wir, daß es sich mit dem Ursprung von Wärme und Kraft im menschlichen Körper genau ebenso verhält, wie bei der Dampfmaschine. Die Nahrungsmittel sind nicht die scheinbaren, sondern die wirklichen Quellen der Wärme und der Kraft. Sie sind verbrennliche Substanzen, welche, nachdem sie durch die Verdauung in die Blutmasse übergegangen sind, mit Hilfe des Sauerstoffs, den die Lungen aufnehmen, einer langsamen Verbrennung unterworfen werden. Ja noch mehr: die Nahrungsmittel gehen schließlich fast ganz in dieselben Verbindungen über, welche bei einer Verbrennung im offenen Feuer entstehen würden. Bei dieser langsamen Verbrennung wird Wärme und damit auch Triebkraft frei. Die Uebereinstimmung der beiden Vorgänge ist so groß, daß man im Stande ist, beim Menschen gerade wie bei der Dampfmaschine aus der Masse des verbrauchten Materiales die Quantität der (durch Verbrennung) erzeugten Wärme oder dieser entsprechenden Arbeit zu berechnen.

Mit der Erkenntniß, daß der menschliche Körper durch die Art, wie er Wärme und Kraft gewinnt, sich von einer

Dampfmaschine nicht im geringsten unterscheide, daß hier wie dort die Arbeitskraft abhängig sei von einer beständigen Zufuhr brennbarer Substanzen, sind wir um einen bedeutenden Schritt jenen vorausgeeilt, welche über das Perpetuum mobile nachgedacht und sich den menschlichen Organismus hiefür als Modell genommen. Das Geheimniß des Lebens ist begreiflicher geworden, seitdem wir wissen, daß es auf einem Verbrennungsprozeß beruht, und daß der Stoffwechsel im Organismus die Quelle der Wärme und die Quelle der Kraft ist.

Die Leuchte, welche allmählich die dunkeln und verwickelten Lebenserscheinungen erhellte, entstammt dem Gebiet der Physik und Chemie. Durch die Anwendung dieser beiden Wissenschaften auf alle Vorgänge im menschlichen Organismus gelang es endlich, den Schleier zu lüften, der zuvor jeden Einblick hemmte.

Nachdem es sich hier zunächst darum handelt, den Einfluß der physikalischen Kräfte zu erörten, so will ich auf einige Erfolge für unser Wissen hindeuten, welche die Anwendung der Physik auf die Vorgänge im menschlichen Organismus errungen hat, und deren Richtigkeit allgemein anerkannt ist.

In Bezug auf das Auge hat sie gezeigt, daß es einer camera obscura gleiche. Die Entstehung eines Bildes auf der Oberfläche der empfindenden Netzhaut wird beherrscht von den Gesetzen der Lichtbrechung. Es ist kein Zufall, wenn die Augenheilkunde den höchsten Standpunkt einnimmt in der practischen Medicin. Er ist begründet durch die Summe der physikalischen Kenntnisse, welche man unter dem Namen der Optik zusammenfaßt.

Bei einem anderen Sinnesorgane dem Ohr, hat die Lehre vom Schall unsere Kenntniß wesentlich gefördert.

Viele dunkle Punkte sind durch die directe Anwendung der Akustik aufgedeckt worden. Ist man doch in der neuesten Zeit auf der sicheren Bahn schon soweit vorgeschritten, durch die Physik des Schalls und die Physiologie der Tonempfindungen die Elemente der Construction unseres musikalischen Systems zu begründen.

Wie weit die Mechanik dieser beiden für die Erziehung des Geistes so einflußreichen Organe schon gediehen, vermag man am besten daran zu erkennen, daß sie heut zu Tage auch in den Handbüchern der Physik abgehandelt werden. Enthält doch selbst diese Reihe von Werken die Beschreibung von Aug und Ohr aus der Feder eines Physikers. Es wird sich später ausführlich zeigen lassen, wie die Wellenlehre, die Lehre der Strömung von Flüssigkeiten in Röhren, und jene von der Capillarität über die Circulation des Blutes neue Gesichtspunkte eröffneten. Die Untersuchungen über die Diffusion der Gase halfen den schnellen Austausch der im Körper entstandenen Kohlensäure gegen den belebenden Sauerstoff der frischen Luft begreifen. Ferner steht es längst fest, daß die gekrümmten Flächen unserer Gelenke mit Hilfe von den in der Mechanik angewendeten erklärbar sind. Wie weit endlich die vielen glänzenden Entdeckungen der Electricitätslehre die Lebensvorgänge in den Nerven noch aufhellen werden, ist nicht abzusehen.

Wenn man früher selbst die höchsten Organismen mit Maschinen verglich, als doch ihr Bau und die mächtigste Triebfeder der Lebensvorgänge: die Zersetzung nur höchst oberflächlich erkannt waren, so erscheint ein solcher Vergleich in unseren Tagen geradezu unantastbar, nachdem wir wissen, daß alle, selbst die scheinbar verwickeltsten Prozesse unter dem Einfluß chemischer und physikalischer Gesetze stehen.

Freilich läßt sich noch nicht in allen Fällen das Gesetz scharf ausdrücken, aber die entdeckten Thatsachen zeigen zur Genüge dessen Herrschaft, wenn auch die präcise Fassung bei dem jetzigen Zustand unserer Wissenschaft unmöglich ist.

Bekanntlich wird aber gegen eine solche Auffassung des mit Recht bewunderten Meisterstückes der Schöpfung stets auf's Neue Einsprache erhoben und auf den Zusammenhang des Körpers mit dem Geist hingewiesen, der der Maschine vollkommen fehlt.

In der That, der intellectuelle Lenker der Dampfmaschine steht außer ihr, der des menschlichen Organismus ist untrennbar mit ihm verbunden. Die Maschine handelt bewußtlos, der Mensch bewußt. Niemand wird diesen Unterschied läugnen oder verkennen, und jeder Versuch die Seelenthätigkeiten, d. h. die höheren Funktionen des Gehirns als Aeußerungen einer Maschine hinzustellen, würde zur Zeit mißlingen. Ist es ja doch noch eine offene Frage, ob wir die geistigen Vorgänge aus materiellen Dingen je begreifen werden, obwohl darüber kein Zweifel ist, daß diese Vorgänge das Erzeugniß materieller Bedingungen sind.

Hier hinkt unser Vergleich.

Ein weiterer Unterschied zwischen Maschine und Organismus liegt ferner darin, daß dort der Ersatz abgenützter und die Herstellung zerstörter Theile nur während ihres Stillstandes, durch fremde Thätigkeit erfolgt, während der Organismus beides, ohne Unterbrechung seines Ganges selbst vollzieht. Die Kluft zwischen dem Gebild der Menschenhand und dem der schaffenden Natur wird dadurch in der That unendlich groß. Denn jedes Atom, das die Verbrennung zerstört hat, wird im menschlichen Körper wieder ersetzt; jeder Verlust, der durch die Bewegung entstanden ist, sofort ausgeglichen. Eine geheimnißvolle aber strenger Gesetzlichkeit unterworfene Macht stellt das Gleichgewicht der einzelnen Theile wieder her. Und unser Staunen mindert sich nicht, wenn wir von dem hochstehenden menschlichen Organismus hinweg uns zu dem eines niederen Thieres wenden. Jeden Wurm, der an der Erde kriecht, adelt dieser auszeichnende Vorzug. Auch in seinem Organismus erneuern sich die durch den Lebensprozeß zerstörten Theile. Auch bei ihm, wie bei dem Menschen verlangt der Ersatz der verbrauchten Theile keinen Stillstand. Während die Maschine in vollem Schwung ist, geschieht der Austausch.

Doch dieser tiefgreifende Unterschied fällt zunächst nicht in die Wagschaale, wenn es sich darum handelt, die Kräfte kennen zu lernen, welche im menschlichen Organismus thätig sind. Können wir doch auch den Bau einer Dampfmaschine untersuchen, die Form der Theile prüfen, aus denen ihr Leib zusammengesetzt ist, das Spiel der bewegenden Hebel verfolgen, den Verbrauch an Kohle und die gelieferte Arbeit berechnen, ohne uns darum zu kümmern, wie lange sie wohl dauern wird und auf welche Weise die unvermeidlichen Folgen der Zerstörung sich wieder ausgleichen lassen.

Der Grund, warum man immer wieder zu diesem vielen so verhaßten Beispiel zurückkehrt ist ein rein praktischer. Bringt doch jeder aus dem alltäglichen Leben eine Menge von Kenntnissen mit über den Bau von Maschinen und über ihre Leistungen, unschätzbare Hilfsmittel, wenn es sich darum handelt, die Mechanik des menschlichen Organismus zu begreifen. Wer hätte nicht schon sinnend der Lokomotive nachgesehen, und sich an dem selbstthätigen Mechanismus gefreut, der die lange Wagenreihe hinter sich, donnernd dahinjagt. An ihm ist das Spiel der Kräfte durchsichtig genug, um den Zusammenhang zwischen der entstandenen Wärme und der gelieferten Bewegung zu er=

kennen. Es ist deßhalb mehr als ein poetischer Vergleich, wenn man die Kohle, und die zum Feuerheerd strömende Luft und das Wasser als Nahrungsmittel der Lokomotive bezeichnet, und die Verbrennung als den Grund ihres Lebens.

Alle kennen ferner ihre strenge Gliederung in einzelne Abtheilungen, welche selbst wieder aus verschiedenen trennbaren Stücken bestehen. Da ist der Feuerherd, der aber seine Glut nur bei beständiger Zufuhr frischer Luft entwickelt. Ueber ihm wölbt sich die Rundung des Kessels. Starke Röhren führen aus ihm den eingezwängten Dampf nach den Cylindern. Nur nach strengen Regeln vermag er dort einzuströmen, und auf den Stempel zu drücken. Dieser überträgt endlich die Bewegung mit Hilfe von Hebeln und Gelenken auf die Stange, der dröhnend die schweren Räder folgen. Es ist ferner längst bekannt, daß bestimmten Abtheilungen ein gewisser Grad von Selbstständigkeit zukommt. Im Herd kann die Flamme lodern und doch steht die Maschine unbeweglich; der Dampf entweicht in dichten Massen mit sammt dem Rauch durch den Schornstein, ohne vorher seine Spannkraft in den Cylindern zu erproben. Und ein andermal braust der Zug auf seinen Schienen weiter, einer dunkeln ehernen Schlange gleichend; sein wallender Schmuck, die schimmernden Dampfwolken, welche sonst dem Haupt entquellen, sind nicht zu sehen. Der Dampf ist abgesperrt, und doch hebt und senkt sich der Stempel, und das Triebrad ist im vollsten Schwung. Es sind also auch während der Bewegung der Maschine nicht alle Theile in gleicher Thätigkeit. Während äußere Organe arbeiten, können tiefer gelegene in vollkommener Ruhe verharren. Und umgekehrt: sie kann äußerlich ruhig erscheinen, und doch ist im Innern Leben und Bewegung.

Solche Erfahrungen, die sich unwillkürlich aufdrängen, selbst bei oberflächlicher Betrachtung, sind von dem größten Werth für das Verständniß des Baues und für das der Lebensprozesse in unserem eigenen Körper. Auch in ihm finden wir eine strenge Gliederung. Seine Organe sind nach einem bestimmten System geordnet. Jedes entspricht einem bestimmten Theil des Mechanismus, jedes hat seine besondere durch die Construction bedingte Aufgabe. Auch die Unabhängigkeit der einzelnen Theile vom Ganzen kehrt hier wieder wie dort. Es liegt endlich ein hoher Grad von Uebereinstimmung darin, daß die Oxydation, d. h. die Zersetzung der Stoffe auch im menschlichen Körper die Erzeugung von Wärme und Kraft vermittelt und daß die Bewegung abhängt von der beständigen Zufuhr neuer Nahrung.

Die Fortdauer des Lebens verlangt gebieterisch den Ersatz. Auf dem Gleichgewicht von Zerstörung und Zufuhr beruht dessen Erhaltung. Ein Uebergewicht des einen, sei es in einem einzelnen Theil oder im ganzen Körper führt hier wie dort zur Vernichtung.

2. Gliederung des Organismus.

Die Haut bedeckt mit einem undurchsichtigen Schleier die innere Organisation des Menschen. Um diese zu erkennen, müssen wir den Körper zerlegen; und wenn es gelungen die Anordnung der Theile zu ergründen, folgt erst die schwierigere Aufgabe, ihre Bedeutung im Triebwerk zu verstehen.

Bei der Eröffnung des Rumpfes trifft man bekanntlich auf zwei große Höhlen, die Brust- und die Bauchhöhle. Sie sind hermetisch voneinander abgeschlossen durch das kuppelförmig gewölbte Zwerchfell (Diaphragma) (Fig. 1 B).

Diese scharfe Sonderung ist von der größten Wichtigkeit und man könnte sie vergleichen mit jener Trennung des Feuers in der Maschine von dem Wasser. Nur durch die Wandung des Kessels hindurch dürfen die beiden Elemente aufeinander wirken. Wird sie durchbrochen so erlischt das Feuer, die Maschine steht still. Aehnlich wirkt die Zerstörung des hermetischen Verschlusses der Brusthöhle. Ohne daß sonst lebenswichtige Organe verletzt würden, hören aus mechanischen Gründen die Athembewegungen auf, und damit die Verbrennung.

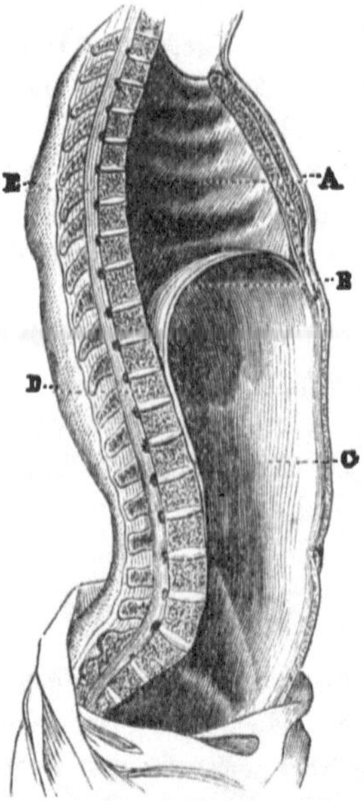

Fig. 1. Durchschnitt durch die Mitte des Stammes und seiner Höhlen. A Brusthöhle. B Zwerchfell. C Unterleibshöhle. D Wirbelsäule. E Rückgratkanal.

In der Brusthöhle findet sich das Herz und die beiden Lungen. Die Lungen sind einem, schon zum großen Theil mit Luft gefüllten Blasbalg zu vergleichen, der beständig sich erweitert und verengert. Durch eine Röhre, die Luftröhre, kann bekanntlich die atmosphärische Luft in die Lungen dringen und einen

Theil der schon vorhandenen erneuern; doch nach dem Ausathmen ist die Lunge nicht vollständig leer von Luft. Sie enthält im Gegentheil noch eine ansehnliche Menge, welche niemals entweichen kann, so lange nur die eine natürliche Communikation des Raumes mit der Atmosphäre besteht. Der hermetische Verschluß dieser oberen Rumpfhöhle gestattet selbst nach dem Tode nicht, daß alle Luft aus den Lungen entweiche. Der erste Athemzug bringt zwar zum erstenmal die Luft in den Brustraum und damit auch den Sauerstoff, der vorher dem Kinde auf anderen Bahnen, durch die Blutgefäße im Nabelstrang zugeführt wurde; der letzte Athemzug kann aber die Lunge nicht luftleer zurücklassen.

Mit den Lungen ist das Herz in unmittelbarster Verbindung durch große Gefäße, damit der Sauerstoff direct in das Blut gelange. Das Herz, ein sinnig construirtes Pumpwerk, treibt das mit dem Sauerstoff geschwängerte Blut nach allen Organen.

Die Unterleibshöhle ist vorzugsweise von dem Verdauungsapparat erfüllt, der die aufgenommene feste und flüssige Nahrung verdaut und in die mit Blut gefüllten Circulationsröhren überführt. Die Kanäle, welche den Verdauungsapparat mit andern Organen in Verbindung setzen, wie z. B. die Speiseröhre, oder die großen Gefäße, müssen natürlich die Scheidewand zwischen den beiden Höhlen, das Zwerchfell, passiren. Doch wird der hermetische Abschluß dadurch nicht gestört. Mit Hilfe zarter unzähliger Fasern, die im Körper überall Verwendung finden, wo es sich darum handelt, Organe aneinander zu heften, ist jede Röhre luftdicht eingefügt. Man nennt jenes Gewebe, das aus diesen weichen Fasern sich bildet, Bindegewebe. Die glashellen Fasern, noch hundertmal feiner als das feinste

Frauenhaar, werden durch einen oft klebrigen oft auch festen Kitt, der sich nur durch Kalkwasser lösen läßt, zusammengehalten. Sie sind sehr dehnbar, wenn sie in regellosem Gewirr durcheinander ziehen. In solcher Art als einhüllende oder verbindende Substanz verwendet, zeigen sie

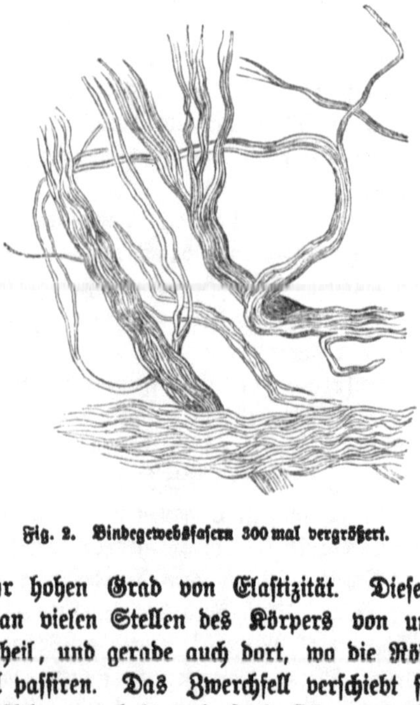

Fig. 2. Bindegewebsfasern 300 mal vergrößert.

einen sehr hohen Grad von Elastizität. Diese Eigenschaft ist an vielen Stellen des Körpers von unschätzbarem Vortheil, und gerade auch dort, wo die Röhren das Zwerchfell passiren. Das Zwerchfell verschiebt sich während der Athmung, hebt und senkt sich, was nicht ohne Störungen geschehen könnte, wenn das Bindegewebe unnachgiebig wäre und den Verschiebungen nicht folgen könnte.

Dieselben feinen Fasern können aber bei einer anderen regelmäßigen Anordnung Bänder von größter Festigkeit herstellen. Sind sie parallel nebeneinandergelegt und zu Bündeln vereinigt, so erreichen solche Stränge einen erstaunlichen Grad von Festigkeit und die frühere Elastizität der locker angeordneten Fasern ist völlig verschwunden. Ein Beispiel dieser Art sind die weißen atlasglänzenden Sehnen, welche die Muskeln an die Knochen anheften. Bei Luxationen reist oft eher das entsprechende Knochenstück los, als daß die Sehne in ihrem Verlauf entzwei ginge. In der Nähe der Gelenke sind die Fasern zu ähnlichen festen Bändern gefügt, welche den regelmäßigen Gang der Gelenke sichern. Man kann die Rolle dieses Stoffes im Organismus vergleichen mit der des Hanfes im menschlichen Haushalt. Um luftdichte Verbindungen herzustellen, legt man die feinen Pflanzenfasern übereinander und befeuchtet sie. Das Wasser füllt und verschließt die noch übrig gebliebenen Lücken. Ordnet man jedoch die Hauptrichtung der Hanffassern wie z. B. beim Spinnen erst zu kleinen Bündeln und vereinigt diese endlich zu einem Seil, so gibt das weiche Material Werkzeuge von enormer Festigkeit und Dauer. Die Herstellung von Leinwand kann bekanntlich mit Hilfe derselben Pflanzenfasern geschehen, sobald die kleinen Bündel, hier Fäden genannt, unter rechtem Winkel gekreuzt in einer Fläche aneinandergereiht werden. Und welche zahllose Menge von Varianten erzeugt nicht die Industrie mit Hilfe dieses einfachen Verfahrens, wie wechselnd ist nicht der Grad der Stärke und der Dichtigkeit!

Die Elemente des Bindegewebes, die feuchten Fasern finden auch im menschlichen Körper solch' vielseitige Verwendung. Reihen sie sich in einer bestimmten Richtung, bald unter rechtem, bald unter stumpfem Winkel kreuzend zu Geweben aneinander, welche dasselbe Gefüge wie die Leinwand besitzen, ja zum Theil sogar dieselben Dienste leisten, so entstehen die Faserhäute, die Fascien, von verschiedener Stärke und Dichtigkeit. Diese umhüllen die Muskeln, hüllen ferner das Herz in einen weiten Sack, den sogenannten Herzbeutel, und bedecken die Innenwand der Körperhöhlen und die Oberfläche aller Eingeweide. Je nach ihrer Aufgabe stehen sie durch zahllose Verbindungen mit der Nachbarschaft in Zusammenhang, oder nur eine Fläche ist .mit der Umgebung verwachsen, die andere, wie z. B. in den Körperhöhlen, glatt und mit der glatten Oberfläche der Eingeweide in Berührung.

Das Bindegewebe ist nicht reich an Blutgefäßen, doch sind die Fasern stets von der Flüssigkeit des Blutes durchtränkt, sind feucht und ihr Wassergehalt sehr bedeutend. Ganz besonders ist dies der Fall bei jenen Faserhäuten, welche die Körperhöhlen überkleiden. Durch eine besondere Einrichtung schwitzt auf der freien Fläche eine geringe Menge von klarer, farbloser Flüssigkeit, Serum *) aus, wodurch die Reibung mit der ebenfalls feuchten Oberfläche der Eingeweide gleich Null wird und geräuschlos stattfindet. Das Ohr hört zwar an dem Brustkorb eines gesunden Menschen das Einströmen der Luft, doch nichts deutet darauf, daß bei jedem Athemzug die Lungen an der Brustwand auf und niedergleiten. Sobald jedoch in Folge einer Entzündung jene Glätte verschwindet, hört man deutlich die sogenannten „Reibungsgeräusche".

Das Bindegewebe, diese unter den verschiedensten Formen verwendete Substanz ist am menschlichen Körper an einer Stelle direct zu sehen. Das Weiße des Auges ist

*) Sie heißen deßhalb auch seröse Häute.

aus Bindegewebsfasern gefügt. An ihm sind sie zu einer Hohlkugel geformt, welche die brechenden Medien des Auges und die lichtempfindende Netzhaut umschliesst.

Einer ähnlichen strengen Gliederung wie innerhalb des Rumpfes begegnet man überall im Organismus. Ueber dem Rumpf ruht das Haupt. Die Verbindung zwischen beiden vermittelt der Hals, der durch seine Beweglichkeit jeden Eindruck auf die Sinnesorgane erleichtert. Diese liegen zunächst dem Gehirn, dessen regelmässige Anlage so auffallend ist, dass trotz der enormen Schwierigkeiten stets neue Kräfte an seine Erforschung gehen. Die Haufen der Nervenzellen, in eine eigenthümliche Abart des Bindegewebes, die Neuroglia, eingebettet, zeichnen sich durch graue Farbe aus, während die Nervenfasern, von tadellosem Weiss, zu grösseren Stämmen geordnet sind.

Schneidet man ein menschliches Gehirn der Längslinie entsprechend mitten durch, so trennt man es in seine zwei Hälften, eine rechte und linke. An jeder Hälfte unterscheidet man leicht die obere graue Masse, das Grosshirn Fig. 3 A (Cerebrum) von dem kleinen Gehirn F und G. Der weisse Streifen B ist der Balken oder die grosse Hirncommissur. Der Zusammenhang der beiden Hälften beruht auf dieser Masse. Sie enthält zahllose Nervenfasern, welche das Messer quer getrennt hat. Alle Bezirke der Oberfläche, die Millionen von Nervenzellen, welche in der grauen Substanz der Windungen sich befinden, stehen durch diese Nervenfasern miteinander in Verbindung. Betrachtet man ein menschliches Gehirn von oben, so tritt zwar die Hauptmasse der Grosshirnhemisphären und ihre Trennung in zwei Hälften durch eine Längsspalte deutlich hervor; aber die breite Verbindungsstrasse, auf welcher die Erregungen der Nervenzellen von einer Halbkugel des Gehirns nach der andern fortgepflanzt werden, kommt erst zum Vorschein, wenn die Spalte auseinander gezerrt wird. Was unterhalb dieser großen Heerstraße liegt, gehört dem sogenannten

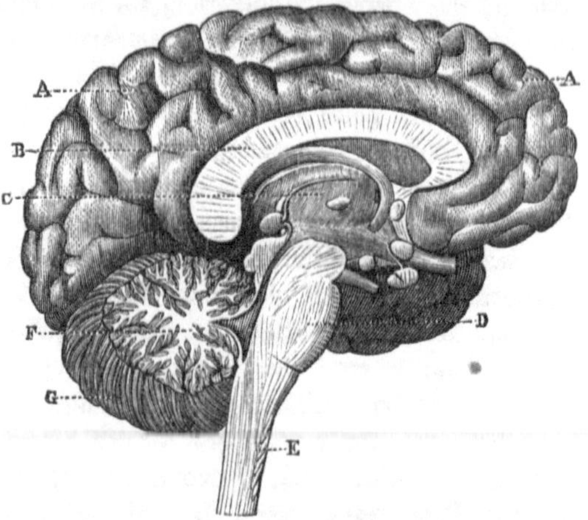

Fig. 3. A Großhirn. B Der Balken. C Gehirnstamm. D Varolsbrücke. E Verlängertes Mark. F Schnitt durch das Kleinhirn. G Linke Hälfte des Kleinhirns.

Gehirnstamm an. In ihn münden zunächst alle Nerven, welche Reize, Botschaften irgend welcher Art, von außen nach dem Großhirn leiten sollen, oder durch deren Vermittlung ein Willenimpuls nach den entfernten Gebieten des Körpers übertragen wird. Man weiß, daß nur sehr wenige Nerven direct in die Rinde des Großhirns gelangen. Alle, mit Ausnahme des Geruchsnerven, müssen zuerst den Gehirnstamm oder einzelne Abtheilungen desselben durchsetzen. Es steht nahezu außer Zweifel, daß sie dort in Nervenzellen endigen, und erst durch Vermittlung dieser Gebilde in Communication treten können mit der grauen Substanz des Großhirns.

Der Gehirnstamm besteht aus mehreren leicht zu unterscheidenden Theilen: dem Sehhügel Fig. 3 C, der Varolsbrücke D, dem verlängerten Mark E und dem kleinen Gehirn G, dessen Durchschnitt bei F eine weiße, innere und

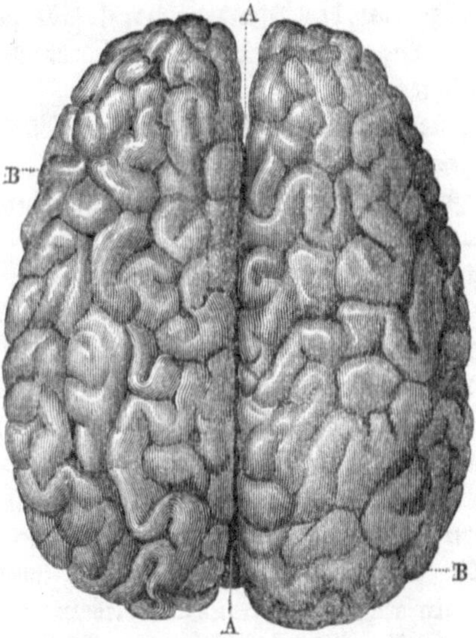

Fig. 4. Oberfläche des großen Gehirns. A A Längsspalte. B B Die Hämisphäre

eine graue, äußere Masse erkennen läßt. Die grauen Lager gehören auch hier Nervenzellen an, die weißen den Nervenfasern. Die Sonderung des Hirns in einzelne scharf bestimmte Abtheilungen geht aus dem Gesagten zur Genüge hervor. Wie aber selbst die verborgensten Elemente einer strengen Regel folgen, kann man noch daraus entnehmen, daß die graue Masse des kleinen Gehirns (Fig. 3 F) die früheren Anatomen veranlaßte, diese zierlichen Arabesken als arbor vitae, als Lebensbaum, zu bezeichnen.

Alle Apparate des menschlichen Körpers, von dem zartesten, dem Gehirn, bis zu dem härtesten, der feste Säulen für die Glieder und den Stamm bildet: bis zu dem sogenannten Stütz- oder dem Knochenapparat, alle passen sich dem Bau des Organismus, dem gemeinsamen Grundplan aller Wirbelthiere an.

Zwei Gliederpaare erhalten, wie ein Blick auf die Figur 29 zeigt, Festigkeit durch das Skelet. Bis hinab zu den Fingerspitzen erstrecken sich mit entsprechender Vermehrung die einzelnen beweglich verbundenen Knochen. Der Stamm selbst wird von den Beinen getragen, welche sich mittels Gelenkkugeln und tiefen Pfannen an den Hüftknochen einsetzen. Diese, breit und schaufelartig, schließen sich mit Hilfe des Kreuzbeins zu einem festen Knochenring, wegen seiner Form Becken (pelvis) genannt. Auf ihm ruht die Wirbelsäule, eine Reihe zwar beweglicher doch sicher aneinander gereihter Ringe Wirbel vertebra), welche der Abnahme der Last entsprechend, nach oben schmäler werden. Sie sind vom Schädel gekrönt, der im Gleichgewicht auf ihnen ruht. Mit den Brustwirbeln in Verbindung sind die 12 Rippenpaare. Diese vervollständigen ihren Bogen nach vorne durch das Brustbein und so entsteht ein von Knochenspangen begrenzter Raum, der in der anatomischen Sprache Brustkorb, Thorax, heißt. An ihm sind durch Muskeln die Arme aufgehängt; denn das Schlüsselbein, die einzige knöcherne Verbindung zwischen Stamm und Arm hat nur die Aufgabe, die richtige Entfernung des Armes von der Mittellinie des Körpers zu erzielen.

Die Bewegung des menschlichen Körpers, sie mag in irgend einer Form auftreten, tief im Innern, am Herzen, das den Strom des Blutes durch die Adern treibt; oder am Zwerchfell, das sich hebt und senkt; am Mund, der lächelt; oder am Arm, der den Gegner mit einem Faustschlag trifft, überall rührt sie von Muskeln her. Diese sind im lebenden Zustand weich, biegsam und in hohem Grade dehnbar; ihre Farbe ist roth, gleich dem rothen Fleisch unserer Hausthiere. Der mechanische Effect der Muskeln, die Bewegung, wird hervorgebracht durch die Contraktion, die nichts anderes ist, als eine Verkürzung der rothen Stränge. Die anatomische Untersuchung hat gezeigt, daß ihre Anordnung streng geregelt ist. Besonders auffallend ist diese Erscheinung dort, wo sie Bewegungen des Skeletes vermitteln. Die Construktion der Gelenke ist es, welche ihren Ursprung und Ansatz am Knochen und dadurch die Art ihrer Wirkung bedingt.

Es ist ein weitverzweigter Apparat, der die tausendfältigen Bewegungen des menschlichen Körpers ausführt. Doch ist es nicht immer der Wille, der die Anregung hiezu gibt. Eine Menge der wichtigsten Bewegungen, wie die oben erwähnten des Herzens und des Zwerchfells, vollziehen sie unabhängig von dem Willenseinfluß. Es wird sich später noch zeigen lassen, daß eine große Zahl selbst der complicirtesten Bewegungen mechanisch eingeleitet wird, ohne daß der Geist erregend eingreift.

Ueberblickt man die Apparate des menschlichen Körpers, soweit sie hier bei unserer Betrachtung zunächst von Wichtigkeit sind, so reihen sie sich in folgender Weise aneinander:

Nervenapparat oder Centralisationsapparat;
Stützapparat oder Skelet;
Bewegungsapparat;
Respirationsapparat für die Zufuhr frischer Luft;
Gefäßapparat für die Circulation der Säfte.

Der Grundplan ihrer Anordnung läßt sich freilich nur mit Hilfe der Entwicklungsgeschichte und der vergleichenden Anatomie erkennen. Bei den höhern Thieren ist durch Aenderungen der verschiedensten Art die Grundform, welche den Ausgangspunkt gibt für die ganze Gestalt, verwischt, und enthüllt sich nur der sorgfältigen Untersuchung. Rein und unverkennbar liegt sie noch in den Fischen und Reptilien vor uns. Eine Wirbelsäule enthält im Innern den Kanal, der das Nervensystem aufnimmt. Um diese Säule, welche in der frühesten Anlage des Keimes durch die ganze Reihe der Wirbelthiere bis zum Menschen hindurch symmetrisch angelegt ist, d. h. aus zwei gleichen durch eine Längsfurche getrennten Theilen besteht, um diese Wirbelsäule gruppiren sich die *symmetrischen* Organe. Die Regelmäßigkeit mit der diese merkwürdige Anordnung wiederkehrt, die Zähigkeit, mit der sie trotz vielfacher Verschiedenheit festgehalten wird, ist so tiefgreifend, daß man mit Recht sowohl beim Menschen als bei den übrigen Wirbelthieren von einem *Gesetz* der *Symmetrie* spricht, das in dem Aufbau des Organismus zum Ausdruck kommt.

Diese Thatsache, begründet durch die vergleichende Anatomie und Entwicklungsgeschichte, hat den Einblick in den vielverflochtenen Bau des Organismus wesentlich gefördert. Die Symmetrie ist, wie wir heute wissen, tiefgreifender, als man bei der äußeren Betrachtung vermuthen sollte. Eine Ebene, welche man senkrecht durch die Scheitellinie legt, trennt den Körper in zwei Hälften, von denen die eine der anderen gleicht wie das Spiegelbild. Jede Hälfte besitzt Aug und Ohr; symmetrisch sind durch die ganze Reihe der Wirbelthiere die Extremitäten; ja selbst bis in das Innere greift die Regelmäßigkeit des Baues durch. Die Lungen sind paarig wie die Nieren. Andere

Organe, welche dem Gesetze der Symmetrie Hohn zu sprechen scheinen, waren ihm wenigstens in den frühesten Perioden der Entwicklung unterworfen, wie die Nase, der Mund, die Zunge, das Herz u. s. w. und entfernten sich von diesem Typus durch die spätere Umwandlung. An manchen Stellen sind an der Körperoberfläche, freilich nur mit Hilfe der Entwicklungsgeschichte, viele Spuren aufgefunden worden, welche auf die Entstehung aus zwei symmetrischen Hälften hinweisen.

Die Rinne unterhalb der Nase deutet die frühere Stelle der Verwachsung an, an der sich die beiden Gesichtshälften trafen. Die Trennung ging einst in den ersten Wochen hinauf durch die Nase bis zur Stirn. Oft ist die Nasenspitze in dem Verlauf dieser Linie leicht eingedrückt. Von der Halsgrube bis zur Scham läßt sich ebenfalls eine leichte Furche bemerken. Jede Statue aus der Antike gibt sie wieder. Sie ist die Vereinigungsstelle der beiden Körperwände, welche vom Rücken her nach vorn wuchsen und in der Mittellinie sich trafen. Die Entwicklungsgeschichte nennt jene breiten Streifen, welche die Körperhöhle durch ihre Verwachsung schließen, die Bauchplatten. Es gibt also eine Zeit, in der beim Embryo der Blick ungehindert in die noch einfache Körperhöhle dringt, da das Zwerchfell erst später sich zwischen die Eingeweide der Brust- und Bauchhöhle hineinschiebt. So lehrt uns die Entwicklungsgeschichte jene Zeichen verstehen, welche die menschliche Gestalt aus den Tagen des Werdens noch an sich trägt. Bisweilen gelingt die Verwachsung nicht in der ganzen Ausdehnung der Längslinie, und sie bleibt an einzelnen Punkten offen. Allgemein bekannt ist, wegen des häufigern Vorkommens jene Spalte in den Lippen, die man Hasenmund, Hasenscharte nennt.

Erstreckt sich die Hemmung des natürlichen Wachsthums tiefer, klafft auch der Knochen des Oberkiefers, dann heißt der Defekt: Wolfsrachen. Die ähnlichen Fälle von Störung des natürlichen Entwicklungsganges hat man unter dem Ausdruck der Hemmungsbildungen zusammengefaßt.

An dem Rücken findet sich bekanntlich ebenfalls eine Längsfurche. Sie ist durch den Verlauf der Wirbelsäule und die starken, ihr parallel ziehenden Rückenstrecker ganz besonders markirt. Ihre Entwicklung ist durch das symmetrische Wachsthum der Wirbelsäule und der angrenzenden Gebilde bedingt. Auch hier gehen von den Wirbeln, welche am frühesten in der Masse des Dotters deutlich hervortreten, zwei längliche Wülste aus, welche aber nach rückwärts sich schließen. Während die Bauchplatten die Rumpfshöhle mit all den schon erwähnten wichtigen Organen umgürten, bergen die Rückenplatten in ihrer Mitte in einer sicheren knöchernen Röhre die Centralorgane des Nervensystems. Das durch die Rückenplatten gebildete Rohr erweitert sich oben zur Schädelhöhle für die Aufnahme des großen, des kleinen Gehirns und des Hirnstammes, während in den engeren, aber viel längeren Abschnitt das Rückenmark, die medulla spinalis, eingefügt ist.

Daß auch der Schädel aus zwei symmetrischen Hälften sich entwickele, zeigen Objecte aus den frühesten Bildungsstadien. Von der Mitte der Stirn bis zum Hinterhaupt zieht eine noch unverknöcherte Linie in der Schädelkapsel als Zeichen der früheren Trennung. Löst man sie mit einem Messer, so lassen sich die beiden Hälften öffnen wie Schaalen einer Muschel. Niemals verschwindet diese Spur der symmetrischen Entwicklung vollkommen, eine Strecke weit bleibt sie selbst während des späteren Lebens noch erkennbar.

Fig. 5. Apoll vom Belvedère.

Es sei damit genug der Beweise für die tiefgreifende Symmetrie des menschlichen Organismus. Ihre Bedeutung für das Verständniß ist eben so wichtig, wie die Paarigkeit vieler Organe für die Erhaltung des Lebens.

Bei gewissen Lungenkrankheiten übernimmt die gesunde Lunge auch das Geschäft der Erkrankten. Sie leistet diese doppelte Aufgabe nicht selten mit solcher Vollendung, daß der Betroffene oft keine Ahnung hat von der großen Lebensgefahr, in der er sich dadurch befand, daß die eine Hälfte des Athmungsapparates ihren Dienst einstellte. So sind schon wiederholt Fälle constatirt, daß lange Jahre hindurch nur eine einzige Niere die Ausscheidung des Harns ohne Nachtheil für den Organismus besorgte, nachdem die andere durch Krankheit zerstört war.

Die symmetrische Anordnung des Großhirns macht allein die auffallende Thatsache begreiflich, warum einseitige Zerstörung im Großhirn die höheren Geistesthätigkeiten nicht beeinträchtigt. Nach dem Beispiel anderer paariger Organe zu schließen, können sich die Halbkugeln des Großhirns gegenseitig vollkommen vertreten. Cruveilhier sah eine totale Atrophie der linken Hemisphäre bei einem 42jährigen Mann, ohne Verlust des Denk- und Empfindungsvermögens; und jener Fall ist nicht minder merkwürdig, wo ein Mann, durch eine beim Holzfällen entstandene Verwundung eine Vertiefung in das linke Seitenwandbein erlitt, welche eine faustgroße Grube zurückließ. Der Kranke lebte mit ihr, nach vollkommener Genesung und ohne Abnahme seines Geistesvermögens noch 15 Jahre. Dagegen haben Krankheiten, welche Schwund beider Hemisphären setzen, Stumpfsinn zur nothwendigen Folge.

II. Mechanik des Nervensystems.

1. Rückenmark.

Bei jedem Menschen kommen zahlreiche Bewegungen vor, bei denen weder Wille noch Vorstellung irgendwie betheiligt sind, welche sich im Gegentheil mechanisch abwickeln ohne unser Zuthun, ja selbst gegen dasselbe. Alle diese Bewegungen sind abhängig von der Einrichtung derjenigen Theile des Central-Nervensystems, welches als Gehirnstamm, verlängertes Mark und Rückenmark schon aufgeführt wurden. Das große Gehirn ist bei diesen Bewegungen nicht betheiligt. Selbst in Fällen, wo unsere Aufmerksamkeit darauf gerichtet ist, steht die Bewegung so wenig unter der Herrschaft unseres Willens, daß wir sie gar nicht oder nur unvollständig unterdrücken können. Zu diesen Bewegungen gehört z. B. das Niesen. Wenn eine Mücke in unserer Nase summt oder der Wind das Sandkorn in sie schleudert, dann entsteht ein Kitzelgefühl. Es ist die telegraphische Botschaft, welche der empfindende Nerv zu derjenigen Stelle des Central-Nervensystems sendet, in welcher die Organe sitzen für die Beherrschung der Athemmuskeln. Jene durch den Kitzel erregten Nervenzellen theilen nun all den mit den Athemmuskeln verbundenen Nerven eine Bewegung mit. Mit Blitzesschnelle erweitert sich der Brustkorb und schleudert in heftigem und plötzlichem Stoße die aufgenommene Luft durch die Nase, die den Eindringling unfehlbar hinaustreibt. Dieselben empfindenden Nerven erregen immer ein und dieselbe Gruppe von Nervenzellen und diese, ohne den Einfluß irgend einer Vorstellung oder eines Willens-Impulses, setzen einen complizirten Apparat in Bewegung, der einfach und sinnreich im höchsten Grade die kräftigsten Mittel bietet, um den fremden Körper zu beseitigen. An einer anderen Stelle können wir täglich ähnliche Erfahrungen machen. Jedermann weiß, daß gegen die Wurzel der Zunge, die zum Schlingen und Sprechen zugleich dient, sich zwei Wege nach unten hin öffnen, die Speiseröhre, welche zum Magen, und die Luftröhre, welche zur Lunge führt. Wie leicht kann es sich da treffen, daß ein Theil der Speise den rechten Weg verfehlt. Eine Verirrung des Bissens und das Leben ist dahin; denn die Masse genügt, um die Luftröhre auf immer zu verstopfen. Wären wir auf unsern Mutterwitz angewiesen, es würde sicherlich das einfachste Mahl stets von Todesgefahr begleitet sein. Hier tritt nun abermals ein leichter und sicherer Mechanismus für den Willen ein, der bei der Schnelligkeit, mit der die Speisen diese abschüßige Bahn passiren, wohl immer zu spät käme. Rings um den Ort, wo die Luftröhre sich in den Mund öffnet, ist ein Nerven-Kranz gelegt, der gegen die Berührung der Speisen äußerst empfindlich ist. Wird er getroffen, so kommt durch eine Uebertragung des Reizes mittelst Nervenzellen auf motorische Fasern schnell der Befehl an eine Reihe von Muskeln: das Thor der Lunge zu schließen und Ruhe zu halten, bis andere den gefährlichen Passanten fortgeschafft haben, welcher dem Magen ein Labsal und der Lunge ein Gräuel ist. Bisweilen will jedoch der sonst verständige Herr des Organismus ganz gegen dessen Mechanik essen und sprechen zugleich, so daß im Schlingen die Luftwege offen stehen. Dann mag es kommen, daß ein Bissen die rechte Bahn verfehlt. Ist dies geschehen, hat ein fester Körper sich in den Kehlkopf verirrt, dann folgen sich mit zwingender Nothwendigkeit eine Reihe stürmischer Vorgänge. Während in dem vorigen Falle auf den geringeren Reiz ein einziger Luftstoß zur Entfernung des Eindringlings entstand, so treten jetzt wiederholt heftige Stöße ein: ein krampfhafter Husten, dem es in der Regel gelingt die Gefahr zu beseitigen. Durch empfindende Nerven geht in diesem Falle die Erregung zu einer größeren Gruppe von Nervenzellen, welche den ganzen Mechanismus der Athemmuskeln beherrscht.

Diese ausführliche Skizze zweier Vorgänge zeigt, daß sich jeden Augenblick Reize ohne Zuthun des Willens direkt in zweckmäßige Bewegungen der vollkommensten Art umsetzen. Man nennt diese Art der Bewegungen Reflexbewegungen. Der Reiz, der den Empfindungsnerven getroffen, setzt sich durch Hinüberspringen auf einen motorischen Nerven (Muskelnerven) fort, bevor er noch dem Sensorium übermittelt und dadurch zum Bewußtsein gelangt ist. Niemand kann läugnen, daß diese Einrichtung eine dem nachdenkenden Verstande überlegene Zweckmäßigkeit verräth. Die Vertheidigung unsers körperlichen Lebens gegen gewisse Störungen ist hier einem blind wirkenden Mechanismus übertragen, nicht unserer Ueberlegung.

Das Rückenmark und zunächst anstoßende Theile des Gehirnstammes enthalten diese Apparate, wodurch eine Empfindung direkt in eine Bewegung umgesetzt werden kann, ohne darin durch die Hemisphären des großen Gehirns unterstützt zu werden. Von diesen Theilen des Central=

Nervensystems gehen nämlich die Nerven aus. Es sind weiße Stränge von der Dicke einer Rabenfeder; jeder dieser Stränge besteht aus einer großen Anzahl feiner Fasern (Nervenfasern). Schneidet man einen solchen Strang quer durch, so erscheinen die einzelnen Fasern auf der Schnittfläche in Gestalt kleiner Kreise und geben ein Bild, welches im Kleinen ganz genau demjenigen entspricht, das im Großen die bekannten Apparate des submarinen Telegraphen-Kabels darbieten. Gerade wie man aus diesen Abschnitten durch Ablösung der umhüllenden Isolationsschichten die einzelnen Drähte frei machen kann, so kann man auch durch Zerfaserung aus dem Nervenstamme die einzelnen Nervenfasern auslösen. In der That entsprechen sich diese Verhältnisse vollständig. Die

Fig. 6.

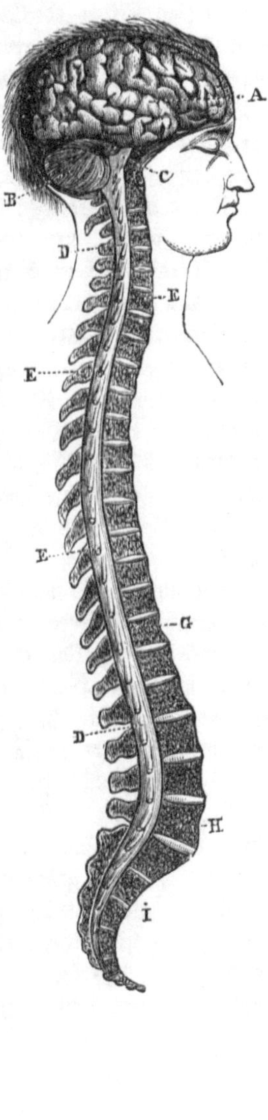

Fig. 6. Central-Nervensystem. A Großhirn. B Kleinhirn. C Brücke. D D Rückenmark, das den Ursprung der Rückenmarksnerven auf der rechten Seite sehen läßt. E E Dornfortsätze der Wirbel. F Siebenter Halswirbel. G Zwölfter Rückenwirbel. H Fünfter Lendenwirbel. I. Kreuzbein.

Nerven sind Leitungsdrähte des thierischen Körpers. Man kennt 31 Rückenmarksnerven, welche der ganzen Länge des Markes entsprechend in bestimmten Zwischenräumen aus seinem Innern hervortreten. Fig. 6. D. Diese Rückenmarksnerven sind paarig, d. h. auf der rechten und linken Seite entspringen sich correspondirende.

Jeder dieser Nerven hat zwei Wurzeln, eine vordere und eine hintere, von denen übrigens jede einzelne mit einer Anzahl kleiner Bündel, den sogenannten Wurzelfasern, aus dem Marke hervoritt.

Nach kurzem Verlauf vereinigen sich die beiden Wurzeln zu einem gemeinschaftlichen Strang, der durch ein besonderes Loch, das Zwischenwirbelloch, aus dem Wirbelkanal hervor tritt. Diese Stränge verbreiten sich in allen Bezirken des menschlichen Körpers; sowohl die Haut empfängt ihre Fasern bis hinab zu den weit vom Rückenmark entfernten Zehen als auch die verborgensten Muskeln in der Tiefe.

Die Fig. 7 gibt eine Vorstellung, in welcher Weise die peripherischen Nerven den ganzen Organismus durchdringen. Vom Halsmark gehen sie zu den Muskeln des Halses und zur Haut. An der Stelle, wo die oberen Gliedmassen befestigt sind, ziehen starke Stränge zur Schulter und dem Arm. An der Lendengegend des Markes häufen sich wieder die für die unteren Gliedmassen bestimmten Nerven. Die stärkere Muskulatur an der Hüfte, am Ober- und Unterschenkel, ferner das größere Gebiet der Haut bedingt den größern Umfang dieser Nerven. Aber die Figur 7 gibt nur die Hauptstränge; ihre feinere Vertheilung ist nicht dargestellt. In diesem einen Punkte muß die Phantasie des Beschauers die Vertheilung bis in die kleinsten Gebiete weiter führen. Die aus den Zwischen-

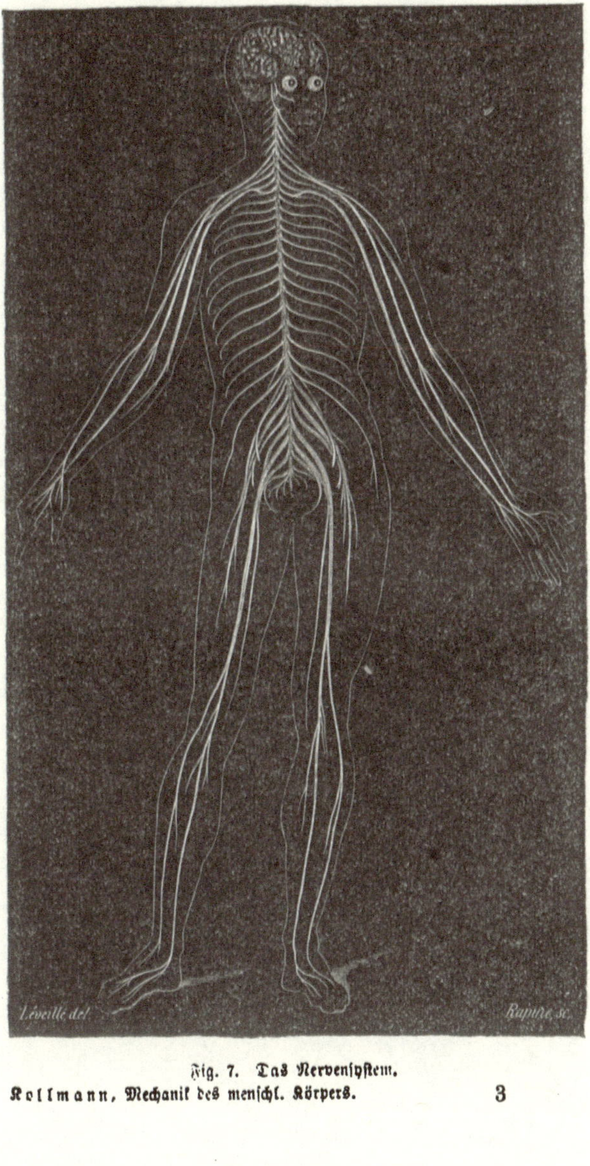

Fig. 7. Das Nervensystem.

wirbellöchern hervorgetretenen Nervenstränge spalten sich nämlich in immer zahlreichere Aeste. Diese stellen nichts anderes dar, als die Theilung größerer Bündel in mehrere kleine. Die Dicke der Aeste nimmt daher mit der Zahl stetig ab. Eine Vermehrung der Nervenfasern findet dabei nicht statt; sie ziehen vom Ursprung bis an die Stelle ihrer Endigung ungetheilt weiter. Die feinsten Aeste eignen sich am besten für die Untersuchung der Fasern. Es sind weiche, durchsichtige *Röhren*, und jede hat für sich eine *isolirende feine Hülle*. Das Innere ist erfüllt vom sog. *Nervenmark*, und einem central verlaufenden Faden, der *Axenstrang* oder *Axencylinder* heißt. Der Axencylinder ist von dem ihn umgebenden Nervenmark leicht zu unterscheiden. Letzteres ist hell glänzend, ölartig, quillt beim Druck aus einer durchschnittenen Nervenröhre hervor, und verändert sich sehr rasch nach dem Tode. Der Axencylinder besitzt eine größere Festigkeit und zeigt am todten Nerven keine Veränderung. In den meisten Nervenfasern ist das Mark

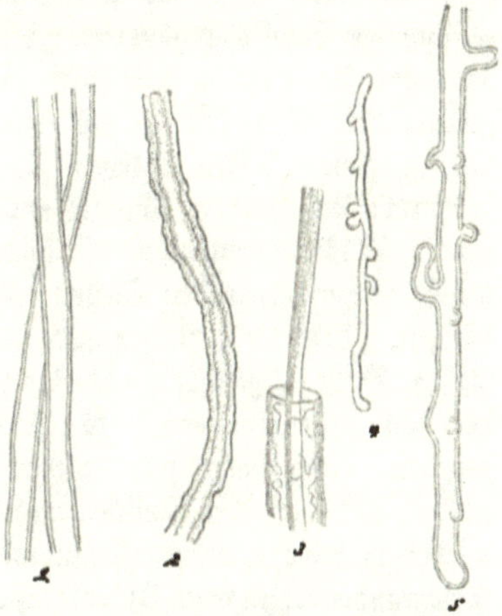

Fig. 8. Nervenfasern 300 mal vergrößert. 1, 2 aus der Haut; 4, 5 aus dem Gehirn; 3 mit Axencylinder.

nach dem Tode schon so weit geschrumpft, daß man Hülle und

Mark deutlich sieht. Dies gab Veranlassung, diese Nervenfasern als doppelt contourirte zu bezeichnen Fig. 8, 1, 2.

An den Endpunkten der Nervenfasern schwindet das Mark und nur der Axencylinder setzt den Weg bis zu seinem letzten Ziele fort. Daraus ergibt sich, daß er das Wesentliche ist, daß ihm die Leitung der Erregungen übertragen ist, während das Nervenmark sammt der umschließenden Hülle nur als isolirende Schichte in Betracht kommt.

Es war ein bedeutender Fortschritt in der Erkenntniß des menschlichen Mechanismus, als ein englischer Arzt, Charles Bell, die Entdeckung gemacht hatte, daß die Nerven doppelter Art seien: solche, welche der Empfindung und andere, welche der Bewegung dienen. Die einen leiten eine Erregung von der Peripherie nach dem Centrum, es sind die Empfindungsnerven; die anderen vom Centrum nach der Peripherie, und zwar zu ganz bestimmten Organen, den Muskeln, es sind die motorischen. Der Ursprung dieser beiden Nerven ist am Rückenmark scharf getrennt; die vordere Wurzel enthält nur Fasern, welche sich in Muskeln einsenken, die hintere Wurzel nur solche, welche mit empfindenden Stellen unsres Körpers zusammenhängen. Trotz der Vereinigung der beiden Wurzeln verlaufen Bewegungsfasern und Empfindungsfasern dennoch getrennt nebeneinander. Es ist dadurch die Möglichkeit gegeben, daß später jede wieder ihren besondern Weg nimmt, und der peripherisch gemischte Nerv sich schließlich wieder in seine einzelnen Bestandtheile auflöst. Wie beim Telegraphendraht keine Unterbrechung stattfinden darf, soll der Blitz der elektrischen Batterie sein Ziel erreichen, so darf auch die leitende Faser im Körper niemals unterbrochen werden. Wird der Empfindungsnerv irgendwo durchschnitten, gleichviel ob in der Peripherie oder an seiner

Wurzel, so tritt Empfindungslähmung, Anästhesie, ein. Der betreffende äußere Theil hat keine Leitungsdrähte mehr, wodurch er seine Zustände dem Centralorgan, dem Rückenmark und dem Gehirn mittheilen kann. Die Durchschneidnng eines motorischen Nerven hebt ebenso den Zusammenhang auf. Das ganze Gebiet, das von jenem Nervenast versorgt wurde, ist gelähmt.

Das Rückenmark, als Centralstelle für gewisse Nerventhätigkeiten, fordert eine genauere Betrachtung. Nimmt man es aus dem Wirbelkanal und fertigt einen Querschnitt an, Fig. 9, so überzeugt man sich zunächst, daß es aus zwei symmetrischen Hälften besteht. Eine vordere und eine hintere Furche vollziehen in der ganzen Länge des Markes diese Sonderung. In der Mitte hängen beide Hälften durch eine breite Brücke zusammen. Der Schnitt zeigt ferner zwei deutlich verschiedene Massen, eine weiße Rinde und einen innern grauen Kern von der Form eines H. In jeder Hälfte ist die graue Masse in einen vordern und einen hintern Kolben ausgezogen. Der vordere größere heißt Vorderhorn, der hintere schmälere Hinterhorn. Die Wurzeln der Rückenmarksnerven gehen in's Innere hinein und zwar in der Art, daß die Vorderwurzeln oder die motorischen Fig. 9, 1 sich zum Vorderhorn der grauen Substanz

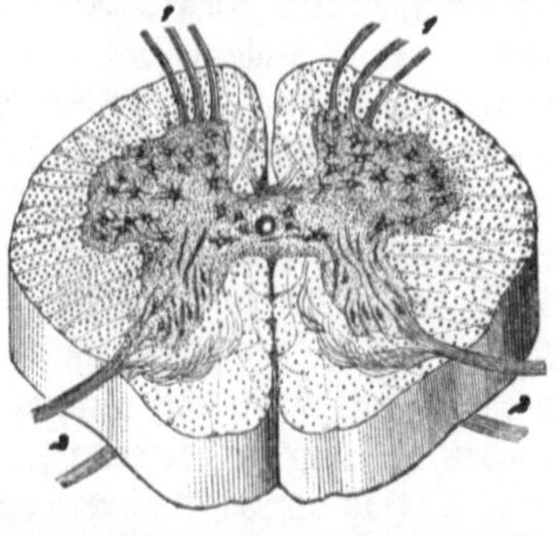

Fig. 9. Querschnitt des menschlichen Rückenmarkes 3 mal vergrößert. Die Punkte in der weißen Rinde entsprechen querdurchschnittenen Nervenfasern. Die schwarzen Sternchen in der grauen Masse bedeuten Nervenzellen. 1 vordere, motorische Wurzeln. 2 hintere, sensible Wurzeln.

begeben, während die hinteren Fig. 9, 2 die Spitze des Hinterhorns erreichen. Bei weiterer Untersuchung stellt sich die wichtige Thatsache heraus, daß die weiße und graue Substanz des Rückenmarkes eine ganz verschiedene Einrichtung besitzen, ja daß sie aus ganz verschiedenen Theilen bestehen. Die weiße Substanz hat eine ähnliche Zusammensetzung, wie die Nervenstämme selbst. Ihr Querschnitt Fig. 9 zeigt die Durchschnitte zahlreicher Nervenfasern von demselben Charakter, wie sie in den vom Rückenmark abgehenden Nerven enthalten sind. Die graue Substanz enthält ein Element, das in erster Reihe zu nennen ist, nämlich die Nervenzellen, eigenartige Gebilde einer körnigen Substanz, welche nach allen Seiten Ausläufer oder Fortsätze besitzen. In der Mitte dieser Nervenzellen sitzt eine hellere Kugel, der sogenannte Kern, nucleus, der wieder ein glänzendes, rundes Gebilde, das Kernkörperchen einschließt. Eine besondere Aufmerksamkeit verdienen die von den Zellen ausgehenden Fortsätze. Die meisten sind körnig, wie der Leib der Zelle selbst (Fig. 10, 2, 2), sie theilen sich wiederholt und zerfallen endlich in feinste Aeste, welche sich in der Masse der grauen Substanz verlieren. Einer von ihnen ist dagegen hellglänzend, unverästelt und geht nach kurzem Verlauf direkt in eine doppelt contourirte Nervenfaser über. Am häufigsten ist dieser Fall beobachtet worden an jener Stelle des Vorderhornes, das die motorischen Wurzeln aufnimmt. Es ist dadurch über allen Zweifel festgestellt, daß die motorischen Fasern mit Nervenzellen des Rückenmarkes in direkter Verbindung stehen. Den übrigen Fortsätzen, welche körnige Beschaffenheit zeigen und sich wiederholt theilen, ist die wichtige Rolle übertragen, den Zusammenhang mit den Fasern der sensiblen, hintern Wurzeln zu vermitteln, die Nervenzellen untereinander zu verbinden und zwar sowohl auf derselben Seite, als auf der entgegengesetzten des Rückenmarks und endlich Bahnen herzustellen, auf welchen die Erregung einer Zelle nach dem Gehirn fortgepflanzt werden

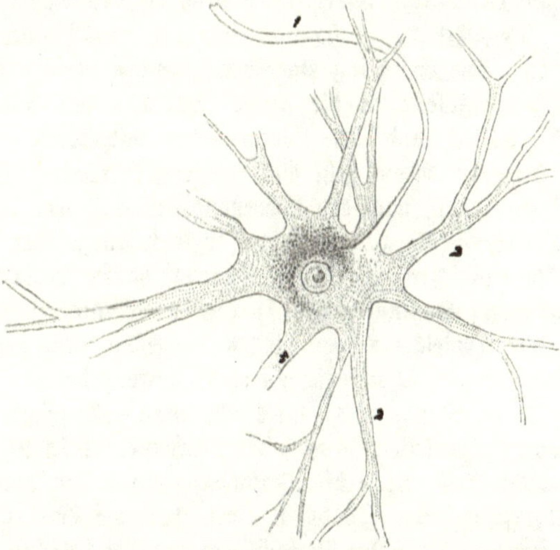

Fig. 10. Nervenzelle aus den Vorderhörnern des Rückenmarkes.
1 Axencylinderfortsatz. 2 2 Protoplasmafortsätze 300 mal vergrößert.

kann. Die letzteren steigen zum Gehirn in der weißen Substanz des Markes in die Höhe.

Mit der Kenntniß dieser Thatsachen wurde die Bedeutung des Rückenmarkes erst völlig verstanden. Die Nervenzellen in der grauen Substanz sind Endstationen sensibler und motorischer Fasern. Diese stehen nur mittelbar mit dem großen Hirn in Verbindung durch die Ausläufer der Nervenzellen. Die Bahn, durch welche der Wille vom Gehirn aus, bestimmte Muskeln in Bewegung setzt, oder der gereizte Nerv seine Botschaft dem Bewußtsein übermittelt, ist also keine direkte, sondern eine durch Nervenzellen unterbrochene. Durch diese Einrichtung des Rückenmarks sind wir im Stande die Reflexbewegungen, welche ohne den Einfluß des Willens, ohne unser Bewußtsein, mechanisch auftreten, vollkommen zu erklären. Die Erregung eines empfindenden Nerven wird durch die Fasern in die graue Substanz des Rückenmarks geleitet und den Nervenzellen mitgetheilt. Auf dem kürzesten Wege geht die Erregung, verändert durch die Nervenzellen, nach den Bewegungsnerven. Und oft ist das Hinüberspringen so rasch und so leicht ausgeführt, daß die Muskeln schon ihre Arbeit begonnen haben, bevor noch durch andre Ausläufer der Zellen das Sensorium eine Nachricht erhielt. Wenn die Nervenzellen der grauen Substanz in der That diese enorme Bedeutung besitzen, wodurch sie im Stande sind, eine Reihe von zweckmäßigen Bewegungen einzuleiten, so muß der Mechanismus selbst dann noch thätig sein, wenn die Verbindungen mit dem Rückenmark zerstört sind. Ist durch einen Fall die Wirbelsäule gebrochen und durch die Verschiebung der Bruchflächen das Rückenmark zerquetscht, so sind alle Theile, welche unterhalb der zerstörten Stelle sind, bewegungs- und empfindungslos. Und doch lebt die untere bewegungs- und empfindungslose Körperhälfte, aber der Geist hat seinen Einfluß auf sie verloren, die leitenden Drähte sind zerrissen; sie ist ihm fremd geworden, er nimmt ihre Zustände nicht mehr innerlich wahr; er sieht sie, aber er fühlt sie nicht mehr. Liegt die verletzte Stelle in der Mitte des Rückenmarks, so bleiben die Arme unversehrt, während die Beine wie todt daliegen. Aber die Empfindungs- und Bewegungslähmung existirt nur insoweit, als sie vom Gehirn abhängig ist. In den gelähmten Theilen treten nicht selten ausgiebige Bewegungen auf, und überdies können solche hervorgerufen werden durch äußere Einwirkungen. Auch ein durch Verletzung des Rückenmarks Gelähmter zieht das Bein an, das einen Stich erhält, obwohl er keinen Schmerz empfindet und keine Absicht hat, sich dem Stiche zu entziehen. Dieser Vorgang, dieses Eintreten einer zweckmäßigen Bewegung ist nur möglich, wenn die graue Substanz und die Nervenzellen die Fähigkeit haben, Reize in Bewegungen umzusetzen. Die Physiologie hat längst durch Experimente bewiesen, daß in der ganzen Reihe der Wirbelthiere das Rückenmark ein Centrum ist für Reflexbewegungen.

Es ist eine allbekannte Thatsache, daß Frösche, welche in der Mitte entzwei geschnitten sind, sich noch lange bewegen, und was vor allem überraschend, daß diese Bewegungen zweckmäßig sind. Diese Erscheinungen werden um so auffallender, je weiter oben am Kopf die Trennung stattgefunden hat, weil dann die Vorder- und Hinterbeine Bewegungen ausführen, der Frosch z. B. hüpft, obwohl das Gehirn fehlt. Diese zahlreichen Bewegungen vollziehen sich ohne den Einfluß des Willens, nur durch die Vermittlung der Nervenzellen im Rückenmark. Es sind dies auch bei den Thieren Reflexbewegungen.

Die Zahl der Reflexbewegungen ist größer, als man auf den ersten Augenblick annehmen möchte. Das Kratzen auf Reize der Haut, die abwehrenden Armbewegungen bei der Berührung der Achselhöhle, das Zurückziehen der Beine beim Kitzeln der Fußsohle, die Gestikulation bei Schmerzen, aus denen man mit Sicherheit auf den Ort der Schmerzen schließen darf, gehören in diese Reihe. Beim Zahnschmerz legt sich die Hand unwillkürlich auf die Wange; Kolikschmerzen zwingen Jeden, die Brust dem Becken zuzuneigen und die Hand auf den Unterleib zu legen. Bei einem leichten Stoß in die Seite erfolgt eine Contraktion sämmtlicher Muskeln der entsprechenden Stammeshälfte, so daß sich der Rumpf krümmt; bei einem ähnlichen Stoß in den Rücken zwingt die darauffolgende Bewegung zum Zurückbeugen des Körpers. Und diese Mechanik ist bei allen Menschen nach denselben Regeln wirksam. Daher kommt es, daß diese Vorgänge auch unter allen Zonen in überraschend gleichbleibender Form auftreten. Der Neger wie der Asiate sind darin vom Europäer nicht im mindesten verschieden.

Wem die Erfahrungen der Medizin nicht hinreichen würden zur Begründung des Satzes, daß die Reflexbewegungen durch die Mechanik des Rückenmarks und ohne Einfluß des Willens stattfinden, für den gibt es ein unumstößliches Experiment, das bisweilen die Natur selbst anstellt. Es kommt vor, daß während der Entwicklung des Kindes die Anlage des großen und kleinen Gehirns ausbleibt. Der Gesichtstheil des Schädels ist zwar vorhanden, Mund, Nase, Aug und Ohr sind am Platze, aber das Schädeldach ist offen und das Gehirn fehlt. Nur das verlängerte Mark und das Rückenmark sind vorhanden. Diese hirnlosen Mißgeburten leben oft mehrere Tage. Sie nehmen die Mutterbrust und saugen. Bei jedem Schlingakt erfolgt mit zwingender Nothwendigkeit der Verschluß des Kehlkopfes, wie bei völlig normalen Wesen und die Bewegungen unterscheiden sich in Nichts von denen sonst wohlgeformter Säuglinge. Also trotz der Vernichtung des Gehirns sind so complicirte Reflexbewegungen, wie das Saugen, Schlingen, die Bewegungen der Arme und Beine vorhanden, ein Beweis, daß sie unabhängig vom Gehirn ausgeführt werden können.

Schon bei der Schilderung der Ursprungsstelle der Nerven wurde erwähnt, daß jene für die Beine unten, jene für die Arme weiter oben am Rückenmark sich befinden (Fig. 7). In den übrigen Abschnitten des Markes entspringen Nerven für die dazwischen liegenden Theile des Körpers. Die Beobachtung hat nun gelehrt, daß der Reflexvorgang stets ein gleichartiger ist, insofern eine Empfindung des linken Beins nur eine Bewegung des linken zur Folge hat und nicht etwa eine Bewegung des Arms. Er ist aber auch gleichseitig, insofern eine Empfindung der linken Seite auch eine Bewegung der linken Seite auslöst. Das Centrum für die Reflexbewegungen des Beines findet sich in der sogenannten Lendenanschwellung des Markes, das für den Arm in der sogenannten Halsanschwellung. Nachdem aber das linke Horn der grauen Substanz mit dem rechten, durch unmittelbare Verbindungen in der Commissur, zusammenhängt, wird bei einer gewissen Stärke des Empfindungsreizes die Reflexbewegung nicht selten auf die andere, rechte Seite übertragen und es tritt zugleich eine Bewegung des rechten Beines ein. Ein enthirntes Thier, dessen linkes Bein man schwach kneift, zieht dieses an; wird derselbe Reiz stärker und plötzlich wiederholt, so bewegt es die beiden Beine. Bei noch stärkerer Erregung erstreckt sich die Reflexwirkung noch weiter, sie geht nach oben oder nach unten auf die Theile der grauen Substanz über, welche nicht mehr in dem Niveau der gereizten Wurzel liegen. Die graue Substanz erstreckt sich durch die ganze Ausdehnung des Rückenmarks; die Verbindungen zwischen den Zellen sind unendlich zahlreich, und so kann es kommen, daß von einem einzigen Punkte aus alle Bewegungszellen des Rückenmarkes in Thätigkeit versetzt werden. An jedem Tiefschlafenden, bei dem die Einwirkung des Sensoriums vollständig ausgeschlossen ist, läßt sich die Wahrheit der eben ausgesprochenen Sätze erproben. Wird der Fuß oder die Hand berührt, so erfolgt das Zurückziehen; eine Gruppe von Muskeln verkürzt sich, ohne daß das Gehirn auch nur die geringste Nachricht empfängt. Wird die Erregung stärker, so gerathen sämmtliche Muskeln der entsprechenden Körperseite, selbst des ganzen Körpers in Erregung und der Schlafende sucht eine andere Lage. Unter Krankheitsverhältnissen z. B. im Starrkrampf, der bisweilen durch eine ganz kleine Wunde am Fuße herbeigeführt wird, gerathen allmählig von der gereizten Stelle aus, sämmtliche Muskeln des Körpers in eine anhaltende und heftige Zusammenziehung.

Die Aufgabe des Rückenmarks für die Reflexbewegung, deren Wichtigkeit beim Neugebornen und beim Erwachsenen, und zwar bei jedem Schlingakte und jedem Athemzuge in die Augen springt, ist jedoch nicht die einzige, die ihm übertragen ist. Es wurde schon darauf hingedeutet, daß in ihm auch Fasern nach dem Gehirn aufsteigen und daß alle, welche den Zusammenhang mit den in dem Schädel gelegenen Partien des Central-Nervensystems herstellen, von Nervenzellen ausgehen. Es können deshalb mit Hilfe dieser Fasern alle eben erwähnten Reize auch nach dem Gehirn, und zwar nach dem großen Gehirn fortgeleitet werden, Willensimpulse durch andere nach der grauen Substanz des Markes zurückkehren und von hier aus nach den entlegensten Muskeln befördert werden. Die meisten Muskeln können also auf zweierlei Art erregt werden, durch Reflex vom Rückenmark aus, und durch den Willen vom Gehirn. Es ist daher möglich, daß, sobald eine Reflexbewegung erregt wird, durch das Rückenmark diese Erregung noch über die Zelle hinaus bis zum Gehirn weiterschreite und jene Regionen treffe, wo das Bewußtsein seinen Sitz hat. Alsdann kann der Wille in den Vorgang eingreifen. Er kann entweder eine willkürliche Bewegung einleiten, oder die unwillkürliche hemmen. Vor allem interessant ist die letztere Eigenschaft, weil sie zeigt, daß mit Hilfe dieser Bahnen Reflexwirkungen, die unwillkürlich eintreten, durch hemmendes Eingreifen des Gehirns unterdrückt werden können. Von dieser Fähigkeit macht Jeder Gebrauch, der das Gähnen, oder das Kratzen auf Jucken der Haut ꝛc., durch seinen Willen hemmt oder einen Fluchtversuch in einen Angriff verwandelt.

Der Zusammenhang der Zellen des Rückenmarks mit denen des Gehirns zeigt, auf welchem Wege Empfindungen nach dem Gehirn hinauf und der Befehl zur Zusammenziehung bestimmter Muskel-Gruppen von ihm herabgelangen könne.

Die Fähigkeit, durch den Willen bestimmte Muskel-Gruppen zu erregen, ist zwar durch die Anlage vorhanden, aber diese Anlage muß erst geübt werden. Man erinnert sich nur selten an die Thatsache, daß jede willkürliche Bewegung auch erlernt werden muß. Redet man von dem Erlernen irgend einer Kunstfertigkeit, so heißt das nichts Anderes, als über die Muskeln der Hand soviel Herrschaft erlangen, daß jeder, selbst der leiseste Willens-Impuls genügt, eine Anzahl Bewegungen gleichzeitig oder rasch nacheinander mit gleich bleibender oder wechselnder Stärke vorzunehmen. Bei dem Virtuosen ist die Vollendung des Spieles geknüpft an die vollkommene Herrschaft seines Willens über die Muskulatur seiner Hand, und er erringt sie nur durch unausgesetzte Uebung, wodurch er die Widerstände in den Nervenbahnen so vermindert, daß mit dem Auftauchen der Vorstellung im Gehirn sofort die entsprechenden Muskeln sich an- oder abspannen. Alle willkürlichen Bewegungen, selbst die der einfachsten Art, wie Stehen und Gehen, müssen auf diese Weise erlernt werden. Ein Kind, das zum erstenmale frei steht, verräth die größte Unsicherheit in den gespreizten Beinchen. Der Wille hat noch nicht gelernt, in zweckmäßiger Weise die Muskeln des Rumpfes zu beherrschen und das Gewicht auf den gesteiften Beinen zu balanciren. Schon nach einigen Sekunden tritt Ermüdung ein, die Schwankungen werden stark, und wenn jetzt nicht eine rettende Hand kommt, folgt der Körper dem Gesetze der Schwere. Dieselben Anstrengungen kehren wieder beim ersten Versuch zu gehen. Nach jedem kleinen Schritt bleibt das Kind stehen und sucht das gestörte Gleichgewicht wieder zu gewinnen. Wenn es nicht mehr gelingt, dann ist der Sturz unausbleiblich und um eine schmerzliche Erfahrung reicher beginnt es von neuem die Uebung seiner Muskeln. Während dieser Periode des Lebens muß das Gehirn beständig eingreifen, um diese willkürlichen Bewegungen zu erzielen. Die volle Aufmerksamkeit bleibt während der ganzen Dauer des Vorganges unablässig darauf gerichtet. Ganz anders später, wenn einmal Uebung erreicht ist, wenn die Widerstände in den Nerven beseitigt und der Wille auf den kürzesten Bahnen zu den Muskeln gelangt: dann ist die Aufmerksamkeit des Gehirns völlig überflüssig, wir gehen mit vollkommener Sicherheit lange Strecken, ohne daß der Wille oder der Intellekt sich auch nur länger damit beschäftigte, als der erste Anstoß hiezu erforderte. Ist die Bewegung einmal eingeleitet, so geht sie unabhängig von jedem weitern Einfluß fort; es gehört nur der erste Anstoß dazu. So genügt der Funke im Feuerherd der Maschine um außerordentliche Erfolge zu erzeugen, die zwar mit dem Eintritt des äußern Einflusses beginnen, aber einmal eingeleitet von diesem ganz unabhängig sind.

Es ist diese Unabhängigkeit solch niederer Thätigkeiten des menschlichen Körpers, ihr mechanischer Vollzug, sobald sie einmal erlernt sind, nicht bloß ein Beweis von der leichten und vollendeten Construktion der einzelnen Theile, sondern gleichzeitig ein unberechbarer Vortheil für die höhern Gehirnfunktionen. Ein Gespräch während des Gehens wäre unmöglich, das Nachdenken über irgend einen Gegenstand gehemmt, wenn wir auf den einfachen Akt der Fortbewegung beständig dieselbe Aufmerksamkeit verwenden müßten, wie in der ersten Zeit unseres Lebens. Dadurch, daß die einmal eingeleitete Bewegung ohne neuen Anstoß vom Gehirn weiter geführt wird, kann dieses höheren Funktionen dienen, und es bleibt ihm Zeit und Kraft übrig für Leistungen anderer Art. Die complizirtesten und schwierigsten Bewegungen können so mit der Zeit ohne die geringste Aufmerksamkeit ausgeführt werden. Nur ein Beispiel! Wenn man aus dem Hause geht, so zieht man seine Handschuhe völlig unbewußt an. Dies könnte nun eine äußerst einfache Operation scheinen; wer aber einmal ein Kind gelehrt hat Handschuhe anzuziehen, weiß, daß dies durchaus nicht der Fall ist.

2. Schnelligkeit unseres Empfindens und Wollens.

Wer die blitzartige Schnelligkeit erwägt, mit der eine Erregung des Nerven dem Bewußtsein mitgetheilt wird, oder ein Willens-Impuls vom Gehirn selbst nach den entlegensten Stellen des Körpers weiter schreitet, hegt vielleicht stille Zweifel, ob diese Vorgänge in der That durch diese viel verschlungenen Bahnen ihren Weg nehmen, und die Frage, wie schnell der Gedanke sei, erscheint wohl seltsam.

Das Berühren der Haut und das Bewußtsein, Wollen und Handeln fallen scheinbar so vollständig, so genau zusammen, daß eine Messung der Zeit zwischen Anfang und Ende beider unmöglich scheint; jedoch hatte man schon im vorigen Jahrhundert sich überzeugt, daß so ganz unmeßbar jene Vorgänge nicht sind. Ein Physiolog des vorigen Jahrhunderts, Loissier, verfuhr, um die Frage nach der Schnelligkeit der Muskelbewegungen zu beantworten, folgender Maßen. Um zu sehen, wie viel Zeit er brauche, um seinen Arm willkürlich zu bewegen, versuchte er, wie oft in einer Sekunde er dies vermöchte, dann ergab sich ihm ja die Zeit für jede einzelne Bewegung. Er sah, daß er seinen Vorderarm achtmal in einer Sekunde bis zu einer bestimmten Höhe heben könne, und fand demnach, da zwischen je zwei Hebungen wohl eine ebenso lange Senkung kam, daß jede der ersteren etwa $^1/_{16}$ Sekunde dauerte.

Ein andrer Physiolog, Uffenbach, berechnete aus der Geschwindigkeit eines englischen Renners, daß jede während des Laufes nothwendige Muskelbewegung $^1/_{70}$ Sekunde erfordere. In ähnlicher Weise berechnete Haller aus der Schnelligkeit, mit welcher Läufer bestimmte Wegstrecken zurücklegen, die Zeit, welche auf die Thätigkeit der hiebei in Anspruch genommenen Muskeln kommt. Er fand, daß bei zwei von ihm beobachteten Läufern nur $^1/_{200}$ Sekunde auf jede Muskelthätigkeit kam. Wenn wir uns diese Angaben genauer besehen, so finden wir, daß sie uns wohl den Beweis geben, daß jede unserer willkürlichen Bewegungen für sich eine meßbare Zeit beanspruche, daß sie uns aber noch nichts darüber sagen, wie viel von dieser Zeit unser Geist braucht, seinen Willen jenen Bewegungsapparaten kund zu geben. Helmholtz hat diese Frage, eine der delikatesten, aber auch wichtigsten der ganzen Nervenphysik, gelöst und gezeigt, daß das Bewußtwerden einer Empfindung, die Uebertragung unseres Willens auf den Bewegungsapparat in durchaus meßbarer Zeit und mit einer Geschwindigkeit erfolgt, die sogar noch weit hinter der bekannten Schnelligkeit des Lichtes, der Elektrizität und des Schalles zurückbleibt. Von den geistreich ausgedachten Methoden hat Helmholtz die Magnetnadel als Uhr benützt. Es ist bekannt, daß dieselbe an einem Faden hängend sich stets mit einer Spitze nach Norden stellt, daß sie aber auch augenblicklich in Unruhe geräth, wenn man sich ihr mit einem andern Magnet nähert. Kupferne Gegenstände üben keinen derartigen Einfluß auf die Stellung der Nadel; selbst wenn man dieselbe mit einem vollständigen Kupferkreis umgibt, verbleibt sie in ihrer Stellung nach Norden. Schickt man aber durch diesen Kupferkreis auch nur für einen Augenblick einen galvanischen Strom, so tritt die auffallende Thatsache ein, daß die Magnetnadel in Bewegung geräth, jedoch nur während der Dauer dieses Stromes. Die Physik lehrt uns aus der Zahl und Größe der Schwingungen einer auf diese Weise beunruhigten Nadel die Zeit berechnen, während welcher jener Strom die Nadel umkreiste. Gelingt es nun, Schließung und Oeffnung desselben genau mit Anfang und Ende einer Bewegung zusammenfallend zu machen, so gewinnen wir daraus ein ungemein feines Maß für die Zeit der letzteren. Man hat diese Methode zuerst verwendet, um die Geschwindigkeit der Geschoße unserer Feuerwaffen zu bestimmen. Durch sie war es möglich die Zeit zu berechnen, welche eine Kugel braucht, um den kurzen Weg des Flintenlaufes zurückzulegen. Und dieselbe Methode hat Helmholtz dazu gedient, die Schnelligkeit zu bestimmen, mit welcher ein Reiz die Nerven des Menschen durchsetzt. Er suchte die Zeit zu bestimmen, welche verfließt vom Augenblick an, in welchem ein elektrischer Schlag seinen Finger traf, bis zu dem, in welchem er durch die Bewegung des Fingers zu verstehen gab, er habe jenen Schlag gefühlt. Streng genommen maß er drei hintereinander gelegene Vorgänge: Reizung, Empfindung und Willen. Um nun zu erfahren, ob jeder dieser Vorgänge gleichviel Zeit in Anspruch nimmt, als der andere, ob die Nervenfasern ebenso schnell leiten, als das Gehirn, reizte er die Haut einmal über dem Finger, das anderemal am Oberarm, beantwortete aber das Bewußtsein beider Empfindungen jedesmal durch ein und dieselbe Handbewegung. Er maß also einmal die Zeit für den Weg von Hand zum Hirn, zurück zur Hand, das nächstemal die kürzere Strecke von Schulter zu Hirn zur Hand. Die Beobachtung hat gelehrt, daß die Zeit für jenen zweiten Weg erheblich kürzer ausfällt. Verkürzt war aber nur der Weg im Empfindungsnerven; jener durch das Gehirn zu dem Bewegungsnerven blieb in beiden Versuchen der gleiche. Die Verzögerung des Vorgangs konnte also nur durch die längere Strecke des empfindenden Nerven bedingt sein. Messen wir nun die Entfernung jener beider Hautstellen (Finger und Schulter), so erhalten wir dadurch die Länge der Wegstrecke, welche in jener Zeit zurückgelegt wurde, um welche die erste Beobachtung länger ausfiel, als die zweite. Diese Vorgänge im Empfindungsnerven geschehen mit einer Geschwindigkeit von 90 Fuß in einer Sekunde, mit derselben Geschwindigkeit auch in den Bewegungsnerven. Nachdem nun einmal der Weg vorgezeichnet war, ist die Frage über die zeitlichen Verhältnisse der Nerven von den verschiedensten Beobachtern in Angriff genommen worden. v. Wittich fand, daß zwischen einer Empfindung am Fuß und einer Antwort, die er genau im Augenblick des Bewußtseins derselben durch eine vorher verabredete Bewegung gab, annähernd $^{2}/_{10}$ Sekunden verflossen. Die Entfernung der Hand bis zum Gehirn beträgt ungefähr 3 Fuß; um diese Entfernung zurückzulegen, braucht der Wille $^{1}/_{30}$ Sekunde. Der Abstand des Fußes vom Gehirn ist annähernd 5 Fuß. Damit ein dem Fuße mitgetheilter Schlag zum Bewußtsein komme, werden ungefähr doppelt so viele, d. h. $^{2}/_{30}$ Sekunden erfordert. Beide Vorgänge in den Empfindungs- und Bewegungsnerven beanspruchen also zusammen für sich $^{1}/_{10}$ Sekunde, d. h. die Hälfte der ganzen Zeit. Die andere übrig bleibende Hälfte geht allein auf jenen Vorgang im Gehirn, in welchem die bewußte Empfindung zur Willensäußerung wird. In $^{1}/_{10}$ Sekunde vermag unsere Seele, wenn auch nur in dieser einfachen Form, irgend einen Gedanken zu entwickeln. Die Aufgabe, welche ihr gestellt war, war allerdings eine ungeheuer einfache. Sie wußte voraus, an einer bestimmten Stelle solle der Körper erregt werden und durch eine ganz bestimmte Bewegung solle sie an den Tag legen; daß sie dieser Berührung bewußt geworden. Einige etwas zusammengesetztere Fälle haben in der That auch holländische

Beobachter in den Kreis ihrer Versuche gezogen. Es wurde verabredet, daß für eine Empfindung links eine linksseitige und umgekehrt eine rechtsseitige Bewegung gemacht werden solle. Der, an welchem in dieser Art beobachtet wurde, kannte nicht im Voraus, wo ihn die Empfindung zuerst treffen würde. Die Verzögerung, welche die Willensäußerung durch die Einschaltung dieses so einfachen Gedankenganges erfuhr, betrug annähernd $^1/_{15}$ Sekunde. Weitere Versuche haben gezeigt, daß nicht bei allen Menschen Empfindungs- und Willensäußerung mit derselben Geschwindigkeit erfolgen. Die Nerven sind nämlich Organe, welche unter dem Einfluß der Ernährung ebensogut stehen, wie alle übrigen Lebensvorgänge, und welche nach dem Zustande ihrer Zusammensetzung bald mehr, bald weniger lebhaft sich in ihrer Thätigkeit äußern. Der Ermüdete und Hungernde vermag sich nur langsam fortzuschleppen; die Schnelligkeit des Empfindens und Wollens ist in den säftearmen Nerven herabgesetzt. Es hat sich ferner herausgestellt, daß es für den Vorgang der Leitung zu unserm Bewußtsein, von diesem durch unsern Willen zur Bewegung nicht gleichgiltig ist, wie stark der Eindruck war. Der stärkere Reiz ruft auch eine lebhaftere Empfindung, eine energischere, schnellere Ueberleitung zu unsern Willensorganen hervor. Das Zeitintervall zwischen Empfindung und willkürlicher Bewegung ist kürzer bei starken als bei schwachen Sinneseindrücken. Der Umstand, daß die Ernährung der Nerven die Schnelligkeit bedeutend beeinflußt, bedingt nicht nur individuelle Verschiedenheiten, sondern auch Aenderungen der Schnelligkeit bei ein und derselben Person zu verschiedenen Zeiten. Wohl jeder hat schon ähnliche Beobachtungen an sich selbst gemacht. Dies und die Thatsache, daß die Augenblicklichkeit nur eine scheinbare ist, geben einen unumstößlichen Beweis, daß alle jene geistigen Funktionen mit materiellen Vorgängen ähnlicher Geschwindigkeit Hand in Hand gehen. Vergleicht man die Geschwindigkeiten einiger der bekanntesten Erscheinungen mit denen der Vorgänge in unserm Nervensystem, so finden wir:

Die Elektrizität	legt in 1 Sekunde ca.	1300	Millionen Fuß,
das Licht	„ „ „ „	900	Millionen „
der Schall	„ „ „ „	1000	Fuß,
eine Kanonenkugel	„ „ „	1500	„
der Adler	„ „ „ „	100	„
die Erregung der Nerven	„ „	90	„ zurück,

d. h. eine Kanonenkugel legt in derselben Zeit, welche zwischen unserer Empfindung und der ihr folgenden Willensäußerung verfließt, nahezu 300 Fuß, ein Adler 20 Fuß zurück. In jener Zeit, die zur Gewinnung einer noch so einfachen Vorstellung erfordert wird, würde der Adler bereits 6, die Kanonenkugel 90 Fuß ihres Weges beendigt haben.

Es ist nicht unsere Aufgabe den Bedingungen nachzuforschen, wodurch eine Erregung im Nerven weiter gepflanzt wird und fortschreitet, d. h. fortschreitet zum Gehirn. Die Fähigkeit des Nerven, diese Arbeit auszuführen, beruht auf chemischen Umsetzungen und besteht in einer eigenthümlichen Art von Bewegung seiner kleinsten Theile. Nach den Erfahrungen der Chemie ergibt sich als ausnahmslose Regel, daß durch den Akt der chemischen Umsetzung nur dreierlei Arten von Kräften entwickelt werden: Aenderung des Volumens, Entwicklung von Licht und Wärme, oder Binden und Befreien von Elektrizität. Sie alle sind verschiedene Formen der Bewegung in der Materie. Nachdem die Bewegung im Nerven abhängig ist von der Ernährung, so wird es klar, warum jeder Nervenstamm und jeder Theil des centralen Nervensystems beständig von Blut durchströmt wird und das Material zur Ernährung im reichlichen Maße empfängt. Sobald die Blutzufuhr aufhört, hört auch die Erregbarkeit des Nerven auf. Wird in irgend einem Gebiete des menschlichen Körpers die Hauptschlagader unterbunden, so hört der Einfluß des Willens auf diesen Theil völlig auf und keine Empfindung wird durch die Nerven nach dem Gehirn geleitet. Diese Beobachtung hat man schon unzähligemale gemacht bei Unterbindungen der Gefäße am Arm oder am Bein. Findet nach einiger Zeit das Blut durch Erweiterung der feinen Gefäße auf's Neue den Weg zu den unterhalb der verletzten Stelle befindlichen Theilen, dann beginnt wieder die Ernährung der Nerven, und Empfindung und Bewegung kehren zurück.

Es gibt eine Menge Umstände, welche die Erregbarkeit der Nervenbahnen herabsetzen, oder mit andern Worten ihre Leitungsfähigkeit vermindern. Vor allem vermindert der Schlaf die Erregbarkeit und zwar namentlich jene der Sinnesnerven. Die Empfindung der Schallwellen ist eine geringere, die Bilder der Netzhaut werden schwächer und jeder Willensimpuls, der von dem Gehirn nach der Peripherie geschickt wird, hat die größten Schwierigkeiten zu überwinden. Man spricht deßhalb vom mächtigen Schlaf, der übermannt, der gegen den Willen die Augen zudrückt. In gleicher Weise wird die Erregbarkeit vermindert durch Kälte; die Tastnerven werden stumpf, die Raschheit der Bewegungen sinkt, oder mit andern Worten: die Leitungsgeschwindigkeit des abgekühlten Nervenrohres ist geringer. Durch Kälte kann sogar die Leitungsfähigkeit der Nerven völlig aufgehoben werden für einige Zeit, und die Medizin macht von diesem wohlthuenden Mittel ausgedehnten Gebrauch. Die schmerzstillende Wirkung der Eisumschläge ist allgemein bekannt. Gestützt auf diese Thatsache hat man in der jüngsten Zeit auf den Vorschlag des Engländers Richardson bei der Exstirpation von Geschwülsten die Anwendung von Kälte versucht. Das Verfahren besteht darin, daß man durch einen Pulverisator, durch einen jener geistreich erdachten Apparate, in welchem die Flüssigkeit durch Luftdruck im fein zerstäubtem Zustande durch eine enge Röhre ausgetrieben wird, einen Staubregen von Aether auf die zu operirende Stelle einwirken läßt. Die rasche Verdunstung des Aethers bindet aus der zunächst liegenden Haut eine solche Menge von Wärme, daß in der kurzen Zeit von fünf Minuten die Nerven vollständig unempfindlich sind. Der Hautschnitt, welcher die Nerven trennt, ruft keinen Schmerz hervor. Leider ist dies Verfahren nur für kleine Operationen anwendbar, weil der zerstäubte Aether selbst in noch so großer Menge nicht hinreicht auch die tiefer gelegenen Nerven abzustumpfen. Die in der jüngsten Zeit so häufig angewendete Injection von Morphium wirkt aus demselben Grunde schmerzlindernd, sie bewirkt einen ähnlichen Zustand wie die Kälte, sie vermindert die Erregbarkeit des Nerven.

3. Sympathikus.

Die bis jetzt erwähnten Bewegungen im menschlichen Körper spielen in der Mechanik des Organismus, das wird Niemand läugnen, eine hervorragende Rolle. Schon der eine Akt des Schlingens ist von solcher Wichtigkeit, daß eine Störung stets mit Lebensgefahr begleitet ist. All die erwähnten Vorgänge haben die Eigenschaft, daß sie, wenn auch nicht immer dem Willen, doch bei dem Erwachsenen der Aufmerksamkeit zugänglich sind. Aber es finden sich eine Menge Organe, welche die verschiedensten Funktionen vollziehen, ohne daß unsere Seele irgend eine Kenntniß in gesunden Tagen von all den complizirten Arbeiten erhält. Erinnern wir an den aus vielen Abschnitten zusammengesetzten Verdauungsapparat. Ist der Bissen einmal über den gefährlichen Kreuzweg zwischen Kehlkopf und Schlund glücklich hinabgelangt, dann ist er unserm Willenseinflusse entzogen. Er treibt durch eine lange, dunkle Bahn, auf der ihm Alles entzogen wird, was irgend Brauchbares an Nahrungsstoffen enthalten ist. Es handelt sich hier nicht darum, auf die chemischen Wirkungen innerhalb des Verdauungskanales einzugehen, sondern die mechanischen Kräfte zu beobachten, welche ohne unser Bewußtsein bei der Aufnahme von Nahrungsstoffen thätig sind. Nehmen wir nach längerer Pause Nahrung zu uns, so werden die einzelnen Bissen durch die Verengerung der Speiseröhre in den leeren Magen getrieben. Kaum berühren sie die Magenwand, so entleert sich aus tausend kleinen Drüsen, den Magendrüsen, ein Strom einer ätzenden Säure, welche Magensäure oder Magensaft, succus gastricus, heißt. Die Entleerung der nur einen Millimeter langen Drüsen geschieht mit solcher Kraft, daß mitunter die Flüssigkeit im Strahle hervorspritzt. Ein dichtes Netz von feinen Muskelfasern, das die Drüsenwände umstrickt, zieht sich auf die leiseste Berührung allseitig zusammen und vollbringt wie auf Commando im ganzen Umfange der berührten Fläche die Entleerung der lösenden Magensäure. Sie ist es, welche die Speisen innerhalb dieser Abtheilung des Darmkanals verdaut. Eine falsche Vorstellung, welche vom dicken, außerordentlich muskelstarken Magen der Vögel nur allzusehr in's gewöhnliche Leben drang, meint, der Magen des Menschen zerreibe die Speisen. Dies ist aber nicht der Fall, und nur richtig für jene Vögel, welche durch die Kraft ihrer Magenwände das harte Gefüge der Samenkörner zermalmen müssen, die sie bei der einfachen Construktion ihrer Schnäbel im Ganzen verschlingen. Die Menschen und die höhern Thiere haben keine so dicken Magenwände und überdies ist der Bau derselben verschieden. Sie kauen erst die Speisen und der Magen erweicht nur die schon verkleinerten und mit Speichel vermischten festen Stoffe. Er wandelt das Ganze in einen Brei um, den Speisebrei (Chymus). Der Magen liegt ungefähr in der Mitte einer Linie, welche vom Ende der achten Rippe quer zur andern zieht. Er ist ein häutiger Sack mit einem Mageneingang, in welchen die Speiseröhre mündet und einem Magenausgang, der in den eigentlichen Darm überführt. Diese beiden Oeffnungen haben im erweiterten Zustande ungefähr die Größe eines Markstückes; aber solange keine Speisen hindurchtreten, sind sie geschlossen; namentlich ist dies am Magenausgang der Fall. Die Dicke der Magenhaut beträgt nur 3 Millimeter, wovon die Schleimhaut sammt den Drüsen schon $1^{1}/_{4}$ mm. dick ist, so daß für die Muskellage und den glatten Ueberzug nur die übrigen $1^{3}/_{4}$ mm. bleiben. Schon daraus ist abzusehen, daß die Muskelhaut des Magens nicht geeignet sein dürfte, bedeutende Kraftwirkungen zu erzielen und feste Substanzen zu zermalmen. Die Aufgabe, die Speisen zu lösen ist, der chemischen Kraft der Magensäure überantwortet. Diese ist in der That so bedeutend, daß festes Eiweiß, Fleisch-Würfel von 1 cm. im Quadrat, ja selbst kleine Knochen vollkommen von ihr aufgelöst werden. Sie braucht jedoch für diese chemischen Prozesse eine bestimmte Zeit und diese ist abhängig von der leichteren oder schwereren Lösbarkeit der eingeführten Nahrung. Ist die Breiumwandlung der Speise vollendet, so wird die Masse durch jene Oeffnung, welche nach dem Dünndarm führt, hinausgeschoben. Dieser Ausgang ist aber seltsamerweise in den ersten zwei Stunden der Magenverdauung stets versperrt; ob auch der umfangreiche Speiseballen (so nennt man die ganze Masse der auf einmal aufgenommenen Nahrung) gegen den Magenausgang hindrängt, jenes Thor bleibt verschlossen. Ein Muskelring zieht dort die Magenwand fest zusammen und läßt in den ersten paar Stunden Nichts passiren. Wie wichtig dieser Mechanismus ist, geht schon daraus hervor, daß ohne denselben der flüssige Magensaft ausströmte, die Lösung der Speisen dadurch unterbliebe, oder wenigstens auf sehr lange Zeit verzögert würde. Der Verschluß ist aber ein so vollkommener, daß selbst an dem ausgeschnittenen Magen eines eben getödteten Thieres kein Tropfen des Inhalts sich entleeren kann. Diese überraschende Leistung jenes Muskelringes am Magenausgang gab Veranlassung, ihm den Namen eines Pförtners (lat. pylorus von pyle Thor ouros Wächter) zu geben. Oft hält er Stunden lang diesen Ausgang versperrt, endlich aber ermattet er; die nahezu krampfhafte Zusammenziehung des Muskelringes hört auf, der Speisebrei kann in den Darm gelangen. Damit ist der erste Akt des Verdauungsprozesses beendet. Die mechanischen Vorgänge, wie z. B. das Ausströmen des Drüsensaftes, oder der Verschluß am Pylorus sind in dieser Vollendung nicht nur beim Thier, sondern auch beim Menschen beobachtet worden. Ein ziemlich bekannter Fall dieser Art war jener kanadische Jäger, dem in Folge einer bedeutenden Schußwunde eine Oeffnung im Magen zurückgeblieben war, eine Magenfistel. Man konnte also von außen sich über alle Vorgänge in diesem Organe leicht Auskunft verschaffen. Die Oeffnung war sonst durch einen Propf verschlossen, um das Herausfließen der aufgenommenen Nahrung zu verhindern. Dieser Verschluß gestattete zu jeder Zeit sich vom Zustande der im Magen enthaltenen Speisen zu überzeugen, zu erfahren, wie lange sie in ihm zurückgehalten wurden, und wann die Verdauung, d. i. ihre Lösung vollendet war. Bei Hunden hat das Anlegen einer solch künstlichen Magenfistel vermittelst eines operativen Eingriffes nicht die geringste Schwierigkeit. Die Thiere leiden weder von der Operation, noch von ihren Folgen. Das Verfahren besteht darin, daß die der Bauchwand zunächst liegende Magenfläche in die Schnittwunde eingenäht wird. Es bildet sich rasch eine Entzündung, wodurch die beiden Flächen fest miteinander verwachsen. Man kann nun ungescheut von der Schnittwunde aus den Magen öffnen, und durch das Einlegen einer Kanülle mit vorspringenden Rändern den Zugang offen halten. Diese Kanülle trägt einen sicher schließenden Pfropf, um das Ausfließen der Speisen und des Magensaftes zu hindern. Solche Thiere, wie sie an jedem physiologischen Institut gehalten werden, eröffnen dem jungen Arzte einen höchst belehrenden Einblick sowohl in die eben erwähnten mechanischen Verhältnisse, als auch in die chemischen Vorgänge, die ihm für das Studium dieser Prozesse beim Menschen unerläßlich sind.

Mit dem Uebertritt des Speisebreies in den Dünndarm beginnt eine neue Thätigkeit der Organe. Durch zwei kaum sichtbare Oeffnungen strömt der Saft der pankreatischen Drüse, des Pankreas (von pān ganz kréas Fleisch, wegen seiner rothen Farbe so genannt) und das Sekret der Leber, die Galle, zur erweichten Nahrung. Leicht zusammenschnürende Bewegungen pressen nun langsam den mit Galle gemischten Inhalt durch das ungefähr 4½ Meter lange gleichweite Rohr. Am Uebergang von diesem zum Dickdarm (Colon) findet der Speisebrei ein neues Hinderniß. Auch hier ist der Ausgang einige Zeit durch eine Klappe, die valvula coli, verschlossen. Ihre Construktion beruht auf denselben Prinzipien, wie jene weiter oben am Pylorus; auch sie hindert längere Zeit den Durchtritt des Speisebreis, damit unterdessen die Millionen kleiner Zellen, welche die Oberfläche der Schleimhaut, Saugnäpfen vergleichbar, bedecken, im Stande seien, die bereits gelösten Substanzen durch die Magenwand entweder direkt in die Blutgefäße gelangen zu lassen oder indirekt durch die Lymphröhren. Oeffnet sich endlich auch dieses Thor, läßt es den Weg in den nahezu 1½ Meter langen Dickdarm frei, dann treiben wurmförmige Bewegungen den noch übrigen Rest des Speisebreies in jenen letzten Abschnitt des Verdauungskanals. Was noch von löslichen Substanzen während der Wanderung durch den Dünndarm übrig blieb, wird in den buchtigen Räumen des Dickdarmes resorbirt. Mehr und mehr verliert sich die breiige Eigenschaft und das nicht weiter Verwendbare treibt dem Endstücke des Dickdarmes, dem Mastdarme zu, um nach einiger Zeit entleert zu werden. Diese mechanischen Arbeiten, welche sich in gesunden Tagen mit der Regelmäßigkeit eines Uhrwerkes abwickeln, verrathen eine überraschende Selbstständigkeit des ganzen Verdauungs-apparates, die er freilich nicht selten mißbraucht. Tritt durch irgend einen Umstand, z. B. durch Erkältung, jene wurmförmige Bewegung der Eingeweide stärker auf, ziehen sich die das Darmrohr umschnürenden Muskeln heftiger zusammen und wiederholt sich diese Bewegung in kurzen Zeiträumen, dann wird der Inhalt nur allzu rasch fortgeführt und in noch flüssigem Zustande entleert. Ist das Gegentheil der Fall, sind die Zusammenziehungen zu schwach und unvollständig, dann kommt es zu jenen Anschoppungen der unbrauchbar gewordenen Massen, gegen deren Entfernung wir durch unsern Willen ebenso ohnmächtig sind, wie in dem vorhergehenden Falle gegen ihre allzu rasche Austreibung.

Andere Apparate im Innern des Körpers besitzen eine ähnliche Souveränität gegenüber dem Herrn des Organismus, der sich so gerne seiner Alleinherrschaft rühmt. Jene ganze Kette, welche einen Theil des überschüssigen Wassers sammt den unbrauchbaren Salzen aus dem Körper entfernt, die Harnorgane, vollziehen diese Arbeit in der Tiefe des Unterleibes unbewußt für unsere Empfindung. Erst im letzten Augenblick, wenn es sich um die Entleerung der gefüllten Blase handelt, werden wir gewahr, daß die Ausscheidung einer Flüssigkeit stattgefunden hat. Das Gehirn erhält erst spät Kunde davon, was unter der Aufsicht anderer Nerven im Innern des Körpers, in den Nieren vor sich ging. Aehnliche Unabhängigkeit besitzt die Lunge und das Organ des Blutumlaufs, das pulsirende Herz sammt seinen Gefäßen. Sie stehen alle unter dem Einfluß dieses besonderen Nervensystems. Es ist ein anderes, als jenes oben erwähnte Centrale, dessen Fäden im Rückenmark und Gehirn zusammenlaufen. Die Regelung der erwähnten Prozesse geschieht durch Nerven, die außerhalb der Schädelhöhle liegen und unter dem Namen des **sympathischen** Nervensystems, auch kurz unter dem Namen **Sympathikus** zusammengefaßt werden. Fig. 11.

Der Sympathikus besteht aus zwei an der Vorderfläche der Wirbelsäule parallel verlaufenden Nervenstämmen, in welchen in kurzen, regelmäßigen Abständen graubraune Knoten (**Nervenknoten, Ganglienknoten**) bis zur Größe einer Bohne eingefügt sind. Die Nervenknoten stellen sammt ihren verbindenden Nervensträngen eine Kette dar, die sich vom Haupte bis gegen das Ende des Stammes erstreckt. (Fig. 11.) Man unterscheidet der Lage nach: Hals-, Brust- und Bauchknoten. Der **oberste** ist spindelförmig, ungefähr $20_{mm.}$ lang und $8_{mm.}$ breit und liegt hinter der zum Hirn aufsteigenden Schlagader (Fig.

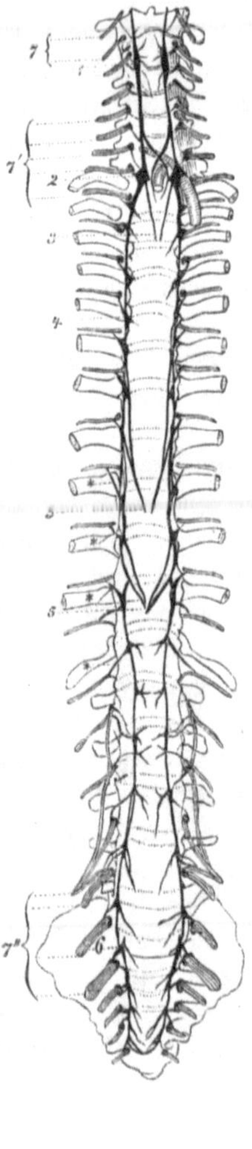

Fig. 11. Grenzstrang des Sympathikus. 1 der obere Halsknoten, 2 der untere, 3 Nerven zum Herz, 4 die Brustknoten, 5 Nerven zu den Eingeweiden 6. Ganglien im Becken, 7 7 7 Rückenmarksnerven, * Verbindungsäste zwischen ihnen und dem Sympathikus.

11, 1). Seine obere Spitze sendet Fäden nach aufwärts zu den in der Nähe austretenden Nerven des Gehirns, andere folgen der Gehirnschlagader und begleiten sie und unter fortwährender Theilung auch ihre Zweige, durch die Hauptabtheilungen des centralen Nervensystems. Aus dem vordern Rande kommen Nervenbündel, die all' jenen Arterien sich anschließen, welche als Aeste der äußern Kopfschlagader (carotis externa) zur Haut und zu den Muskeln des Gesichts und des Schädels sich begeben. Endlich entspringt hart am untern Rand jederseits ein Nervenast, der direkt bis zum Herzen herabsteigt. Vom entgegengesetzten Pol setzt sich ein einfacher oder doppelter Strang fort, der die Verbindung mit dem untern Halsknoten herstellt. Dieser ist platt und von ihm gehen nach allen Richtungen so viele Aeste aus, daß er dadurch die Form eines Sternes erhält; man nennt ihn deshalb auch den Sternknoten, das Ganglion stellatum. Von seinen Nervenästen folgen viele der Schlüsselbein-Schlagader und begleiten sie und ihre Zweige auf dem Zuge durch die Achselhöhle dem Arm entlang. So werden alle größeren Schlagadern des Armes von Nervenfäden des Sympathikus umzogen. Ein durch seine Größe hervorragender Ast geht zum Herzen. Dies Centrum der Cirkulation, dies rastlos thätige Pumpwerk ist ganz besonders durch Zweige des Sympathikus bevorzugt. Symmetrisch von beiden Seiten kommen je zwei Aeste vom Halse herab (Fig. 11, 3), convergiren und bilden, bevor sie in den Herzmuskel selbst eintreten, durch Theilung und Wiedervereinigung ein sogenanntes Geflecht, das Herzgeflecht, den plexus cardiacus.

Die Eigenthümlichkeit durch vielfache Verstrickung der einzelnen Nervenbündel, durch Theilung derselben und Verbindung mit nebenliegenden einen vollkommenen Austausch der Fasern zu erzielen, ist im ganz besonderem Grade dem Sympathikus eigen. Je weiter man seine Bahn verfolgt, desto häufiger stoßt man auf diese Geflechte. Aus den fünf oberen Brustknoten ziehen Nerven zur großen Körperschlagader (aorta) und bilden ein Aortengeflecht. Die untern Brustknoten senden zwei große Strangpaare unter dem Namen der Eingeweidenerven, nervi splanchnici (Fig. 11, 5 und 6), zu den Eingeweiden der Bauchhöhle. Sie durchdringen auf dem Wege dorthin das Zwerchfell, convergiren dann und bilden um den Ursprung der großen Arterien, welche zur Leber und zum Magen gehen, ebenfalls zahlreiche Geflechte. Auch hier folgen die Nervenbündel in vielfachen Schlingen den Gefäßen und gelangen dann endlich in das Innere der Organe. So erhält der ganze Darmkanal zahlreiche sympathische Zweige.

Der Einfluß dieser nervösen Elemente ist um so größer, als nicht bloß in dem Verlauf des sogenannten Grenzstranges Nervenknoten vorkommen, sondern auch innerhalb jener Nervenbündel, welche zu Lunge, Herz und den Eingeweiden der Bauchhöhle gehen. Auf diese Weise stehen alle vom Willen unabhängigen Organe unter des Sympathikus Gewalt: Leber, Milz und Pankreas, Lunge, Herz und Darm, alle Blutgefäße herab bis zu den Schenkelschlagadern und ihren Verzweigungen. Die Unabhängigkeit dieses Nervenstammes erklärt sich einmal durch die im Grenzstrang befindlichen Nervenknoten und dann aus dem Umstande, daß solche kleine Centralherde für den Ursprung von Nervenfasern fast durch den ganzen Körper zerstreut sind. Von

Bindegewebe umhüllt bergen sie in ihrem Innern Haufen von Nervenzellen (Fig. 12), welche ähnlich denen des Gehirns und Rückenmarkes beschaffen sind. Ihre körnige Substanz zeigt wie dort einen hellen Kern sammt Kernkörperchen, und vom Zellenrand gehen mehrere Fortsätze aus, die Verbindungsglieder zwischen den Nervenfasern. Schon oben wurde auf die große Bedeutung der Nervenzellen hingewiesen. Jede entspricht für sich einer Centralstelle, auf welche sensible Fäden Reize übertragen können. Jede vermag durch andere Nervenfasern eine Bewegung in entfernten Gebieten zu veranlassen. Wo also im Bereich des sympathischen Nervensystems solche Zellenhaufen sind, haben sie die Bedeutung kleiner Stationen, welche Gehirnen vergleichbar, bestimme Vorgänge innerhalb eines Bezirkes vollkommen beherrschen. Kommt aus einem der innern Organe ein schneller Bote, so wird die Nachricht von der Nervenzelle in Empfang genommen Sie setzt diese Erregung

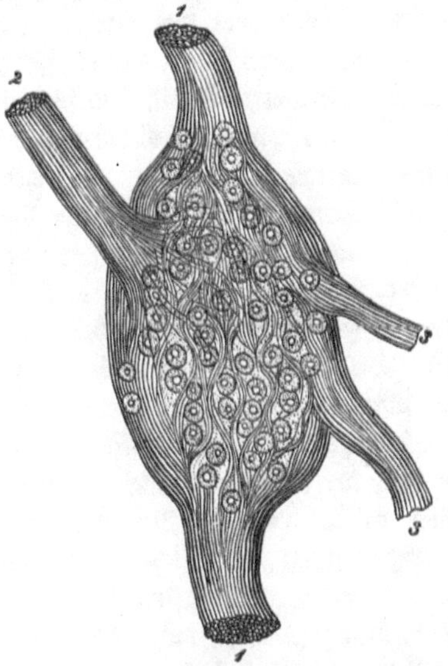

Fig. 12. Ein Nervenknoten des Sympathikus vergrößert und als durchsichtiges Gebilde dargestellt. 1 1 Verbindung zwischen den zunächstliegenden Nervenknoten des Grenzstranges. 2 Verbindung mit dem Rückenmarke. 3 3 Nervenäste zu den Eingeweiden.

in eine andere um, welche die bewegenden Kräfte jener gereizten Stelle zur Zusammenziehung antreibt. Daß dem wirklich so sei im Bereich des sympathischen Nervensystems, zeigt sich besonders, wenn wir sehen, daß es seine Macht entfaltet, ob auch Gehirn und Rückenmark völlig aus dem Spiele sind. Seine Unabhängigkeit zeigt sich vor allem, wenn jene schlafen oder von heftigen Erkrankungen getroffen wurden. Herrscht z. B. in Folge eines Blutergusses im Schädel, Bewußtlosigkeit, sind sämmtliche Funktionen im Bereich des centralen Nervensystems sistirt: es fährt fort seine Schuldigkeit zu thun. Die Athmung, der Kreislauf, die Verdauung gehen auch beim Bewußtlosen ihren Gang; sie finden statt bei schwerster Verletzung des Gehirns oder seiner Theile, wenn auch in etwas gemindertem Grade, ja sie fehlen selbst den hirnlosen Mißgeburten nicht. Selbst ein aus dem Leibe ausgeschnittenes Eingeweide führt, so lange es Nervenknoten und die aus ihnen entspringenden Nerven besitzt, seine Bewegungen eine Zeit lang fort, wie am ausgeschnittenen Herzen und Darmkanal gesehen wird. Bei der Vornahme physiologischer Experimente an Leichen von Geköpften wurde die für den mächtigen Einfluß des Sympathikus schlagende Beobachtung gemacht, daß 25 Minuten nach dem Tode die Bewegungen des Herzens wieder begannen, nachdem die sympathischen Nerven gereizt worden waren. Unter denselben Umständen bewegen sich ausgeschnittene Darmschlingen, verkleinert sich die Milz und hält der Pförtner den Inhalt des Magens zurück.

So groß aber die eben geschilderte Unabhängigkeit der innern Organe ist, völlig losgelöst sind sie doch nicht, weder vom Rückenmark, noch vom Gehirn. In die Nervenknoten des Grenzstranges gelangen nämlich von dem Rückenmark seine Aeste (Fig. 11 und Fig. 12, s). Sie dringen zwischen die Zellen und stehen, wie man aus anderen Gründen vermuthen darf, mit ihnen in Verbindung. Die Natur dieser zutretenden Fasern ist jedenfalls doppelter Art. Es finden sich solche, welche über Vorgänge im Bereich des sympathischen Nervensystemes eine Botschaft nach dem Gehirn gelangen lassen, und andere, welche umgekehrt von dem Gehirn nach den Ganglien führen. Die folgenden Erscheinungen zwingen zu dieser Annahme. Nehmen wir Medikamente, welche die Darmschleimhaut erregen, oder ist durch Schädlichkeiten in Speis und Trank das Darmrohr in Aufregung versetzt, so kann der Reiz eine gewisse Höhe erreichen, ohne daß er zum Bewußtsein gelangt. Wir erfahren nichts, daß die Schleimhaut des ganzen Verdauungskanals sich röthet, kein Zeichen verräth uns, daß seine Muskeln sich heftiger zusammenziehen und wiederholt versuchen, die unverdauliche Substanz in die tiefer gelegenen Partien zu fördern. Wird aber die Reizung intensiver, dann fühlen wir stechende Schmerzen (Grimmen, Kolik). Mit andern Worten, wenn der Reiz eine gewisse Höhe überschreitet, so springt er auf die zum Rückenmark führenden Fasern über und wird von dort aus nach dem Gehirn geleitet. Auf den Bahnen zwischen dem Sympathikus und dem Rückenmark scheinen im normalen Zustande bedeutende Hindernisse zu sein, welche die Erregungen der tagtäglichen Vorgänge nach dem Gehirn unmöglich machen. Dank dieser Einrichtung vollziehen sie sich unbewußt und nehmen die Aufmerksamkeit in gesunden Tagen niemals in Anspruch. Nur allgemeine Gefühle, wie das der Sättigung, versetzen den ganzen Organismus in jenen Zustand der Behaglichkeit, der nach eingenommener Mahlzeit fühlbar ist. Wenn wir so sehen, daß mit Hilfe dieser Verbindungsnerven in besondern Fällen eine Leitung nach dem Gehirn stattfinden kann, so lehren andere Vorgänge, daß Hirn und Rückenmark auch die Prozesse des vegetativen Lebens bis zu einem gewissen Grade beeinflussen können. Leidenschaften und Affekte, welche im Gehirn als dem Seelenorgan zunächst wurzeln, werfen auch in die entfernten Gebiete des Sympathikus ihre Schatten. Wenn ein schmerzlicher Eindruck die Bewegungen des Herzens verlangsamt, das unausgesetzt doch seinen Anstoß vom Sympathikus erhält, so ist ein solcher Einfluß nur denkbar mit Hilfe von Gehirnnerven. Es ist möglich gewesen, diesen physiologischen Mechanismus zu begreifen, durch den das Herz mit unseren Gefühlen in Verbindung steht. Erinnern wir uns, daß es nie aufhört, eine Druckpumpe zu sein, d. h. ein Motor, der die Lebensflüssigkeit, das Blut, an alle Organe des Körpers vertheilt. Zu jenen sympathischen Herznerven, welche das Pumpwerk treiben, gelangen nun Nervenfäden, welche aus dem verlängerten Marke stammen. Sie gehören dem sogenannten Lungen-Magennerven, dem nervus vagus an, der dem Gehirn zunächst entspringt. Wenn nun irgend eine Erregung das Gemüth durchzieht, so kann sie diesen Nerven mit erregen, welcher je nach dem Grade und der Art des Reizes das Herz beeinflußt. Dieser Einfluß vom Gehirn aus auf den Sympathikus hat eine Veränderung des Herzschlages zur Folge.

Trotz dieses innigen Zusammenhanges ist es jedoch gestattet, von einer Selbstständigkeit des sympathischen Nervensystems zu sprechen. Allerdings, er ist mit vielen seiner Fäden dem Central-Nervensystem unterthan, aber frei genug empfängt er niemals Befehle. Jeder Wunsch, das Pochen des Herzens zu verlangsamen, geht ungehört an seinen Organen vorüber und alle Einflüsse, die wir eben erwähnten, sind nicht direct willkürlicher Natur.

Es wird sich später Gelegenheit geben, noch eine andere Rolle des Sympathikus zu erwähnen, wenn gezeigt wird, daß er der Regulator der animalischen Wärme ist, ähnlich in seiner Wirkung dem Regulator, der in der Dampfmaschine die Macht des aus dem Kessel strömenden Dampfes hemmt und fördert. Und es wird sich dadurch ein neuer Beweis beibringen lassen von seiner Unabhängigkeit im Triebwerk des Organismus.

III. Das Knochengerüste als Stativ des Körpers.

1. Allgemeines.

Das Knochengerüste ist seiner Bedeutung nach ein Stützapparat; es ist die feste Grundlage, um welche sich die Gestalt aufbaut. Die zahlreichen Stücke bilden durch ihre Verbindung ein Gerüst von Balken und Sparren, an dem überall in erster Linie das Prinzip des Statives in die Augen springt. Seine Grundform ist keine andere, als die des Körpers überhaupt, in dessen Wandungen es liegt, allseitig von Weichtheilen bedeckt, wenn auch nicht gleichmäßig umhüllt. Der Schädel gibt in ziemlich vollständigen Linien die Gestalt des Hauptes wieder (Fig. 29). Durch die Rippen und das Brustbein wird die Form des Brustkorbes gegeben; im schmalen Hals findet sich nur eine einzige Säule aus sieben Wirbeln bestehend; die Lenden stützt eine Reihe von fünf Wirbeln und der letzte Abschnitt der Wirbelsäule, das Kreuzbein, wird durch die feste Verwachsung mit den beiden Hüftknochen zu einem starken Knochenring, der in tiefen Pfannen die Gelenkkugeln des Schenkelknochens aufnimmt. Dieses Gerüste, das die Höhe der menschlichen Gestalt bestimmt, ist an vielen Punkten durch mechanische Vorrichtungen, Gelenke, beweglich, so daß sich die einzelnen Stücke gegeneinander verschieben können. Die Aufgabe als Stativ des Stammes, als Grundfeste zu dienen, vermögen die Knochen zu erfüllen in Folge ihrer natürlichen Zusammensetzung aus organischen und erdigen Stoffen.

Der organische Bestandtheil ist eine leimgebende Substanz. Diese kann durch Kochen ausgezogen werden und stellt im Wasser gelöst eine gelatinöse Masse dar. In größerer Menge aus Thierknochen gewonnen und an der Luft getrocknet, erkennt jeder den in dem Handel vorkommenden Tischlerleim.

Selbst nach tagelangem Sieden bleiben die Knochen mit ihrer vollständigen Form zurück, nur haben sie den größten Theil der leimgebenden Substanz verloren. Bei der Fäulniß ist es ebenfalls die leimgebende Substanz, welche zunächst schwindet. Doch währt dieser Prozeß außerordentlich lange; die innige Verbindung mit den erdigen Bestandtheilen schützt vor einer allzu raschen Verwesung. In Stirnknochen aus einem Grabe von Pompeji fand man noch eine ansehnliche Menge. Diese organische Substanz ist durch den ganzen Knochen verbreitet; jedes noch so kleine Knochenfragment enthält sie. Es gibt Mittel, die erdigen Bestandtheile vollkommen zu beseitigen, d. h. zu lösen und die organischen, als sogenannte Knochenknorpel, zu trennen. Legt man frische Knochen in verdünnte Salzsäure (15:100), so werden die festen erdigen Bestandtheile gelöst und der Knochenknorpel bleibt zurück als eine weiche, elastische Substanz, aber von der Form des gewöhnlichen Knochens. Schneidet man dieselbe durch, so zeigt sie noch dieselbe Beschaffenheit in der Anordnung der Knochenblättchen und Knochenräume, wie vor der Anwendung der Salzsäure, nur fehlen die erdigen Substanzen und damit die Festigkeit. Auch dieser so gewonnene Knochenknorpel löst sich, in Wasser gekocht, zu Leim auf und an der Luft schrumpft er zu einer gelblich durchscheinenden harten Masse.

Die erdigen Substanzen sind hauptsächlich basischphosphorsaurer Kalk, reichlich an 50%, dann kohlensaurer Kalk, geringere Menge von Fluor-Calcium und Magnesia; durchschnittlich kommen 70% unorganische auf 30% organische Bestandtheile. Diese Mischung zeigt einen hohen Grad von Vollkommenheit. Durch die erdigen Bestandtheile besitzt der Knochen die Festigkeit des Steins, die Beimischung von organischen Stoffen ertheilt ihm die Elastizität der Metalle. Wie glücklich diese Mischung ist, zeigen Belastungsversuche. Der frische Knochen von einem Quadratzoll Querschnitt geht erst bei einer Belastung von 300 Zentnern entzwei. Ein Kupferstab von demselben Querschnitt reißt bei demselben Gewicht, nur schwedisches Schmideeisen erreicht seine Festigkeit.

Die Knochen verlieren durch Trocknen an Gewicht, aber nicht an Gestalt und Größe und widerstehen der Verwitterung so beharrlich, daß sich selbst Knochen von Menschen zum Theil noch erhalten haben, welche zur Zeit des Diluviums lebten. Daß noch heute ganze Skelette von Thieren gefunden werden, welche die antediluvianische Welt bevölkerten und welche die Revolution des Erdballes aus dem Buche der Schöpfung gestrichen hat, ist eine bekannte Thatsache.

Man ist geneigt den Knochen bei ihrer Härte eine geringe Säftebewegung zuzuschreiben, aber mit Unrecht. Eine Menge von Erscheinungen beweisen, daß sie auf das Innigste in Verbindung stehen mit dem Kreislaufe des Blutes, und daß der Stoffwechsel in ihnen oft mit überraschender Schnelligkeit wirkt und schafft. Die Knochen sind mit Ausnahme der Gelenkenden von einer derben Haut überzogen, welche unter dem Namen der Beinhaut bekannt ist. Sie hat verschiedene Aufgaben, darunter auch jene, die Blutzufuhr in die innern Theile des Knochens zu vermitteln. Wird sie losgetrennt, zerstört, so wird dadurch die Blutzufuhr nach der entsprechenden Knochenpartie abgeschnitten und diese fällt der Auflösung anheim. Die Chirurgie kennt jene Fälle, in denen durch heftige Gewalten die Beinhaut vom Knochen losgetrennt wird. Trifft direkt auf den Röhrenknochen ein Schlag, so kann es zu einem Splitterbruch kommen, dessen einzelne Splitter völlig von der Beinhaut entblößt sind. Das gänzliche Aufhören ihrer Ernährung verursacht ihr Absterben, und die Natur sucht auf dem Wege der Eiterung die unbrauchbar gewordenen Theile aus dem Organismus zu entfernen. Ist die Zerstörung nicht in solchem Grade für die Beinhaut vernichtend gewesen, so kann eine Wiedervereinigung stattfinden. Oft ist schon nach wenigen Wochen ein Bruch des Oberarmknochens völlig geheilt.

Die mikroskopische Untersuchung klärt die Frage auf, auf welche Weise der Strom der Säfte diese harte Substanz durchdringt. Hat man einen feinen Schliff angefertigt, der durchsichtig genug ist, um selbst bei starken Vergrößerungen (400 mal) die Einzelnheiten untersuchen zu können, so wird man zunächst finden, daß der Knochen eine blättrige Struktur besitze. Dünne Lamellen, die Knochenlamellen, ziehen in größeren oder kleineren concentrischen Ringen durch die Substanz. Zwischen ihnen erscheinen flachgedrückte Höhlen von mikroskopischer Kleinheit, welche nur mit dem bewaffneten Auge sichtbar sind, und was dem ganzen Bilde eine gewisse Zierlichkeit verleiht, ist die Anwesenheit von unzählig feinen Kanälchen, welche zwischen den flachgedrückten Höhlen hin und her ziehen. Der Längsdurchmesser

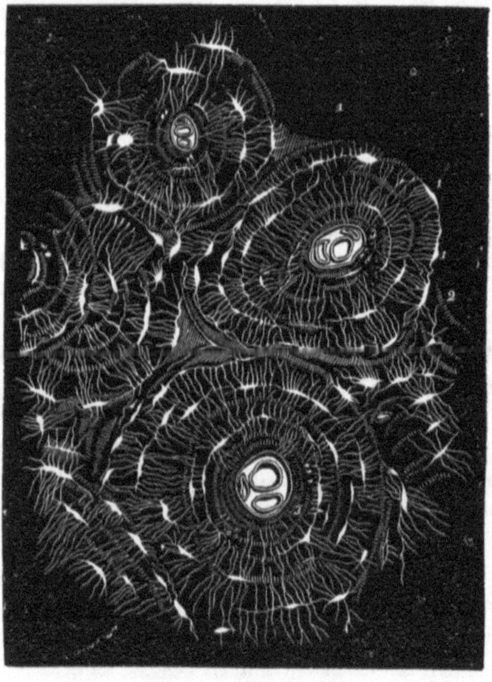

Fig. 13. Querschliff eines menschlichen Knochens (400 mal vergrößert). 1 Knochenhöhlen mit Ausläufern. 2 Lamellen. 3 Havers'sche Kanäle mit querdurchschnittenen Blutgefäßen.

der Knochenhöhlen beträgt 1/20 — 1/80 mm., die Breite 1/100 mm. und die feinen zahlreichen Kanälchen, welche nach allen Seiten von ihnen ausstrahlen, sind nur 1/800 mm. dick. Es ist jetzt gelungen den Inhalt jener flachgedrückten Höhlen durch das Mikroskop zu erkennen. Er besteht aus Zellen mit eiweißartiger Substanz und einem Kern. Die feinen Kanälchen sind Saftröhren, welche von Knochenhöhle zu Knochenhöhle die Ernährungsstoffe weiter leiten. Der Querschnitt (Fig. 13) zeigt ferner größere, helle, rundliche oder längliche Räume, in deren Innerem man durch Untersuchung frischer Knochen Blutgefäße gefunden hat. Diese Blutgefäße stammen aus der Beinhaut und ziehen in den größeren Kanälen nach den verschiedensten Richtungen, wobei besonders zu erwähnen ist, daß häufig Verbindungen zwischen den Kanälen und auch zwischen den Blutgefäßen stattfinden. In der Regel lassen sich in jeder dieser nach ihrem Entdecker Havers: „Havers'sche Kanäle" genannten Röhren eine Arterie und zwei Venen nachweisen. Die Fig. 13, s zeigt in der hellen Lichtung des Kanals die Querschnitte dieser drei Gefäße. Dabei ist der Umstand zu beachten, daß sie die Röhren nicht vollständig erfüllen, sondern noch einen kleinen Raum übrig lassen. In diesen vermag die ernährende Flüssigkeit durch die Blutgefäße auszuschwitzen und damit sie in der starren Substanz sich weiter verbreiten könne, münden die Knochenhöhlen der nahe liegenden Schichten mit ihren feinen Ausläufern direkt in den Hohlraum der Havers'schen Kanäle. Die physiologischen Kräfte jener Zellen, welche in den Knochenhöhlen sich befinden, vermögen durch ihren Einfluß den Strom der ernährenden Säfte weiter zu befördern. Um das unbrauchbar Gewordene oder Ueberschüssige zu entfernen, dienen die Venen, welche das durch die Schlagadern eingeströmte Blut nach dem Herzen und nach den Lungen zurückbringen. Nur vorübergehend sei erwähnt, daß durch die Havers'schen Kanäle auch Nervenfasern ziehen. In den großen Röhrenknochen geschieht die

Ernährung auch theilweise von der Oberfläche des Markes aus, das ja bekanntlich den Markraum vollständig erfüllt. An jedem Röhrenknochen finden sich ein Paar Kanäle, welche denselben in schiefer Richtung von Außen nach Innen durchbohren. Schlagadern von der Dicke einer Stricknadel dringen auf diesem Wege zu dem Knochenmarke und dieses gibt wieder einen Theil der feinen, entbehrlichen Aeste ab, welche von der innern Seite aus den von außen kommenden entgegenziehen und mit ihnen sich verbinden. Daraus erklärt sich die schon oft von den Chirurgen gemachte Beobachtung, daß das Mark bei der Wiedervereinigung eines getrennten Röhrenknochens eine wesentliche Rolle spiele.

Nicht überall hat der Knochen jenes dichte Gefüge, das den Röhrenknochen auszeichnet, der mit Ausnahme kleiner mikroskopischer Kanäle für Blutgefäße und die Ernährungsflüssigkeit eine vollkommen geschlossene Masse bildet. In den Gelenkenden und in den kurzen Knochen sind zahlreiche kleine Räume. Während man in dem Mittelstück kompakte Knochenmasse findet (Fig. 14), welche das Mark umschließt, hat in andern Bezirken diese harte Masse ihr Aussehen völlig geändert, sie gleicht einem vielfach durchbrochenen Gitterwerk, über dessen Widerstandsfähigkeit jedem Beobachter ernste Bedenken auftauchen. Diese Bedenken werden sich steigern, sobald man erwägt, wie namentlich die untere Abtheilung des Skelettes außerordentlich belastet ist. Erinnern wir uns einen Augenblick an die statische Bestimmung des Beines. Sie besteht darin, die Last des Rumpfes zu stützen und zu tragen. Der Gelenkkopf des Oberschenkelknochens ist überdies in einer für die Belastung ungünstigen Richtung, nämlich seitlich auf das obere Ende des Schaftes gesetzt. Zwischen ihm und der eigentlichen Axe

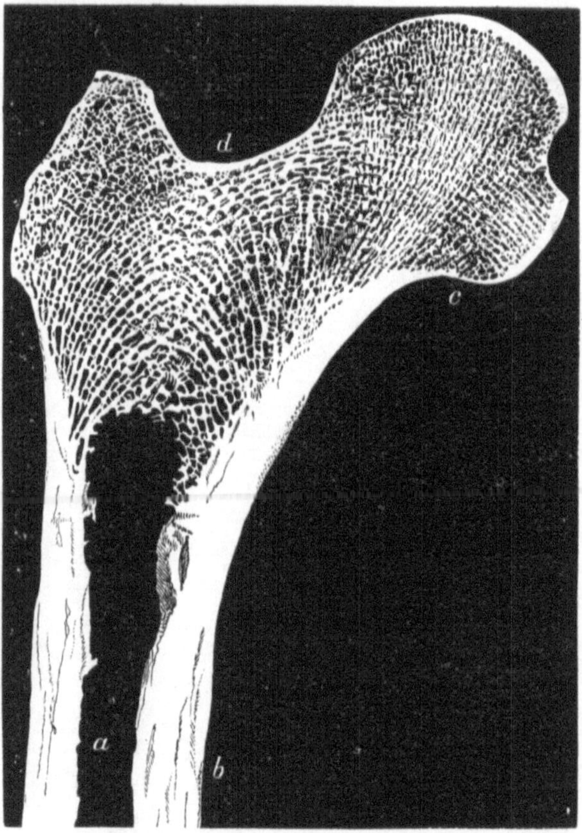

Fig. 14. Schnitt durch das obere Ende eines Schenkelknochens vom Menschen.
a. Markhöhle;
b. compakte Substanz am Röhrentheil;
c. spongiöse Substanz im Hals; d. im Gelenkkopf.

Fig. 15. Derselbe Schnitt wie in Fig. 14; die Richtung der Pfeiler in der spongiösen Substanz schematisch dargestellt.
a und a′ ruhen auf lll.
α — β ruhen auf LLL.

des Röhrenknochens stellt die Verbindung der sogenannte Schenkelhals her, eine verschmälerte Knochenbrücke, auf welche das Körpergewicht durch seinen perpendikulären Druck biegend einwirken muß. Daß gerade diese Abtheilung bei der Winkelstellung des Gelenkkopfes zum Schaft einem ganz bedeutenden Druck ausgesetzt ist, lehrt der eine Umstand, daß bei einem Menschen von 64 Kilo Schwere die Last des Rumpfes sammt dem Kopf und den Armen über 40 Kilo beträgt. Diese Belastung wirkt bei jedem Schritt mit ihrer ganzen Schwere auf den Schenkelhals.

Unter vielen Umständen wird der Druck noch bedeutend dadurch gesteigert, daß das ganze Gewicht plötzlich seine Gewalt ausübt. Bedenken wir einen Sprung aus einer nur mittelmäßigen Höhe, so verdoppelt sich schon das Gewicht des Körpers und schlägt gleichzeitig plötzlich gegen den Gelenkkopf, der aus jener spongiösen Masse, jenem eigenthümlichen Gitterwerk construirt ist. (Fig. 14 c.) Die hiefür in der Anatomie geläufige Bezeichnung als spongiös, als schwammig, kann kaum beitragen, die Vorstellung einer besondern Tragfähigkeit wachzurufen, obwohl dieser Vergleich nur vom durchbrochenen Aussehen des Badeschwammes hergenommen ist. Ueberdies weiß man aus der Erfahrung, daß die Fäulniß und andere zerstörende Einflüsse schneller das Gelenkende und die kurzen Knochen vernichten, während die kompakte Substanz der Röhren selbst Jahrhunderten trotzt. Ferner vermag man leicht die Thatsache zu constatiren, daß dieses zierliche Maschenwerk von irgend einem schneidenden Instrument leicht getrennt wird. Zu solchen Versuchen eignet sich jeder Knochen unserer Hausthiere, der zufällig mit dem Fleisch auf dem Tisch erscheint. Und doch die Thatsache läßt sich nicht läugnen, trotz all der eben erwähnten Umstände, daß auch den so gefügten Knochen eine außerordentliche Widerstandsfähigkeit zukomme.

Vor Kurzem nun ist es H. Meyer gelungen in dem verworrenen und dicht verschlungenen Netz von Knochenblättchen an der spongiösen Substanz ein planvolles Gefüge feiner elastischer Sparren und Pfeiler zu entdecken, ähnlich jenem kunstvollen Fachwerk, das die Techniker in Form von Gitterbrücken über unsere Ströme spannen. Die spongiöse Knochensubstanz ist nach dieser Entdeckung nicht ein regelloses und gleichgiltiges Gewirr von Blättchen und Hohlräumen, wie man bisher geglaubt hat, sondern enthält vielmehr eine wohl motivirte Architektur, durch die jedem Blättchen eine statische Bedeutung, eine bestimmte Aufgabe als zweckmäßig konstruirter Pfeiler in dem Gesammtbaugerüst eines Knochens zugewiesen ist. Bei dem Vergleich mit der schematischen Kopie dieser Gitterwerke (Fig. 15) wird man auch bald in der Fig. 14 die regelmäßigen, architektonischen Linien finden können. Die Gesammtheit erscheint als ein System von Strebepfeilern. Der eine Theil beginnt bei a Fig. 15 auf der Höhe des Gelenkkopfes und zieht nach der innern Seite des Knochens bei b. Links aus dem Innern des großen Rollhügels a' tauchen andere Züge auf, welche gleichfalls auf die Seite bei b, nur weiter nach abwärts streben. Beide laufen schließlich in die senkrecht gestellten Lamellen l l l des Röhrenknochens und bilden dort kompakte Substanz. Diese beiden Züge werden rechtwinklig von anderen Reihen gekreuzt, die am unteren Rande des Gelenkkopfes bei α ihren Anfang nehmen, und im Bogen nach dem äußeren Umfang des Schenkelknochens nach β ziehen. Sie setzen sich in die Wand der Röhre fort und bilden die dicht aneinandergefügten Lamellen Fig. 15 L L L. Durch die oberen Züge wird der Druck unmittelbar auf den inneren Umfang des Knochenrohres übertragen ll, durch die von α ausgehenden auf die äußere Seite LL. Die Tragfähigkeit dieser kleinen Balken wird dadurch erhöht, daß sie auf's innigste miteinander verbunden sind.

Die spongiöse Region des Knochens ist also aus einzelnen gebogenen Stäben und Bändern zusammengesetzt. Die Abbildungen zeigen ferner, daß diese in die kompakte übergehen oder gleichsam die successive Abblätterung der kompakten darstellen. Der scheinbar festere untere Theil ist nur die dichtstehende Schichte jener zahlreichen Lamellen. Um Raum für sicher führende Gelenkflächen zu erzielen, war eine Vergrößerung des Knochens unbedingt nothwendig. Die Natur hat das Problem gelöst ohne Gewichts- und Massenzunahme und ohne Verlust an Festigkeit dennoch einen größern Umfang zu erzielen. Durch diese Sparren und Balken erreichte sie eine möglichst gleichmäßige Vertheilung der Last auf alle Punkte der Gelenkfläche.

Unabhängig von der Entdeckung dieser Struktur hat die technische Mechanik längst gefunden, daß sich mit Hilfe eines solchen oder ähnlichen Sparrenwerks eine enorme Tragfähigkeit erreichen lasse. Der Pauly'sche Brückenträger, der beim Brückenbau der neuesten Zeit eine sehr große Rolle spielt, ist von diesem Gesichtspunkte aus construirt. Durch die Anordnung der Sparren, wobei alle Zug- und Drucklinien durch Fachwerk ersetzt sind, erreicht man eine Form, welche alle Erschütterungen und Oscillationen möglichst vermeidet und den Materialaufwand auf ein Minimum reduzirt. Auf Figur 15 unten, ist ein solcher Träger abgebildet; f c' und f c' e entsprechen den äußeren Zug- und Drucklinien; die innern werden durch Fachwerke ersetzt und das ganze Gitter hängt an den Pfeilern. Ein solches Fachwerk wird eine ebenso große Belastung aushalten können, ohne zusammenzubrechen, als wäre es ein solider Körper. Die Auffassung, wonach die Maschen der spongiösen Substanz mit der mechanischen Bedeutung des Knochens im Zusammenhang stehen, wird abgesehen von den Anforderungen der Mechanik noch besonders dadurch bestätigt, daß jene der obern Extremitäten, deren statische Momente mehr untergeordnet sind, ähnliche Bildungen in geringerem Maße zeigen.

Auffallend ist die Widerstandsfähigkeit gegen Druck bei den kurzen spongiösen Knochen. Das aus mehreren kleinen Würfeln zusammengesetzte Handgelenk widersteht der Gefahr eines Bruches weit mehr als die Röhrenknochen des Ober- und Vorderarms. Bei einem Sturze auf die Hand können zwar mehrere dieser kleinen Gelenke luxirt werden, aber die Knochen selbst bleiben unverletzt. Dagegen genügt die Fortsetzung des erschütternden Stoßes nach dem Vorderarm hin, um ihn zu brechen.

Die Röhrenknochen haben zwar stets entweder einfache Krümmungen, wie Oberschenkel und Oberarm oder doppelte und zeigen eine Wellenlinie, wie am Vorderarm die Elle, und am Unterschenkel das Schienbein. Sie werden dadurch in geringem Grade federnd; die Gefahr des Splitterns wäre größer, wenn sie geradlinig geformt wären. Aber diese günstigen Krümmungen, welche theils die Folge der Belastung, theils die des Muskelzuges sind, können doch die Gewalt nicht immer aufhalten. Wirkt auf den etwas nach vorwärts gebogenen Schaft des Oberschenkelknochens das durch den Fall vermehrte Gewicht des Körpers, z. B. bei einem Sprung aus ansehnlicher Höhe, so wird die Krümmung bei der Elasticität des Knochens sich steigern. Der Bogen wird stärker, die Theilchen an seiner convexen Seite müssen sich von einander entfernen, jene an der concaven Seite sich einander nähern. Ueberschreitet der Druck die Grenzen der Cohäsion, dann beginnt an der Stelle der stärksten Krümmung der Bruch und schreitet gegen die concave fort. Der Knochen befindet sich in dem Augenblicke des Sturzes in derselben Lage, wie ein biegsamer Stab, den wir gegen den Boden drücken: er biegt sich, und überschreitet der Druck den Zusammenhang der Theile und die Grenzen der Elasticität, so reißt er an der convexesten Stelle entzwei. Bei den langen Knochen, welche auf solche Weise brechen, durch Contrecoup, wie man sich gewöhnlich ausdrückt, findet man mit einer an Gesetzmäßigkeit grenzenden Regelmäßigkeit den Bruch an der Stelle der stärksten Krümmung. Bei den wellenförmig oder *S* förmig gekrümmten Knochen, wozu auch das Schlüsselbein gehört, beobachtet man unter solchen Umständen eine ganz ähnliche Regelmäßigkeit; sie brechen dort entzwei, wo sich die beiden Krümmungen begegnen, oder physikalisch ausgedrückt am Kreuzungspunkte zwischen den Sehnen der beiden Bogen.

Zeigen die eben erwähnten Eigenthümlichkeiten schon zur Genüge, wie sehr der feste Knochen der Macht mechanischer Prinzipien unterworfen ist, so vermag die folgende Thatsache diese Ueberzeugung noch mehr zu befestigen, weil sich jeder von ihrer Richtigkeit schon überzeugen konnte. Die Knochen unseres Körpers werden gerade so wie die anderen Körper der Außenwelt, Luft, Wasser, Metall durch Erschütterung in Schwingungen versetzt. Vor allem bemerkt man dies bei tiefen Tönen. Bei gewissen Tönen der Orgel schwirren nicht nur die Stäbe der Fenster, sondern auch unsere Knochen. Sie leiten den Schall, wie jede andere elastische Materie. Wer in der Badewanne liegend den Kopf so tief senkt, daß die Ohren voll Wasser sind, hört beim Klopfen an die Metallwand trotz des völlig verschlossenen Gehörganges einen starken Schall, der nur mittelst der Knochenleitung den empfindenden Nerven erreicht.

2. Der Schädel (Hirnschädel).

Der Schädel, der Träger des Gehirns und der wichtigsten Sinnesorgane, das Eingangsthor für Luft und Nahrung übertrifft alle anderen Theile des Skeletes an Vollständigkeit und dadurch auch an Mannigfaltigkeit des Baues. Vollständig: denn nahezu das ganze Haupt ist durch seine Linien vorgezeichnet; mannigfaltig: er ist nur aus 21 Knochen gefügt (die kleinen Gehörknöchelchen ausgeschlossen) und mit diesen wenigen Bausteinen sind die auffallenden Unterschiede seiner Form erreicht. Welchen Wechsel findet nicht schon die nächste Umschau! Jedes Individium ist durch kleine Aenderungen seiner Theile charakterisirt. Das Geschlecht prägt ihm seinen Typus auf und das Alter. Und wie bedeutend werden die Merkmale, wenn wir fremde Racen an unserem Auge vorüberführen! Bei dem Indo-Germanen steht die Stirne senkrecht und das Gesicht erhält dadurch den Ausdruck vorwaltender intellektueller Fähigkeiten. Bei vielen Naturvölkern ist sie dagegen „fliehend", sie weicht zurück, die untere Hälfte des Gesichtes springt dadurch stark hervor und gibt der ganzen Erscheinung das Gepräge thierischer Stumpfheit. Und doch ist all dieser Wechsel in der Schädelbildung der Racen oder die individuellen Unterschiede keineswegs durch das Einschalten neuer Formelemente hervorgerufen. Es sind immer 21 Bausteine. Varietäten ihrer Größe und ihres Wachsthums bedingen die Aenderungen in diesem Gerüste, dessen Entwicklungsgesetz noch immer der Forschung so viele Schwierigkeiten bereitet.

Um einen tieferen Einblick in die Anordnuug der einzelnen Theile und die das Wachsthum bedingenden Kräfte zu gewinnen sind einige allgemeine Bemerkungen unerläßlich. Eine große Höhle zu oberst, die Schädelhöhle, dient zur Aufnahme des Gehirns. Mehrere kleinere, von

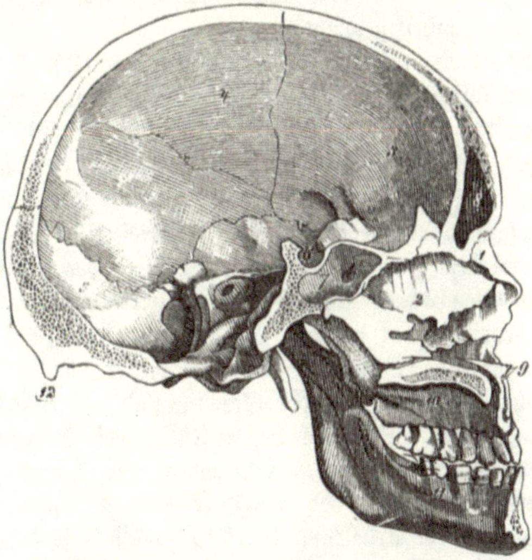

Fig. 16. Senkrechter Schnitt durch den Schädel.

1 Nasenbeine. 2 Nasenscheidewand. 3 Stirnbein. 4 Scheitelbein. 5 Hinterhauptsbein. 6 Türkensattel. 7 Höhle im Keilbein. 8 Stirnbeinhöhle. 9 Nasenstachel. 10 Harter Gaumen. 11 Unterkiefer. 12 Hinterhauptsstachel.

denen drei paarig sind, dienen zur Aufnahme der Augen, des Geruch- und Gehörsinnes. Der Raum, in welchem das Geruchsorgan sich befindet, ist gleichzeitig der Hauptzugang für die Luft, in der ja die riechenden Substanzen suspendirt sind. Die Mundhöhle, der Anfang des Verdauungskanals, mit Zähnen bewaffnet, ist unpaar und am Schädel nach unten weit offen stehend. Den großen Raum, welchen der Bogen des Unterkiefers begrenzt, füllt die Zunge aus und einige den Unterkiefer bewegende Muskeln. Die Anlage so vieler Räume, von denen der für die Aufnahme des Gehirns sehr umfangreich ist, erforderte Bausteine von der verschiedensten Form. So ist die Hirnkapsel (cranium, calvaria) aus 8 breiten zum Theil schalenförmigen Knochen gewölbt.

Es ist ein ansehnlicher Raum, der das 1200—1400 Gramm schwere Gehirn aufnimmt. Dieser Raum erstreckt sich von der Stirne bis zum Hinterhauptbein. Die Form des Gehirns bedingt nach oben die Wölbung des Schädeldaches, nach unten die auf den ersten Blick unregelmäßig gestaltete Grundfläche (basis cranii). Diese Unregelmäßigkeiten werden jedoch am Haupte des lebenden Menschen zum größten Theile geebnet oder verlieren einen großen Theil jener Kanten dadurch, daß sich eine feste Haut, die sogenannte harte Hirnhaut (dura mater) darüber hinwegzieht. An der Basis des Schädels sind zahlreiche Oeffnungen, durch welche die tiefen Theile des Gehirns 12 Nervenpaare zu verschiedenen Organen, aber hauptsächlich zu den Weichtheilen des Schädels entweder aussenden, oder die für die Erhaltung der Gehirnmasse erforderlichen Blutgefäße empfangen. Eine große ovale Oeffnung, das sog. große Hinterhauptloch (foramen magnum) findet sich auf dem hinteren Drittel des Schädelgrundes. Es läßt die Fortsetzung des Rückenmarkes an die untere Fläche des Gehirns treten. Zu beiden Seiten dieser großen Oeffnung sind zwei convexe im frischen Zustande mit Knorpel überzogene Höcker. Es sind die Gelenkhügel, auf welchen der Schädel auf entsprechend geformten Pfannen des ersten Halswirbels (Atlas) sich beugt und hebt. Das Drehen geschieht in einer anders gestalteten Gelenkfläche zwischen dem ersten und zweiten Halswirbel. Die Knochen der Hirnschale bestehen, was man auf den ersten Blick kaum vermuthen sollte, aus zwei Knochentafeln, welche durch schwammige Substanz (Diploë) miteinander verbunden sind. Ihre Distance ist an verschiedenen Stellen des Schädels und bei verschiedenen Menschen wechselnd und die Dicke des Knochens ist also nicht überall gleich. Die Fig. 16 läßt diese Verschiedenheit in der Dicke auf den Durchschnitt deutlich erkennen. Doch ist hervorzuheben, daß in diesem Falle ein außerordentlich starker Schädel zur Darstellung gewählt wurde. Nicht immer sind die Wandungen so bedeutend und in der Wirklichkeit beträgt auf der Höhe des Schädeldaches in den meisten Fällen die Dicke nicht mehr wie 2—2$^{1}/_{2}$ mm. Das von der Haut bedeckte Schädeldach hat in der Regel eine Dicke von 5 mm. Am Hinterhauptstachel, der am meisten entwickelten Partie des Hinterhauptes steigert sich oft der Durchmesser bis zu 16 mm.

Ein Beweis, daß die Hirnschale in der That aus zwei Knochenplatten bestehe, liegt darin, daß diese beiden Platten an manchen Stellen vollständig auseinander weichen. Das zarte Gitterwerk, welches Strebebalken gleich von einer Platte zur andern zieht, verschwindet und es kommt zur Bildung einer größeren oder mehrerer kleiner, buchtiger Höhlen. Regelmäßig ist dies der Fall am Stirnbein (Fig. 16 8), und am Keilbein [os sphenoideum von sphén, éidos *)] Fig. 16, 7. Diese Höhlen communiciren mit der Nasenhöhle, und sind mit einer Schleimhaut ausgekleidet, die verwandt mit der des Geruchsorganes ist und zu ihr deßhalb in einer gewissen sympathischen Beziehung steht. Bei dem Nasenkatarrh

---

*) Keil ähnlich.

werden auch die Schleimhäute dieser Höhlen von der Entzündung ergriffen. Am häufigsten ist dies bei der Stirnhöhle der Fall, und daher rührt theilweise der Druck in der Stirn und die Hitze und die wohlthuende Erleichterung kalter Umschläge. Eine starke über den Augen vorspringende Stirn hängt bis zu einem gewissen Grade, von großen Stirnhöhlen ab und man darf deßhalb nicht immer auf eine ebenso starke Ausdehnung der dahinterliegenden Gehirnmasse schließen. Der Verlauf der inneren und äußeren Knochentafel entspricht sich nicht vollkommen, die erstere krümmt sich früher als die letztere. Das Auseinanderweichen der beiden Knochentafeln macht es möglich, daß die äußere z. B. durch eine Kugel oder durch den Hufschlag eines Pferdes zertrümmert werden kann, ohne Eröffnung der Schädelhöhle. Bei solchen Brüchen entweichen Blut und Luft bei verschlossener Nase durch die Wunde. Hyrtl sah einen Stallknecht, der durch den Hufschlag eines Pferdes einen Bruch der Stirnhöhle erhalten hatte, bei zugehaltener Nase ein Wachslicht ausblasen. An andern Stellen ist der Schädelknochen oft papierdünn, namentlich ist dies an dem von einem starken Kaumuskel bedeckten Schläfenbein der Fall. Diese Thatsache hat man wohl schon oft an den auf Friedhöfen ausgegrabenen Schädeln beobachtet; denn es ist sonst schwer zu errathen, woher die Angst vor einem Schlag in diese Gegend herkommen sollte, nachdem man doch der übrigen Oberfläche nur allzuviel zutraut.

Einzelne Knochen der Hirnschale besitzen an ihrer äußeren und inneren Fläche Eigenthümlichkeiten, welche einer speziellen Erwähnung bedürfen. Am Stirnbein (os frontis) läuft der obere Augenhöhlenrand in eine starke Knochenspange aus, welche sich mit dem Jochbogen verbindet. Ueber beiden Rändern dort, wo sich das Stirnbein gegen den Nasenrücken wendet, erheben sich an wohl ausgeprägten Schädeln die Augenbrauenbogen, halbmondförmige Knochenwülste, welche nach aufwärts steigen. Zwischen den Augenbrauenbogen ist das Stirnbein flach. Je größer diese Fläche, (Stirn-Glatze) desto bedeutender wirkt diese Partie. Weiter nach oben und außen liegen die oft nur schwach angedeuteden Stirnhöcker, (die tubera frontalia). Aehnliche Höcker lassen sich an den Scheitelbeinen auffinden (tub. parietalia). Sie entsprechen der Stelle der stärksten Krümmung. Sind die Stirnhöcker weit von einander gerückt und mit denjenigen der Scheitelbeine stark entwickelt, so entsteht dadurch der viereckige Hirnschädel der Mongolen.

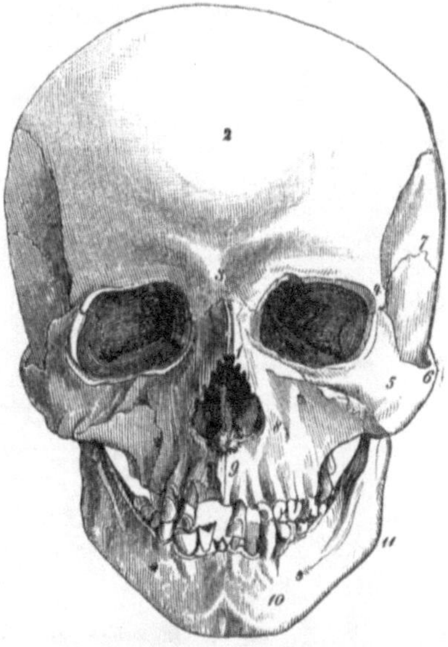

Fig. 17. Schädel 1/4 nat. Größe.

1 Nasenbein. 2 Stirnbein. 3 Nasenfortsatz desselben. 4 Jochfortsatz des Stirnbeins. 5 Jochbein. 6 Jochbogen. 7 Die Schläfen. 8 Oberkiefer. 9 Nasenstachel des Oberkiefers. 10 Unterkiefer. 11 Unterkieferwinkel.

Das Hinterhauptsbein (os occipitis) schließt das Schädeldach, und ist so gegen die Basis gekrümmt, daß der untere Theil mit seinen Höckern auf der Wirbelsäule sitzt.

Bei knochenstarken Männern jeder Race zieht quer über die äußere Fläche, horizontal, eine Leiste, die Hinterhauptsleiste. Was oberhalb sich befindet, gehört zum Schädel-

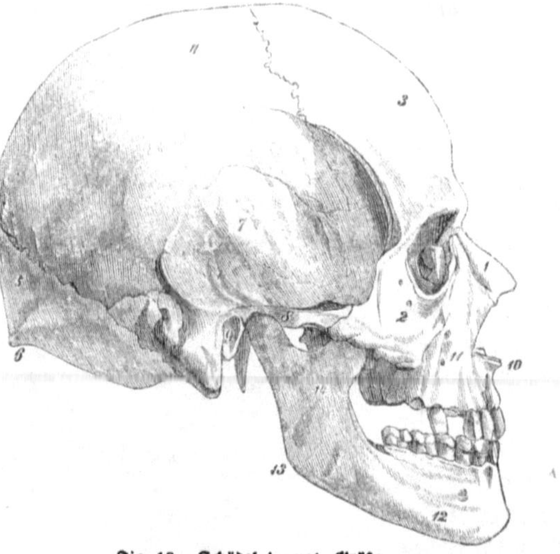

Fig. 18. Schädel 1/1 nat. Größe.

1 Nasenbein. 2 Jochbein. 3 Stirnbein. 4 Scheitelbein. 5 Hinterhauptsbein. 6 Hinterhauptsstachel. 7 Schläfenbein. 8 Jochbogen. 9 Ohröffnung. 10 Nasenstachel. 11 Oberkiefer. 12 Unterkiefer. 13 Winkel desselben. 14 Aufsteigender Theil (Fortsatz).

dach, was nach unten übrig bleibt, gehört zum Ansatz der Nackenmuskeln. An der Grundfläche wird der zwischen Stirn und Hinterhauptsbein noch freibleibende Raum ausgefüllt von dem Keilbein, dessen Platz durch die Höhle in seiner Mitte angedeutet ist (Fig. 16, 7) und die beiden Schläfenbeine, welche das Gehörorgan in sich bergen.

Dem Auseinanderweichen des Schädels ist vorgebeugt durch einen knorpelartigen Kitt, der sich überall findet, wo zwei Knochen aufeinander stoßen, sei es nun, daß sie sich mit ebenen Flächen berühren, oder mit zackigen Rändern in einander greifen. Die Zackennaht, syntaxis serrata, die engrénure der Franzosen, kommt vorzugsweise auf der Oberfläche des Hirnschädels zur Verwendung. Eine derselben, die Kranznaht (sutura coronalis), läuft quer zwischen dem Stirnknochen und den beiden Scheitelbeinen Fig. 18 (die senkrechte Linie zwischen 3 und 4). Die beiden Scheitelbeine verbindet die Pfeilnaht (sutura sagittalis), an welche sich nach rückwärts zwischen Hinterhauptsschuppe und den Scheitelbeinen die Lambdanaht (sut. lambdoidea) anschließt. Bei Kahlköpfen, deren Schädeldach zuweilen so glatt ist wie eine Billardkugel, kann man durch die verdünnte und glänzende Hautdecke hindurch diese Nähte erkennen.

Die große Festigkeit einer Zackennaht läßt sich am besten aus der Figur 19 erkennen. Sie zeigt in natürlicher Größe die Verbindung zwischen dem Scheitelbein und dem Hinterhauptsbein. Das Ineinandergreifen der einzelnen Zacken ist dadurch verstärkt, daß jede wiederholt knopfartige Anschwellungen besitzt, welche in Vertiefungen der anderen Seite festsitzen. Ohne diese hundertfachen, festgeschnürten Verbindungen würde der Druck des Kiefers beim Kauen, der sich ja zunächst gegen die Basis des Schädels wendet, eine Lockerung herbeiführen und allmählich das Schädeldach auseinandertreiben. Dasselbe wäre der Fall bei der plötzlichen Einwirkung eines heftigen Stoßes. So aber ist die Verbindung vollkommen fest und eher geht der Knochen in Trümmer, als daß sich die Zapfen auslösen.

Schon oben wurde der bedeutenden Elasticität gedacht, welche die Knochen besitzen. Dieselbe Eigenschaft finden wir auch an dem aus einzelnen Stücken zusammengesetzten

Schädel. Er widersteht dadurch bis zu einem beträchtlichen Grade äußeren Einwirkungen und weicht erst, wenn diese ein gewisses Maß überschreiten. Nach den an Leichen angestellten Versuchen kann der Kopf in einer beliebigen Richtung zusammengedrückt werden, ohne daß ein Bruch erfolgt. Selbstverständlich ist die Compression des einen Durchmessers von einer Vergrößerung der übrigen begleitet. Auffallender Weise ist der Grad der Elasticität sehr verschieden. Der Schädel eines Erwachsenen konnte in seinem Querdurchmesser um $1^1/_2$ Centimeter verkleinert werden, ehe er brach, während der eines 12jährigen Knaben einen Bruch der Basis schon bei einer Verkleinerung um 4 Millimeter erlitt. Eine wichtige Frage ist, ob eine plötzliche Verkleinerung irgend eines Durchmessers unter der Einwirkung einer äußeren Gewalt das zarte Gehirn ohne Störung erschüttern dürfe. In vielen Fällen scheint dies in der That möglich zu sein, aber in andern erfolgt zweifellos eine Schädigung desselben. Wenn nach einem Sturze ohne nachweisbare Veränderung des Schädels, Verlust der Sprache, Blödsinn u. s. w. constatirt worden sind, so bringt man dies mit Recht in Zusammenhang mit dem vernichtenden Einfluß des Schlages auf die Gehirnmasse. Der Schädel allerdings verhält sich einer äußeren Gewalt gegen=

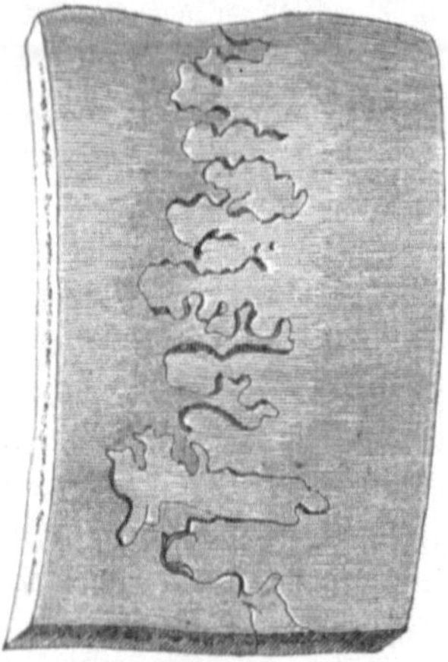

Fig. 19. Zackennaht am menschlichen Schädel. Nat. Größe.

über genau ebenso wie irgend ein elastischer Körper. Er wird in der Richtung des Stoßes zusammengedrückt und kehrt sofort wieder in seine frühere Form zurück, aber anders verhält es sich mit dem Gehirn. Wegen der bedeutenden Widerstandsfähigkeit, die der Schädelknochen hat, theilt ein verletzender Körper, wenn er nicht mit der äußersten Schnelligkeit einwirkt, seine Bewegung dem ganzen Kopfe mit. Da nun das Gehirn die bedeutendste und zugleich zarteste Masse des Kopfes bildet, so müssen diese Wirkungen an ihm besonders offenbar werden.

Die Erscheinungen, welche unter solchen Umständen eintreten, faßt man unter dem Ausdrucke der Gehirnerschütterung, der commotio cerebri zusammen. Die Folgen stehen im geraden Verhältniß zur Gewalt des verletzenden Körpers und zur Widerstandsfähigkeit des Schädels. Bei gleicher Kraft des Anpralls wird sich die geringere Erschütterung dort finden, wo die Widerstandsfähigkeit des Schädels am geringsten war. Eine Erfahrung des gewöhnlichen Lebens wird dies deutlich machen. Wenn man mit den Händen das eine Ende eines dünnen Stabes faßt und mit dem anderen Ende desselben auf einen harten Körper schlägt, so wird, wenn der Stab widersteht, der Prall in den Händen lebhaft empfunden; zerbricht er aber, so fühlen diese keine oder nur eine sehr geringfügige Erschütterung. Hieraus ergibt sich, daß unter gleichen Verhältnissen der Einfluß auf das Gehirn stärker sein wird, wenn der Schädelknochen unverletzt bleibt, als wenn er unter der Einwirkung der äußeren Gewalt zerbricht. Da das Gehirn und die Gehirnflüssigkeit den Schädel vollkommen erfüllen, so muß eine plötzliche Formveränderung auch auf das Gehirn von Einfluß sein. Da wo der Stoß trifft, wird die Wölbung des Schädels, wenn auch noch so wenig eingedrückt, während sie auf der entgegengesetzten Seite sich zunächst ausdehnt. Diese Formveränderungen gehen mit Blitzesschnelle vor sich. Auf diese Weise erfolgt auch ein Druck auf das Gehirn, das plötzlich zusammengedrückt in einen Zustand kürzerer oder längerer Unthätigkeit verfällt, deren Dauer abhängig ist von der Größe der Erschütterung.

Das Zeichen einer leichten Gehirnerschütterung besteht in Verdunklung der Augen, Klingen in den Ohren, einer plötzlich eintretenden großen Schwäche der Beine, und einer drei bis vier Tage andauernden Schlaffheit des ganzen Körpers, unbestimmtem Schmerzgefühl, entschiedener Unfähigkeit zur Arbeit und bei aufrechter Stellung in dem Bedürfnisse, mit gespreizten Beinen zu stehen, um eine größere Unterstützungsfläche zu gewinnen. Während diese Erscheinungen des leichten Grades in ihrer ganzen Heftigkeit nur Minuten oder Stunden dauern, halten die Folgen einer starken Attaque: die Bewußtlosigkeit, die äußerste Schwäche des Körpers oft mehrere Tage an. Obgleich hier Empfindung für Licht, Schall, Geruch und Geschmack gänzlich geschwunden und jede willkürliche Bewegung völlig aufgehoben ist, tritt der Tod doch nicht ein, weil Athmung und Kreislauf fortbestehen. Zwar im ersten Augenblick hört das Herz zu klopfen auf und die Athmung erscheint unregelmäßig, aber bald kehrt der Rhythmus zurück. Der Athem ist so geräuschlos und bewegt die Brustwandungen so wenig, daß es scheint, als athme der Kranke überhaupt nicht. Kommen die Kranken endlich wieder zu sich, so haben sie nicht die geringste Erinnerung des mit ihnen Vorgefallenen behalten.

Die Wirkung eines Stoßes bleibt sich gleich, ob die Form der Schädelkapsel ein längeres oder kürzeres Oval besitzt. Der schmale Theil des Ovales liegt an der Stirne der breite am Hinterhaupt. Die Fig. 16 läßt, selbst im Durchschnitt diese Form erkennen.

Bei der Betrachtung des Schädels fällt in die Augen, daß er in der Schläfengegenq abgeplattet ist und daß über diese Fläche eine Brücke hinwegzieht, welche als Jochbogen (arcus zygomaticus) Fig. 18, s selbst durch die Haut hindurch sich fühlen und oft auch sehen läßt.

Eine auffallende Erscheinung liegt darin, daß die Form des Ovales bei verschiedenen Racen bedeutende Unterschiede zeigt. Es gibt Schädel, die lang gestreckt sind, und andere, die ein kurzes Oval aufweisen. Zwischen diesen beiden Extremen finden sich zahlreiche Uebergänge. Die Messungen der Länge, Breite und Höhe dieses Schädelovales bei den verschiedenen Racen hat ergeben, daß lange Schädel schmal und niedrig sind, kurze dagegen hoch und breit. Die Schädel mit langem Oval werden als Dolychocephalen (dolychós lang, Kephalé Kopf), die mit kurzem Oval als Brachycephalen (brachys kurz) bezeichnet.

Eine weitere Erfahrung, welche längst fest steht, zeigt, daß nicht allein die Form des Schädelovales wechselt, sondern auch die Größe des von ihm umschlossenen Raumes. Man kann die Größe dieses Raumes an jedem ausgegrabenen Schädel leicht dadurch messen, daß man ihn mit Hirse, Pfefferkörnern oder kleinen Schroten ausfüllt und die Menge des Materials mißt, das zur Füllung des Schädelraumes verwendet wurde. Die erhaltene Zahl gibt den Raum-Inhalt an, die sogenannte Capazität. An deutschen Schädeln beträgt sie im Mittel bei Männern 1500 Cubikcentimeter und bei Weibern 1400. Sie schwankt bei Männern zwischen 1400—1750. Bei civilisirten Nationen ist die Capazität höher als bei Naturvölkern und zwar stehen zu oberst die Deutschen, dann folgen die übrigen Kaukasier, dann die Mongolen, Neger, Malayen und endlich die amerikanischen Völker. Man würde jedoch einen Fehler begehen, wollte man glauben, die Capazität gebe unter allen Umständen auch die Menge der Gehirnmasse, das Volumen des Gehirns, an. Die eben angeführten Zahlen berechtigen zwar zu einem Schluß auf die Masse des Gehirns, doch darf man nicht vergessen, daß dabei nothwendig die Gehirnhäute abzurechnen sind, welche am mazerirten Schädel durch die Fäulniß längst zerstört sind, ferner das Gehirnwasser, das aus physikalischen Gründen für die Integrität des Organes unerläßlich ist. Alle diese Theile nehmen einen Raum von ungefähr 175 Cubikcentimetern ein. Erst nach Abzug dieser Zahl nähert man sich also derjenigen der Gehirnmasse.

3. Der Schädel des Kindes verglichen mit dem des Erwachsenen.

Die zackige Beschaffenheit der Schädelnähte existirt in der frühesten Kindheit nicht. Die Knochen sind durch ein weiches, jedoch zähes Häutchen zusammengehalten. Ist ja doch die ganze Kapsel ursprünglich häutig, und verknöchert erst später. Den einzelnen Knochen entsprechend beginnt auch der Prozeß der Verhärtung an verschiedenen Stellen, welche puncta ossificationis, Verknöcherungspunkte heißen. Anfangs klein, nimmt die harte Masse durch Ansatz vom Rande beständig zu, und der Knochen wächst auf diese Weise seinem Nachbar entgegen. Die Fig. 20 zeigt den Schädel eines neugeborenen Kindes, um die Hälfte verkleinert von oben gesehen. An ihm besteht das Stirnbein aus zwei Hälften. Oft vermag man noch während des ersten Jahres den Verlauf dieser Trennungslinie zu sehen und zu fühlen. Nachdem diese Stirnnaht in der Verlängerung der Pfeil- oder Scheitelnaht liegt und beide von der Kranznaht gekreuzt werden, hat die Bezeichnung „Kreuzkopf" anatomische Berechtigung.

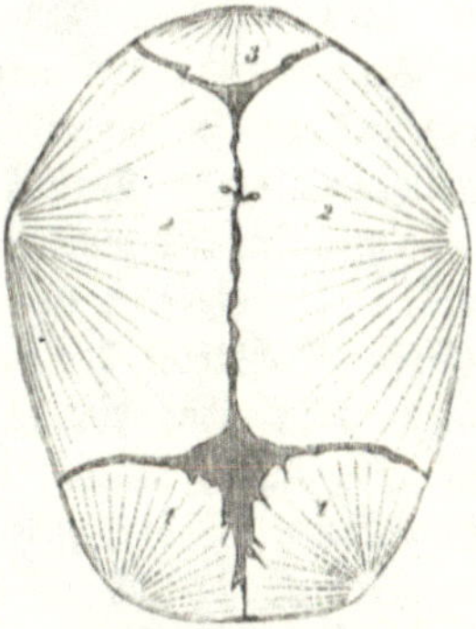

Fig. 20. Schädel eines neugeborenen Kindes von oben.
1 1 Die noch getrennten Scheitelbeine,
2 2 die Scheitelbeine durch die Pfeilnaht getrennt,
3 das Hinterhauptsbein.

Später verwachsen die beiden Hälften zum unpaarigen Stirnbein. In manchen Fällen bleibt jedoch diese Naht offen. Wenn bei rascher Entwicklung des Gehirns das Wachsthum der Stirnknochen nicht gleichen Schritt hält und sich dieselben nicht rechtzeitig vereinigen, so kann es später zur Bildung einer Zackennaht statt zu einer Verwachsung kommen und es bleibt das Stirnbein getrennt als dauernder Beweis für die frühere paarige Anlage. Der Volksglaube hält eine Stirnnaht bald für ein Attribut besonderer geistiger Fähigkeiten, bald für einen unheilvollen Stempel der Schicksalsmächte, und die Anatomie — für eine Thierähnlichkeit. Die Verknöcherungspunkte am Stirnbein des neugeborenen Kindes stellen am ausgewachsenen Schädel die Stirnhöcker dar, und die Stelle der höchsten Krümmung am Scheitelbeine des Kindes die späteren Scheitelhöcker (s. Fig. 20). Dort, wo mehrere Schädelknochen zusammenstoßen, bleibt stets ein eckiger Raum längere Zeit von der Verknöcherung ausgeschlossen. Solche Stellen heißen Fontanellen (fontanella Löchlein). Die größte befindet sich am vordern Ende der Pfeilnaht, eine kleine am hintern Ende (Fig. 20). Die Nähte ermöglichen das Wachsthum des Schädels, dienen aber nicht dazu, die Dämpfe des Gehirns herauszulassen, wie die Alten meinten. Der Schädel vergrößert sich durch die Vergrößerung der einzelnen Stücke. Am Rande des Knochens und in seinem Innern setzt sich beständig neue Knochenmasse an. Diese Art des Aufbaues aus einzelnen getrennten Stücken gestattet nicht allein eine normale Entwicklung, sondern auch eine abnorme. Es ist ebenso ein exzessives Wachsthum der Hirnkapsel möglich, d. h. ihre Zunahme weit über die gewöhnliche Grenze hinaus, als das Gegentheil, nämlich ein Stehenbleiben inmitten der Entwicklung. Der Schädel bleibt dann weit unter dem normalen Maße und es kommt zu einem allzu frühen Verschluß der Nähte.

Die Vergrößerung des Schädelraumes hängt ab von der Zunahme seines Inhalts. Dieser drängt mechanisch die Ränder der jungen Knochen auseinander. Hört dieser Druck auf, so werden die weichen Stellen durch eine feste Naht verschlossen. Freilich wirken auch andere Umstände mit zur Herstellung dieses Raumes, deren Einfluß noch nicht völlig erkannt ist. Aber von welcher Bedeutung der Inhalt des Schädels in dieser Beziehung sei, lehren am besten die Krankheitszustände in der Gehirnentwicklung. Es kommt nicht allzu selten vor, daß jene Flüssigkeitsmenge, welche die kleinen Unebenheiten zwischen Hirn und Schädel ausfüllt, über alles Maß zunimmt. Die natürliche Folge ist eine Vermehrung des Druckes. Die einzelnen Knochen werden stärker auseinandergetrieben und es entwickelt sich ein monströser Schädel, der im Volksmunde richtig als Wasserkopf bezeichnet wird. Der Scheitel ist breit, Hinterhaupt und Stirn trommelartig vorgewölbt, ja selbst die Augenhöhlen sind durch den innern Druck verkleinert; denn das Dach der Augenhöhle steht schief und der

Augapfel wird dadurch aus seiner Höhle herausgedrängt. Das Gesicht ist gleichsam unter die Schädelbasis hineingeschoben und erscheint im Verhältniß zu der oft kolossalen Ausdehnung des Hirnschädels abnorm verkleinert. Bekanntlich ist die Zunahme dieses Hirnwassers nicht in allen Fällen tödtlich. Steigert sich die Menge langsam und ohne heftige Entzündung während des kindlichen Alters, so dehnt sich der Schädel allmählich aus. Steht endlich mit dem Aufhören des Hirnwachsthums auch die Zunahme dieser Flüssigkeit still, so können sich die Nähte schließen und eine längere Dauer des Lebens ist gesichert. Der Wasserkopf, der Hydrocephale (von hydor Wasser), liefert den Beweis, daß auf die Größe und Form des Schädels, der Inhalt einen bestimmenden Einfluß habe. Diesen Einfluß übt das Gehirn trotz seiner weichen Beschaffenheit und seiner Empfindlichkeit. Aber es gibt eine unüberschreitbare Grenze und wenn die Knochen keine Erweiterung mehr gestatten, die Menge des Hirnwassers aber dennoch zunimmt, dann kehrt sich die Gewalt gegen das Gehirn und jene beklagenswerthen Wesen zeigen die Symptome des Gehirndruckes, Kopfschmerz, Apathie, Abstumpfung der Sinne, Convulsionen &c.

Wenn die Entwicklungsgeschichte der Hydrocephalen zeigt, daß die Zunahme des Schädels von seinem Inhalt abhänge, ja daß ein bestimmter Druck des Gehirns sogar eine bedeutende Rolle spiele, so lehrt das Vorkommen der sogenannten Mikrocephalen oder Affenmenschen, daß ohne einen solchen Druck des Inhalts der Schädel wohl niemals die normale Größe erreiche. Ein zu kleiner Kopf, ein Mikrocephal (von mikrós klein) entsteht in der Regel dann, wenn das Wachsthum des Gehirns still steht. Erreicht das Organ der Seele nur die

Hälfte oder ein Drittel der natürlichen Größe, so schließen sich dennoch die Nähte. Der Schädel erhält aber jene häßliche Form, bei der der Kiefer thierisch unter der zurück-

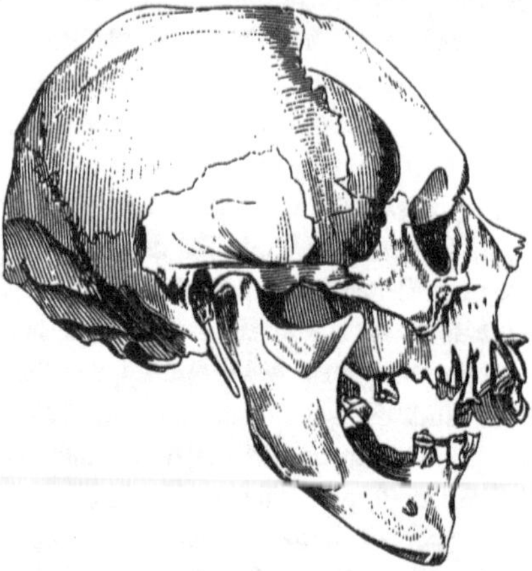

Fig. 21. Schädel eines Mikrocephalen, dessen Gehirngewicht 450 Gramm betrug.

weichenden Stirne hervorragt. Die Mikrocephalen haben in der jüngsten Zeit viel von sich reden machen, weil sie als ein Rückschlag zu den Vierhändern, als Atavismus hingestellt wurden. Das ganze Aussehen dieser unglücklichen Wesen, ihre Sprachlosigkeit, und das läppische Schwanken ihrer Bewegung, die Ausbrüche von Wildheit, welche sie im gereizten Zustande zeigen, macht so den Eindruck einer Bestie, daß der Volksmund die Bezeichnung Affenmenschen erfand, und Karl Vogt nach einer eingehenden Untersuchung zur Ueberzeugung kam, daß man eine Erscheinung vor sich habe, die im ganzen Reiche der belebten Wesen so häufig zu finden ist, die des Rückschlages zu einem längst vergangenen Urahnen. Es ist als sicher konstatirt anzusehen, daß in vielen Fällen die Mikrocephalie vom Stehenbleiben des Gehirns auf einem frühern Entwicklungszustande abhänge. Läge in dem Schädel für sich die Fähigkeit bis zu einem gewissen Umfang weiter zu wachsen, dann würde ein zu kleines Gehirn nicht nothwendig einen kleinen Schädel bedingen; aber der Schädel hört auf zu wachsen, sobald das Gehirn aufhört. Wie am normalen Menschen kommt es auch bei den Mikrocephalen zur Bildung zackiger Nähte. Und obwohl diese noch eine Vergrößerung zulassen würden, bleibt dennoch der Schädel klein, weil die mechanische Kraft, welche ihn auseinander treiben soll, das Gehirn in seiner Entwicklung stille steht. Während das normal entwickelte Gehirn über 1350 Gramm wiegt, erreicht das der Mikrocephalen oft nur ⅓ oder ¼ der für den normalen Geisteszustand unerläßlichen Gehirnmenge. Auf der Versammlung der Anthropologen zu Stuttgart im Herbste 1872 wurde das Gehirn eines erwachsenen Mädchens, dessen Gehirngewicht 450 Gramm betrug, vorgezeigt, und bei einem ausgewachsenen muskelstarken Russen fand man sogar nur 369 Gramm. Bei den Mikrocephalen hat die Natur aus uns unbekannten Ursachen die Masse namentlich des Großhirns verringert; sie hat schonungslos ein Experiment an diesen armen Geschöpfen angestellt, das über die Bedeutung der Hemisphären des Großhirns aufklärt. An Thieren hat der Mensch durch Abtragung der obersten Hirnlage schon oft ähnliche Versuche gemacht. All das, was wir bei den Thieren, freilich mit Unrecht, als Instinkt bezeichnen, was in Wirklichkeit die Summe der im Wachen bemerkbaren willkürlichen Aeußerungen darstellt, der Intellekt, ist nach der Wegnahme des Großhirns vernichtet. Sehen wir zu, wie es sich in dieser Hinsicht mit den Mikrocephalen verhält.

Vor Jahren wurden zwei Mikrocephalen in ganz Deutschland herumgeführt und als die letzten Abkömmlinge des einst vielbewunderten Aztekenstammes vorgestellt, welcher das zu Cortez' Zeit blühende mexikanische Reich gegründet hatte. In Wirklichkeit waren es mikrocephale Mulattenzwillinge, deren Größe nicht über 90cm. hinausreichte bei dem Alter von c. 12 Jahren. Die Bewegungen ihres Körpers waren sehr lebhaft, aber unstät, und sie hatten die unruhige, flatternde Betriebsamkeit, welche so viele idiotische Kinder auszeichnet. Es war nur zuweilen möglich, ihre Aufmerksamkeit auf längere Zeit zu fesseln; doch konnten sie ein Spielzeug liebgewinnen und sich Viertelstunden lang damit beschäftigen, wenn nicht ihre Aufmerksamkeit besonders abgezogen wurde. Sie waren heiter und zu allerhand Neckereien aufgelegt, die sie unter sich und mit den Buschmannkindern (der Direktor der Gesellschaft besaß auch zwei Buschmannkinder) vielfach ausübten und sich von anderen gefallen ließen. Als Zeichen der Freude stießen sie öfter kreischende Töne aus und nickten mit dem Kopfe. Die öffentliche Schaustellung, die Umgebung vieler Menschen regte sie auf und ihre Bewegungen wurden dann viel lebhafter. Sie waren schnell bereit dem Geheiß ihres Führers zu folgen. Sie verstanden Alles, was man mit ihnen sprach, soweit es sich auf den Kreis des gewöhnlichen Lebens, auf ihre Bedürfnisse, auf ihre nächste Umgebung bezog. Sie selbst waren aber nur im Besitze weniger Worte. Ihre Gemüthsaffekte und ihre Wünsche wurden gewöhnlich in unartikulirten, kreischenden Lauten geäußert. Einzelne Worte sprachen sie nach, aber schlecht artikulirt. Sie hatten Gedächtniß für Dinge, die ihre Aufmerksamkeit lebhaft in Anspruch nahmen, für Personen, die sich besonders mit ihnen beschäftigten. Sie hatten gelernt Fremde durch Zunicken zu begrüßen und zwar mit einem Laute, der mit good bye Aehnlichkeit hatte. Sie waren an Reinlichkeit und Ordnung gewöhnt, brachten z. B. ihr Spielzeug an eine bestimmte Stelle; sie theilten unter sich ihr Essen, waren aber auch nicht böse, wenn ihnen ein Fremder etwas wegnahm. Sie nahmen ein Buch vor die Augen, und thaten, als wenn sie läsen, unartikulirte Töne dabei ausstoßend, die Weise der Erwachsenen nachahmend; und der Knabe bemalte Blätter eines Taschenbuches mit unregelmäßigen Linien: kurz, der Umfang ihrer geistigen Fähigkeiten stand auf derselben Stufe wie bei einem 1½ jährigen Kinde, vielleicht noch tiefer. Das ist im Allgemeinen der geistige Zustand dieser Wesen.

Aber auch in diesen schonungslosen Versuchen liebt die Natur den Wechsel und die Mannigfaltigkeit. Bald greift sie in ihrer zerstörenden Laune nur leicht in die Organisation des Gehirns ein und schädigt nur einen kleinen Theil, so daß der Körper wohlgebaut, die Intelligenz aber wie in einem Schlafe gefangen liegt; bald greift sie so tief, daß die geistigen und körperlichen Fähigkeiten durch die Wucht des Eingriffes selbst unter die eines Thieres herabsinken. Eine bestimmte Methode läßt sich in ihrem Verfahren noch nicht erkennen. Oft sind die Hirnwindungen im Ganzen beschränkt, oft sind nur einzelne Lappen unterdrückt und daher zeigen die bisher beobachteten Fälle manche Verschiedenheit. Einige von ihnen sind lebhaft und beweglich, führen die Bewegungen regelmäßig aus, besitzen eine ihrem Wuchs entsprechende physische Kraft, einen voll entwickelten Körper mit großer Brust und starken Muskeln. Die Haut ist mit Fett gepolstert und verräth eine Ernährung des Körpers, die nichts zu wünschen übrig läßt. Andere sind ungeschickt, ihre Bewegungen gleichen unwillkürlichen Zuckungen, die Muskeln sind schwach, der Körper abgezehrt, die Gliedmassen beständig kühl, der Umlauf der Säfte herabgemindert. Bei den Einen ist die Mimik lebendig, sie ahmen Bewegungen nach, nehmen äußere Eindrücke schnell auf, verstehen oft Alles, was zu ihrem gewöhnlichen Leben gehört, können sich durch Geberden und einzelne richtig angewendete Worte ausdrücken, aber andere Mikrocephalen sprechen gar nicht, bleiben den ganzen Tag regungslos auf demselben Platze sitzen und führen ein apathisches Leben. Die geistigen und physischen Eigenschaften des Einzelnen zeigen also dem Grad der Zerstörung entsprechende Verschiedenheiten. Hilflos aber sind sie Alle, und unfähig, und bedürfen der Obhut der Wärter.

Die Vermuthung von Karl Vogt, die Mikrocephalen seien ein Beweis für den Ursprung des Menschengeschlechtes aus einer niedriger stehenden Wirbelthierklasse, hat durch die weitere Untersuchung dieser Frage keine Stütze erhalten, aber soviel hat sich ergeben, daß das Wachsthum der Hirnkapsel abhängig sei von einem bestimmten mechanischen Druck des Gehirns. Hört dieser auf, dann steht auch das Wachsthum des Schädels still. Für die Rolle, welche das Gehirn im Organismus spielt, sind die mikrocephalen Wesen ein lehrreiches Beispiel, denn sie zeigen, daß der Intellekt von einer bestimmten Hirnmenge abhängig ist. Halbes Hirn — halbe Seele.

4. Hirnflüssigkeit (liquor cerebro-spinalis).

Die Vergleichung des Schädels eines neugeborenen Kindes mit dem eines Erwachsenen läßt, wie wir sahen, das Wachsthum der knöchernen Kapsel begreifen. Es ergab sich, daß der Druck des Schädelinhaltes eine bedeutende

Rolle spiele. Dies geht unzweifelhaft aus der Betrachtung über jene Experimente der Natur hervor, welche als Hydrocephalen, oder die als Mikrocephalen bekannt geworden sind. Die Stirnfontanellen am kindlichen Schädel gestatten nun die Beobachtung einer weitern Erscheinung, welche zeigt, daß das Gehirn im Schädelraume nicht absolut ruhig und unbewegt liegt, sondern beständig kleine Erschütterungen erfährt, welche als Heben und Senken direct an der Fontanelle sich fühlen lassen. Sie sind die Folge mechanischer Wechselwirkungen in unserem Körper. Doch verfolgen wir zunächst den Vorgang an der Fontanelle etwas genauer. Ihr Heben und Senken zeigt einen gewissen Rhythmus, der aber von doppelter Art ist: starke Erhebungen, sie treten ein, weil das ganze Gehirn sich mit jeder Ausathmung hebt; und schwächere, welche bedingt sind durch das Pulsiren der Gehirnarterien. Man nennt die erstere Bewegung die respiratorische, die letztere die pulsatorische. Der mit der Respiration zusammenhängende Rhythmus rührt davon her, daß während des Ausathmens der Rückfluß des Blutes aus dem Kopfe, also auch aus dem Gehirn auf bedeutende Widerstände stößt, welche während des Einathmens aufhören. Diese Schwierigkeit des Rückflusses wird bei allen Bewegungen größer, welche während des Ausathmens zu Stande kommen, also beim Husten und Schreien, beim Aufheben schwerer Lasten u. s. w. Die momentanen Stauungen liegen nicht nur im Organismus des Kindes, sondern existiren auch noch in der Reife. Wer hätte nicht schon das Anschwellen der Halsvenen während des Singens oder Schreiens beobachtet? Bei irgend einer erheblichen Anstrengung wird das Gesicht roth und es strotzen seine Venen. Sie sind stark gefüllt und zwar bis in die feinsten Verzweigungen hinein, im Gesicht wie im Gehirn. Diese stärkere Füllung der Gefäße bedingt nun eine Schwellung des Gehirns: es hebt sich. Hört das Singen und Schreien auf, so entleeren sich momentan die sämmtlichen Blutgefäße; denn der Weg zum Herzen wird mit dem Beginn der Einathmung völlig frei. Auch das Gehirn wird vom Druck befreit und sinkt zusammen. An Oeffnungen, welche der Knochenfraß im Schädelgehäuse Erwachsener erzeugt, konnte man schon oft diese, mit der Respiration zusammenhängende Bewegung constatiren, und der Krieg oder die Rauflust geben dem Arzte häufig genug Gelegenheit, diesen physiologischen Prozeß an sonst völlig Gesunden zu studiren. Was nun die pulsatorische Bewegung des Gehirns betrifft, so ist sie bedingt durch die während der Zusammenziehung des Herzens absolut vermehrte Blutmenge in sämmtlichen arteriellen Gehirngefäßen, den größten wie den kleinsten. Dadurch entsteht ein Schwellen der Gehirn-Masse. In der Pause zwischen zwei Herzstößen sinkt sie wieder zusammen. Das Heben beim Athmungsprozeß ist stärker, als das bei der Contraction des Herzens, denn die Pulswelle ist kleiner als die durch das Athmen erzeugte Stauung. Es unterliegt nun keinem Zweifel, An- und Abschwellen des Gehirns, mit einem Worte, eine momentane Vergrößerung ist nur denkbar, wenn das Organ den Schädelraum nicht völlig erfüllt. Der harte Knochen des Erwachsenen ist unnachgiebig und gegen die festen Nähte der Druck des Gehirns machtlos. Es existirt nun allerdings soviel Raum, als das Gehirn für diese rhythmischen Bewegungen bedarf, aber er ist mit Flüssigkeit ausgefüllt, mit dem schon erwähnten Hirnwasser, dem liquor cerebro-spinalis. Nachdem sich das eiweißreiche Gehirnwasser nicht zusammendrücken läßt, so muß ein vergrößerungsfähiges Reservoir existiren, das jene überschüssige Flüssigkeit aufnimmt, sobald sich das Gehirn vergrößert, und sie wieder in den Schädelraum zurücktreibt, sobald dasselbe auf den früheren Umfang zusammensinkt. Eine Einrichtung ist nothwendig, die rasch und sicher ihre Aufgabe erfüllt. 70 mal in der Minute dehnt sich beim Erwachsenen das Gehirn unter dem Einfluß des Pulses aus und 16 mal unter dem der Ausathmung. Ebenso oft muß sich das allseitig geschlossene Reservoir erweitern, bald mehr bald weniger, je nach der Größe der Fluthwelle, welche hineingetrieben wird. Um diesen Zusammenhang vollständig zu übersehen, bedarf es noch eines Blickes auf die Oberfläche des Gehirns und namentlich auf die sogenannten Gehirnhäute.

Das Gehirn ist bekanntlich an seiner Oberfläche nicht glatt, sondern hat Wülste und zwischen diesen Furchen, oft von 2 cm. Tiefe. Die Wülste nach einem bestimmten Typus geordnet sind die allbekannten Hirnwindungen (gyri), die dazwischen befindlichen Einsenkungen die Furchen, die sulci. Das sind jedoch nicht die einzigen Unebenheiten. Auf seiner unteren Fläche, die auf dem Grunde des Schädels ruht, springen neben den Windungen einzelne Partien, wie z. B. die Brücke, die Hirnschenkel, der Schläfenlappen und andere mehr, über die Ebene hervor.

Ein Membran, die Gefäßhaut, meninx vasculosa (meninx Hirnhaut, vas Gefäß) liegt der unebenen Oberfläche des Gehirns dicht an. Als Trägerin der zahlreichen Blutgefäße, welche sich in das Organ hineinsenken und aus ihm zurückkehren, hängt sie innig mit der Hirnsubstanz zusammen und kann nur mit Gewalt und nach Zerreißung der Gefäße losgetrennt werden. Sie gehört so zur Oberfläche des Gehirns, wie die Haut zu unserem Körper.

Anders verhält es sich mit der sogenannten **arachnoidea** (aráchne die Spinne), **Spinnenwebenhaut**, wegen der Durchsichtigkeit und eigenthümlichen Anordnung ihrer Fasern so genannt. Sie enthält keine Blutgefäße, ist dünn, gleicht am meisten jenen feinen Membranen, die als sogenannte Goldschlägerhäutchen jeder kennt und hüllt wie ein zarter, nasser Schleier das Gehirn ein. Sie dringt niemals in die Spalten und Furchen des Gehirns ein, sondern liegt als eine durchsichtige Hülle über all' diesen Unebenheiten. Diese beiden Gehirnhäute setzen sich auf das Rückenmark fort mit ganz ähnlichen Eigenschaften. Die mit dem Rückenmark unmittelbar verwachsene, die meninx vasculosa, ist gefäßreich; die als weiter Sack das langgestreckte Mark sammt den Nervenursprüngen einschließende arachnoidea ist gefäßlos. Dem Rückenmark entlang ist der Raum zwischen beiden Häuten viel weiter als am Gehirn. Bei dem Uebergang von diesem zum Rückenmark erleidet die Fortsetzung der Membranen an keiner Stelle eine Unterbrechung.

Der Raum C C C Fig. 22 heißt Arachnoidealraum und man unterscheidet jene Abtheilung, welche sich um das Gehirn befindet, als Arachnoidealraum des Gehirns, die andere als Arachnoidealraum des Rückenmarks. Der letztere ist cylindrisch, der erstere oval, beide mit dem liquor cerebro-spinalis ausgefüllt.

Eine dritte Haut, die harte Hirnhaut, meninx dura, (durus hart), die derbste von allen dreien, sitzt überall an der Innenwand fest. Sie vollendet den Abschluß aller Zugänge, soweit dies nicht schon durch die ein- und austretenden Nerven und Gefäße geschieht. Nur das große Hinterhauptsloch bleibt frei für die Verbindung des Markes mit dem Gehirn. Zwischen arachnoidea und dura mater befindet sich keine Flüssigkeit, wohl aber sind die sich berührenden Flächen glatt und feucht.

Bei den Anschwellungen des Gehirns strömt die Flüssigkeit in dem Arachnoidealraum beständig aus der Schädelhöhle in den Rückgratskanal und von dort wieder zurück. Die Möglichkeit, die aus dem Schädel verdrängte Flüssigkeit aufzunehmen, erhält der Wirbelkanal dadurch, daß er nicht überall aus so starren Wänden gefügt ist, wie der Schädel. Zwischen den hintern Wirbelabschnitten, den sogenannten Wirbelbogen (Fig. 22 E), welche sich in die Dornfortsätze ausziehen, existiren dehnbare Stellen, welche unter dem Druck der Flüssigkeit sich erweitern. Doch ist die Elastizität dieser starken Bänder

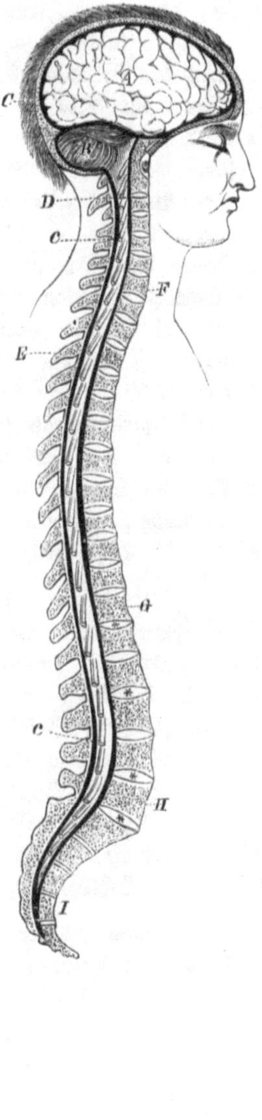

Fig. 22. Schnitt durch den Schädel und die Wirbelsäule.

A Großhirn. B Kleinhirn. C C C Subarachnoidealraum schwarz. D Rückenmark. E Dornfortsätze der Wirbel. F 7 Halswirbel. G 11 Brustwirbel. H 5 Lendenwirbel. I. Kreuzbein. * Zwischenwirbelbänder.

nicht sehr bedeutend. Das wichtigste Hilfsmittel sind die zwischen der harten Hirnhaut und der eigentlichen Wand des Kanals befindlichen zahlreichen Venennetze. Sobald die Fluth des Hirnwassers nach abwärts drängt, entleeren diese Venen ihr Blut in jene des Unterleibes, weil dort der Widerstand während der Ausathmung geringer ist. So lange die Ausathmung im Schädel Stauung bedingt, ist in den Venen des Unterleibes das Gegentheil der Fall. Dort existirt, wie die Physiker sagen, negativer Druck. Die Venen des Rückenmarks können also leicht durch die vom Schädel herabkommende Welle comprimirt werden. Löst nun die folgende Einathmung den Druck des Blutes im Gehirn, so bedingt der naturgemäße Gang der Athmung eine solche in den Venen des Unterleibes, weil während der Inspiration das Zwerchfell sinkt. In diesen Venen staut sich also mit dem Abwärtssteigen des Zwerchfelles das Blut, die Stauung setzt sich fort in jene des Wirbelkanals, welche nun den Raum verengern und so das Hirnwasser in die Höhe treiben.

Mit Hilfe eines sinnreichen Wechsels zwischen An- und Abschwellen der Venen des Unterleibes und des Gehirns wurde das Problem gelöst, die aus dem Schädel verdrängte Flüssigkeit in den knochenharten und kaum erweiterungsfähigen Wirbelkanal aufzunehmen. Der Motor, der die Flüssigkeitsmenge wieder in die Höhe treibt, sobald der Blutandrang im Schädel aufhört und das Gehirn zusammensinkt, liegt in demselben Mechanismus. Er enthält zugleich die Kraft, um jede in den Wirbelkanal getriebene Welle in den Schädel zurückzustoßen.

Die Füllung und Entleerung des Wirbelkanals wird erzielt durch wechselnden Blutdruck und dieser hängt ab von der Respiration. Durch eine verborgene Kette von Vorgängen hängt also die Mechanik des Athmens mit den rhythmischen Bewegungen des Gehirns zusammen, welche für das Gedeihen des Organes unerläßlich sind. Der das Rückenmark umgebende Arachnoidealsack spielt dabei die Rolle einer sinnreich construirten Sicherheitsröhre, welche das Ausweichen des Hirnwassers gestattet, aber sofort die Last wieder zurücktreibt, sobald im Schädelraum hiefür der Platz frei wird. Die Größe des Schädelraumes muß aus diesem Grunde die Größe des Gehirns um etwas übertreffen, damit die Pulsation und die respiratorische Schwellung möglich sei.

Macht schon dieser Umstand die Anwesenheit des Hirnwassers zu einer unerläßlichen Bedingung, so zeigt die Mechanik der Körpers weiter, daß ihm noch eine andere wichtige Rolle im Organismus zugetheilt ist. Nach einem allbekannten physikalischen Gesetz verliert ein Körper in einer Flüssigkeit soviel von seinem Gewicht, als das Gewicht der von ihm verdrängten Flüssigkeit beträgt. Das Gehirn ist nun in den liquor cerebro-spinalis hineingesenkt und verliert genau soviel an seinem Gewicht, als ein gleiches Volumen dieses liquor haben würde. Wenn das Gehirn in der Luft gewogen im Mittel 1350 Gramm schwer ist, so berechnet sich seine Schwere, mit der es auf dem Boden der Schädelhöhle aufliegt, nur auf einige 20 Gramm. Diese Gewichtsverminderung ist, wie Experimente an Thieren und die traurigen Erfahrungen der praktischen Medizin gelehrt haben, unerläßlich für die Freiheit der Blutzirkulation. Es treten nämlich vier große Schlagadern an der Basis des Gehirns ein. Diese würden durch einen Druck von 1350 Gramm bedeutend comprimirt werden, und das Einströmen der vollen Blutwelle hätte enorme Hindernisse zu überwinden. Die Folgen verminderter Blutzufuhr sind aber bekanntlich augenblickliche Herabsetzung der Gehirnfunktion. Während gefährlicher Operationen am Hals, bei denen man zuvor die großen Schlagadern unterbinden mußte, zieht die Sistirung des Blutstromes sofortigen Stillstand jeder Gehirnthätigkeit, d. i. Bewußtlosigkeit nach sich.

Diese Gewichtsverminderung ist ferner nothwendig, um den Druck auf die Gehirnnerven und auf die an der Grundfläche befindlichen Hirnpartien soviel als möglich zu beseitigen. Die Compression wirkt auf jeden Nerven störend, das zeigt das sogenannte Einschlafen des Arms oder Beines während einer bestimmten Stellung. Vor Allem gilt dies für das Gehirn. Der Eröffnung des Arachnoidealsackes nach Stichwunden in den Rücken, ohne daß das Rückenmark selbst nur die leiseste Verletzung erfahren, folgt nach Abfluß des Hirnwassers, Lähmung der Beine und unwillkürlicher Abgang des Stuhles und Harnes. Die gefürchteten Symptome, welche anfangs eine Verletzung des Rückenmarkes vermuthen lassen, schwinden mit dem Verschluß der Wunde schon nach einigen Tagen. Ist die Verminderung des Hirngewichtes nicht nur für die Zirkulation des Blutes, sondern auch für die Nerven von so fundamentaler Wichtigkeit, so müssen sich dieselben Störungen auch bei Thieren einstellen, wie in den oben erwähnten Fällen beim Menschen, sobald man dieses Wasser entfernt. Der Medizin muß es vor Allem daran gelegen sein, sichere Aufschlüsse über den Grund bestimmter Erkrankungen zu erhalten. Man hat deshalb an Thieren Versuche angestellt und zwar in der Weise, daß die Flüssigkeit auf einmal entleert wurde. Die Wirkung ist überraschend. Obwohl das Centrum des Nervensystems vollkommen unversehrt ist, liegt das Thier wie gelähmt, und wenn es gestoßen wird, macht es ohnmächtige Versuche zu entfliehen. Und alle diese Symptome sind lediglich die Folgen jenes Druckes, welchen das Gehirn durch seine eigene Schwere auf die Nervenbahnen im Rückenmark ausübt; denn mit der Heilung der Wunde und dem Wiederersatz der Flüssigkeit schwinden sie, um niemals wiederzukehren.

Wer sich die Mühe nimmt, die Menge dieser Flüssigkeit, die für die Leistungsfähigkeit des Gehirns von solcher Bedeutung ist, an einer Leiche zu untersuchen, kann wohl kaum sein Erstaunen über diese geringe Menge im Verhältniß zu der enormen Bedeutung unterdrücken. Nach den Angaben Magendie's sind es beim Erwachsenen nur zwischen 60 und 70 Gramm, und ihr spezifisches Gewicht nur wenig höher als das des Wassers. Bei Gelegenheit jener Versuche an Thieren hat man ferner constatirt, daß das Hirnwasser aus 98 Theilen Wasser, geringen Mengen von Eiweiß und Kochsalz besteht, und daß es sich ferner in seinem Raume unter einem gewissen Druck befindet.

Werden bei einem größern Thiere in der Chloroform-Narkose die Ansätze der Wirbelbogen gelöst, so sieht man die Hüllen des Rückenmarks unter den Athembewegungen sich heben und senken. Sticht man nun die arachnoidea an, so springt die Flüssigkeit im Strahle hervor. Wir stehen hier vor derselben Erscheinung, welche schon bei Gelegenheit des Schädelwachsthums erwähnt wurde, daß nämlich das Gehirn Druck ausübe und folglich auch Druck erfahre. Dennoch führt eine plötzliche Vermehrung dieses Druckes gefahrdrohende Symptome herbei! —

Man hat Erfahrungen, in welchen Zustand das Gehirn versetzt wird, sobald eine plötzliche Vermehrung des schon vorhandenen Druckes durch Bersten eines Gefäßes herbeigeführt ist. Nehmen wir an, das Blut habe sich zwischen die äußere und mittlere Hirnhaut ergossen, so wird eine Steigerung des Druckes entstehen müssen, nachdem die Hirnflüssigkeit schon normal einer bestimmten Spannung ausgesetzt ist, und es wird hiezu schon eine kleine Menge Blut genügen. In der That weiß man, daß die Mengen unbedeutend sind und nie 90 oder 100 Gramm übersteigen, also meist nur ein Paar Löffel voll betragen. Und dennoch stellt das Organ der Seele seine höchste Funktion, das Denken, sofort ein. Das Bewußtsein schwindet, der Kranke liegt unbeweglich oder zeigt nur Reflexbewegungen nach starken Hautreizen, das Herz schlägt langsam an die Brustwand, die Athmung geht zwar ihren Gang, doch ist sie äußerst schwach, während Temperatur und Färbung der Haut noch ziemlich normal sind.

Einige Beobachter haben, gestützt auf Experimente beweisen wollen, daß das Gehirn ohne Funktionsstörung einen namhaften Druck aushalten könne, ja daß es gesteigerten Druck besser vertrage als verminderten, und glaubten die Folgen eines Blutergusses vielmehr von einer begleitenden Erschütterung abhängig machen zu müssen. Man verfuhr bei diesen Versuchen so, daß man Flüssigkeiten zwischen die Hirnhäute einspritzte. Das Resultat, wobei die Thiere sehr bald aus der Betäubung erwachen, beweist aber nur, daß sich bei ihnen das Gehirn, gerade wie beim Menschen an einen gewissen Druck gewöhnen könne und daß das Organ, sobald es sich an diesen Druck gewöhnt, wieder leistungsfähig werde. Es ist jedoch zu bedenken, daß der Ueberschuß an Flüssigkeit wieder entfernt wird, wie viele Erfahrungen beim Menschen beweisen, wo nach plötzlicher Gefäßzerreißung auf der Oberfläche des Gehirns, die Erscheinungen des Hirndruckes bald verschwinden. Ohne Zuthun irgend welcher Mittel hören die beklagenswerthen Symptome auf, das Bewußtsein kehrt wieder und mit ihm der volle Besitz aller geistigen Fähigkeiten. Die Naturheilung besteht in der Beseitigung der überschüssigen Flüssigkeitsmenge, das ist in der Aufsaugung des ergossenen Blutes. Es sind die Blut- und Lymphgefäße, welche das Uebermaß entfernen.

Die Zusammensetzung des liquor cerebro-spinalis hängt wie die aller Flüssigkeiten und wie der Zustand aller Organe vom zirkulirenden Blute ab. Es wäre falsch, anzunehmen, daß dieses Fluidum das ganze Leben hindurch stets dasselbe bliebe. Man kann am besten ersehen, in welch' inniger Beziehung es zu dem Blute steht, wenn man erwägt, daß in den Venenkreislauf gebrachte Stoffe schon nach kurzer Zeit im Hirnwasser nachgewiesen werden können. Veränderungen, welche die Zusammensetzung des Blutes ändern, wie z. B. die Gelbsucht, haben auch Einfluß auf dessen Färbung; es wird bei dieser Krankheit gelb, gerade wie das Serum des Blutes.

Die Thatsache von der Existenz einer das Gehirn umspülenden Flüssigkeit fällt in's Gewicht für die Entscheidung einer Frage, welche in der jüngsten Zeit wieder aufgetaucht ist, nämlich der, ob der Kopf des Geköpften denke? Dr. Pinel in Paris hat in einem Brief an den Gaulois über den Tod durch das Fallbeil vor einigen Jahren seine Ansicht veröffentlicht, und die verschiedensten Blätter haben einen Auszug aus diesem aufregenden Aktenstück gebracht. Man war bisher der Ansicht, mit der Trennung des Kopfes vom Rumpfe sei momentan alles Leben vernichtet. Dr. Pinel*) bringt die Nachricht vom Gegentheil und sagt, das intakte Gehirn lebe in dem abgetrennten Schädel fort. „Sobald sein fester oder flüssiger Theil nicht angegriffen ist, bleibt das Gehirn gesund. Seine flüssigen Theile können sich nicht entleeren, es nährt sich noch eine Zeit lang, und zwar von dem durch den Luftdruck zurückgehaltenen Blut. Aus den großen Gefäßen des Halses entleert sich zwar das angesammelte Blut, dieses hat aber fast gar Nichts mit der Zirkulation innerhalb des Schädels zu thun, und so bleibt das Gehirn gesund und stirbt endlich ab aus Entkräftung, aus Erkältung." Es braucht immerhin einige Zeit, bis sich diese Erscheinungen vollziehen. Nach seiner Anschauung hört die Ernährung des Gehirns nur auf, weil kein neues Blut zufließt, und in diesem Moment beginnt nicht der Tod, sondern die Unthätigkeit, die noch im Zustande der Lebensfähigkeit bis zu dem Momente bleibt, als das nicht genährte Organ gemäß den Naturgesetzen der Zersetzung anheimfällt. „Der eigentliche Tod tritt erst nach drei Stunden ein, ein allmähliches Erlöschen aus Entkräftung und Erkältung!" Während dieser drei langen Stunden bleiben überdies, wie Dr. Pinel annimmt, die Nerven des Gehörs, Geruchs und Gesichtes noch funktionsfähig. „Wenn nun der Kopf eines Enthaupteten durch keine Bewegung die entsetzlichen Schauer seiner Situation verräth, so hat dies in der physischen Unmöglichkeit seinen Grund, weil alle Nerven, die als Transmission zwischen Hirn und Rumpf dienen, an ihrem Ursprung abgeschnitten sind. Dies Alles beweist, daß dieser Kopf lebt, denkt, daß er aber, weil er seine Gedanken

---

*) Pinel ist Gegner der Todesstrafe und dieser Brief wurde nach der Hinrichtung Traupmanns (zu Paris) geschrieben.

nicht mehr vermitteln kann, unbeweglich den Tod und die ewige Vergessenheit erwartet."

Die Consequenzen, zu denen die Angaben des französischen Arztes drängen, sind ebenso Entsetzen erregend als seine Ausführungen. Wenn das Gehirn, das Organ des Denkens nur durch Krankheiten, durch direkte Verwundung oder Gifte zerstört werden kann, im andern Falle aber so lange gesund bleibt, als seine festen oder flüssigen Theile nicht angegriffen sind, dann ist der Geköpfte nicht der einzige Unglückliche, dem sich die Schrecken des Todes so grausam verlängern. Auch dem Tapfern, dem die feindliche Kugel das Herz in Stücke gerissen, ist kein schnelles Ende beschieden; und der Ertrunkene? Der Tod des Rumpfes ist nur ein passiver, das Gehirn ist unverletzt, es muß weiter denken, wie das des Geköpften. Wehe den Schiffbrüchigen! Wenn sie der Ozean verschlungen, sterben sie nicht den raschen Tod des Ertrinkens, sie sinken bei klarem Bewußtsein hinab in die Tiefe und fühlen neben den Qualen der Seele auch noch wie ekles Gewürm ihre Glieder benagt. Sie alle sterben nur langsam ab wie der Geköpfte — an Erkältung.

Glücklicherweise hat der gesunde Menschenverstand wieder einmal das Richtige getroffen; ihm lag es klar vor Augen, daß mit dem Momente der Trennung von Haupt und Rumpf das Denken ein Ende habe. Der Geköpfte denkt nicht mehr, ebenso wenig die andern Unglücklichen, welche vom Wasser verschlungen oder von einer Kugel getödtet sind. Dr. Pinel stützt seine Anschauung auf eine Fiktion. Er meint das Gehirn nähre sich eine Zeit lang von dem durch Luftdruck zurückgehaltenen Blut. Aber in dem Gehirn wird bei der Trennung des Kopfes vom Rumpfe niemals Blut zurückgehalten, weder durch Luftdruck, noch durch irgend eine andere Kraft. Gerade das Gegentheil findet statt, der Luftdruck treibt das Blut aus allen Gefäßen heraus. Dr. Pinel's Anschauung stützt sich auf eine, früher in Deutschland aufgeworfene, aber längst widerlegte Lehre, nach welcher der Inhalt der Blutgefäße insoferne unter dem Luftdrucke stehen sollte, als die Arterien den einen, die Venen den andern Schenkel eines Hebers vorstellen, in welchem sich das Blut weniger durch Impuls vom Herzen, als dadurch bewege, daß der längere Venenschenkel am kürzern Arterienschenkel sauge. Man kam zu dieser Auffassung, um die Erscheinung des Kreislaufes zu erklären. Sie hat sich aber als irrig erwiesen und selbst, wenn sie wahr wäre, am Hals des Geköpften fehlt ja das Herz, in das sich die Heber tauchen könnten.

Zweitens ist zu erwägen, daß die Halsmuskeln nach der Durchschneidung sich zurückziehen und das in den großen Gefäßstämmen befindliche Blut herauspressen trotz des atmosphärischen Druckes. Ferner kommt die Elastizität der Arterien, sowohl großen als kleinen Kalibers in Betracht; auch sie ziehen sich zurück und pressen das Blut aus allen Röhren. Endlich kommt noch dazu, daß das oben erwähnte Hirnwasser aus dem durchschnittenen Rückgratskanal eben so sicher herausfließt als Wasser aus einer geöffneten und umgestürzten Flasche. Das Gehirn schwebt also nicht mehr in ihm, sondern sinkt zusammen und preßt durch sein eigenes Gewicht den letzten Rest der ernährenden Flüssigkeit aus den feinsten Gefäßen. Man konnte sich noch vor wenigen Jahren bei Gelegenheit solcher Exekutionen überzeugen, daß das Blut in der That aus den feinsten Gefäßen entfernt ist, und daß alle Räume, welche zwischen arachnoidea und der Gehirnoberfläche vorkommen, alle, welche früher

Hirnwasser enthalten hatten, am Schädel des Dekapitirten mit Luft gefüllt sind. An die Stelle des Wassers tritt, wie in der Flasche, Luft und sie beschleunigt auf diese Weise die Entleerung des Blutes. Aber abgesehen von dem Blut enthält das Gehirn kein Flüssiges, das die Ernährung desselben vermitteln könnte. Hört der belebende Strom auf, so stockt jede Funktion im Hirn, wie in jedem anderen Organe. Regungslos liegt der Muskel, abgestumpft ist der Nerve und ebenso ist jede Thätigkeit des Gehirns sistirt, also hat auch das Denken aufgehört. Dr. Pinel beruft sich auf die vitale Unthätigkeit des Gehirns und meint, diese Unthätigkeit sei Bewußtsein; aber eine solche Auffassung ist unrichtig. Die vitale Unthätigkeit im tiefem Schlafe ist kein Bewußtsein. Das Gehirn wird zwar ernährt, aber es denkt nicht. Es kann aus dem tiefen Schlafe wieder zur Thätigkeit erwachen und die ersten Zeichen beginnender Thätigkeit sind Träume, aber es fungirt nicht. Nur dann, wenn die feinsten Moleküle seiner Nervenzellen in Schwingungen versetzt sind, dann können wir von Denken und Denkthätigkeit sprechen; liegen sie jedoch starr gefangen, wie im tiefen Schlafe oder in der Narkose oder wie beim Ertrunkenen, so hört jede Ueberlegung, jedes Gefühl und jedes Bewußtsein auf. Das Entscheidende sind jedoch immer jene Zeugnisse, die wir von solchen besitzen, welche vom Tode des Ertrinkens oder des Erhängens gerettet wurden. Alle berichten, daß kurz nachdem das Athmen unmöglich geworden war, die Besinnung aufgehört habe; in beiden Fällen hemmt der Druck des Blutes und die Kohlensäure jede physiologische Thätigkeit. Tritt doch bei einer leichten Gehirnerschütterung oft Bewußtlosigkeit ein, und bei der Unterbindung der Schlagadern am Halse, welche schon ausgeführt werden mußte, um lebensgefährliche Blutungen zu stillen, hört mit dem Moment der Umschnürung jedes Denken auf. Und doch ist gerade in diesem Falle das Gehirn unverletzt, besitzt noch Blut und könnte sich noch genügend ernähren; aber bei ihm, als dem zartesten und feinst Organisirten bringt jede Störung des Gleichgewichtes, jede Hemmung des unausgesetzten Blutstromes, sofort den Tod des Denkens.

Nach diesen Thatsachen bedarf es keiner weiteren Beweise mehr, daß auch der Kopf des Geköpften nicht mehr denke, ebensowenig als Erhängte oder Ertrunkene denken. Könnte man im unverletzten Gehirn des Geköpften die Zirkulation auf's Neue herstellen, dann würde allerdings auch die physiologische Thätigkeit wieder beginnen. Ohne eine solche Möglichkeit, das in Unthätigkeit versunkene Gehirn wieder durch neuen Blutzufluß zu beleben, gäbe es ja keine Rettung Scheintodter, kein Ertrunkener wäre wieder zum Leben zurückzubringen und Keinem, dem im Folge von Blutverlust die Sinne schwanden, leuchtete je wieder die Sonne.

5. Knochen des Gesichts (Gesichtsschädel).

Bisher wurde die Aufmerksamkeit jenem Raume zugewendet, der das Gehirn umschließt, der Hirnkapsel. Es ist nun die weitere Aufgabe, den übrigen Theil des Schädels in Kürze zu betrachten, der unter dem Ausdruck Gesichtsschädel in der Anatomie zusammengefaßt wird. In der Fig. 23 ist der Durchschnitt überall dort mit Linien beschattet, wo sich die Knochen des Gesichtes ausbreiten. Es ist ein verhältnißmäßig kleiner Theil, auf dem doch so wichtige Organe Platz finden. Die geringe Ausdehnung von der Nasenwurzel bis zum Kinn hat theilweise darin ihren Grund, daß man vom anatomischen Standpunkt aus die

Wölbung der Stirn mit zum Hirnschädel rechnet. Es geschieht dies, wie schon aus dem Vorhergehenden zur Genüge erhellt, mit gutem Recht; denn sie begrenzt in der That

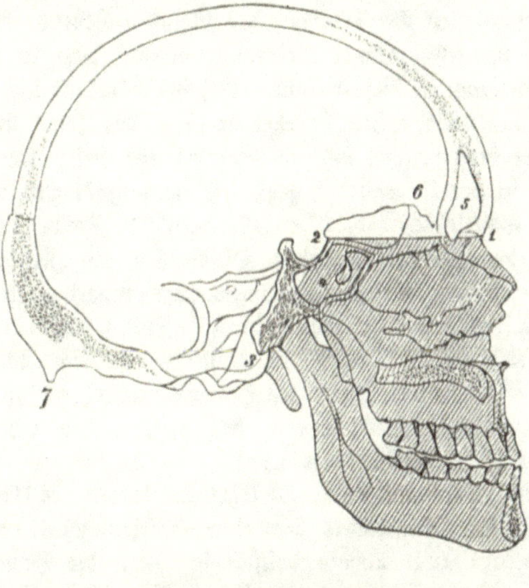

Fig. 23. Schädeldurchschnitt.
Die Ausdehnung des Gesichtsschädels dunkel gehalten, 1, 2, 3 Sattelwinkel, 4 Keilbeinhöhle, 5 Stirnhöhle, 6 Stirnbein, 7 Hinterhauptsstachel.

nichts Anderes, als den vorderen Theil jenes ovalen Raumes, der das Organ des Geistes beherbergt. Im gewöhnlichen Leben freilich zählen wir die Stirn zum Gesicht. Der freie, von Haaren unbedeckte Theil bestimmt wesentlich das Aussehen desselben, vor allem am Lebenden, wo die durch Muskeln bewegliche Haut sich glättet oder in Falten legt, und durch ihren verschiedenen Spannungsgrad so im Dienste der Mimik steht, daß je nach der Richt=

ung der Hautfalten auf ihr, Nachdenken oder Zerstreutheit, Freude oder Schmerz deutlich sich ausprägen. Wieviel man von einem Kopfe hält, den eine hohe und breite Stirne schmückt, weiß Jeder. Die Wissenschaft aber trotzt den geläufigsten Vorstellungen des täglichen Lebens, wenn es sich um fest erkannte Prinzipien handelt und so verfährt sie auch in diesem Falle. Gesichtsschädel ist ihr nur jener aus 14 Knochen bestehender Keil, der seine Basis von der Nasenwurzel bis zum Kinn erstreckt, dessen stumpfe Spitze in der Gegend des großen Hinterhauptsloches liegt, dessen Seitenflächen von den Rändern der Kiefer zurück nach jenen Punkten hinziehen. Die Stellen, wo Hirnkapsel und Gesichtsschädel zusammenhängen, liegen innerhalb zweier Ebenen, welche von der Nasenwurzel Fig. 23, 1 zum Türkensattel (2 derselben Figur) und dann in scharfem Winkel gegen den vorderen Rand des Hinterhauptsloches 3 hinabreichen. Der Winkel 1, 2, 3, den diese beiden Ebenen begrenzen, heißt Sattelwinkel.

Ein Blick auf die Fig. 23 lehrt das bedeutende Uebergewicht des Hirnschädels über den Gesichtsschädel; denn das Gesicht tritt nahezu vollständig unter die Schädelkapsel zurück. Namentlich bei der weißen Race ist das Gesicht unter die Stirn gewissermassen hineingeschoben, während es bei vielen Farbigen schon beträchtlich über deren Ebene heraus rückt, bei Thieren dagegen schnauzenartig vorspringt. Man hat schon oft versucht, diese Stellung des Gesichtes zur Stirn und zum ganzen Hirnschädel durch Zahlen auszudrücken. Den ersten bis zu einem gewissen Grad gelungenen Versuch machte der Anatom Camper. Er zog eine Linie von der äußeren Oeffnung des Gehörorganes bis zum unteren Theile der Nase und von da eine zweite bis zur Mitte der Stirn. Diese beiden Linien begrenzen

einen Winkel, den er den Gesichtswinkel nannte. Die Skala, welche sich auf Grund dieses Winkels entwerfen läßt, lautet folgendermassen: Europäer 80 bis 85°,
Neger 70°,
Affen 64°.

Man hat aus dem Uebergewicht der Stirn zum Gesichte den Schluß gezogen, daß die weiße Race vor den Farbigen nicht allein durch die ganze Anlage des Schädels sich auszeichne, sondern auch durch den Grad der Intelligenz. Man glaubte also den Grad der Intelligenz durch diese Zahlen gefunden zu haben. Aber dieser Winkel, so bestechend auch das Resultat auf den ersten Augenblick erscheint, ist doch kein Maßstab, um aus ihm direkt die Fähigkeiten zu ersehen. Als man einmal an den Schädel neugeborener Kinder denselben Maßstab anlegte, stellte sich heraus, daß der Camper'sche Gesichtswinkel bei ihnen zwischen 90 und 95° betrage, also bei dem hilflosen und geistig völlig unentwickelten Kinde mehr, als beim erwachsenen, geistig selbstständigen Wesen. Man käme auf diese Weise in die bedenkliche Lage, den Säugling über den Mann stellen zu müssen. Der Grund, warum sich der Schädel des Kindes durch so auffallende Maße auszeichnet, liegt in der verhältnißmäßig bedeutenden Größe seines Gehirns im Vergleich zur Größe des Gesichtes. Das Gesicht ist bei ihm noch sehr mangelhaft entwickelt. Es fehlen vor allem die Zähne, und damit jener ganze Vorsprung am Ober- und Unterkiefer, in welchem bei dem Erwachsenen die Zahnwurzeln stecken. Das Gesicht des Kindes hat im Verhältniß um mehr als ein Drittel in die Länge zu wachsen, damit die Wurzeln der Zähne und die Kronen derselben zwischen den Kieferwänden Platz bekommen. Gleichzeitig nimmt mit der Kraft der Kaumuskeln auch die Stärke der Kiefer zu und wenn dies Alles bis zum 20. Jahr vollendet ist, ist jener günstige Gesichtswinkel verschwunden und hat sich um 5—10° verkleinert.

Neuere Versuche beschränken sich darauf, den Grad zu messen, um welchen das Gesicht bei den verschiedenen Naturvölkern mehr hervorspringt als beim Europäer.

Ueberdies handelt es sich darum, den nächsten Grund der geraden oder schiefen Profillinie zu erfahren, welche dem Gesicht des Europäers den Ausdruck edlerer Gestaltung verleiht, während das Vorspringen derselben stets den Stempel thierischer Verwandtschaft hart in's Gesicht prägt. Deutlicher läßt sich dieser Wechsel in der Stellung der Gesichtsknochen ausdrücken, wenn man den Winkel mißt, welchen eine Horizontale durch die Mitte der Ohröffnung nach dem untern Rande der Augenhöhle gezogen, mit jener Geraden bildet, welche von der Nasenwurzel zur Mitte des Oberkiefers reicht. Die Größe dieses Profilwinkels ist:

für die anthropoiden Affen	47,°
„ „ Neuholländer	$82,_{41}$°
„ „ Malayen	$84,_{74}$°
„ „ Chinesen	$85,_{94}$°
„ „ Indianer	$86,_{40}$°
„ „ Slaven	$86,_{84}$°
„ „ romanischen Völker	$87,_{12}$°
„ „ germanischen Völker	$89,_{84}$°.

Diese Messungen geben ein verständliches Bild, wie von der Thierreihe herauf der Winkel sich allmälig einem Rechten nähert oder mit andern Worten: wie das Gesicht immer mehr unter die Basis des Schädels zurückweicht.

Bei dieser Messung geht man von der Ueberzeugung

aus, daß das Gesicht einen selbstständigen Theil des Schädels darstelle und daß der große Wechsel in der äußern Erscheinung nur in einem stärkeren oder geringeren Wachsthum der einzelnen Gesichtsabschnitte zu suchen sei. Es gibt eine Menge Thatsachen, welche beweisen, daß das Wachsthum des Gesichtes eine gewisse Unabhängigkeit besitze von dem des Schädels. Vor Allem hat man längst die auffallende Beobachtung gemacht, daß bei den Europäern, welche bekanntlich ein gerades Profil auszeichnet, die Schädelkapsel bald kurz, bald lang sein könne, ohne daß sehr bedeutende Unterschiede sich an dem Gesicht bemerkbar machen. Die nämlichen Formen findet man auch bei den Naturvölkern und doch springt bei ihnen der ganze Kauapparat schnauzenförmig vor. Eine andere Thatsache, welche für die, bis zu einem gewissen Grade selbstständige Entwicklung des Gesichtes spricht, liegt in einer Mißbildung, auf welche schon früher hingewiesen wurde. Jene hirnlosen Mißgeburten zeigen ein normal entwickeltes Gesicht, während doch der Schädel vollkommen verkümmert ist.

Es wird sich später Gelegenheit geben, zu zeigen, daß dieser Grad der Unabhängigkeit seine Grenzen besitze und die Veränderungen in der Schädelform, wie sie bei den Mikrocephalen und andern Schädelmißstaltungen vorkommen, dennoch die Bildung des Gesichtes bis zu einem gewissen Grade beeinflußen. Betrachten wir aber vorher einige Theile des knöchernen Gerüstes etwas genauer.

Die Knochen des Gesichts gruppiren sich um die paarigen Augenhöhlen, um die Nasen- und Mundhöhle. Das Oberkieferbein Fig. 24, 8 behauptet durch seine Größe und seine Verbindungen mit den Nachbarn den ersten Rang. Es ist paarig und die Theilungslinie geht zwischen den vordersten Schneidezähnen, durch die ganze Länge des harten Gaumens bis hinauf gegen die Nase. Ein paar Fortsätze ragen von dem mittleren Theile nach oben und helfen die Gestalt des Nasenrückens bilden. Gegen die Schläfe zu wendet sich ein starker Pfeiler, der mit dem Wangenbeine (Fig. 24, 5) verwächst. Der untere Rand des Knochens ist bei dem Erwachsenen mit 16 Zähnen bewaffnet und nach innen breitet sich eine starke Knochenplatte so aus, daß sie mit der der anderen Seite den gewölb-Gaumen darstellt. Unterhalb des Naseneinganges, dort, wo sich die beiden Oberkieferknochen treffen, springt der sogenannte Nasenstachel, spina nasalis, (Fig. 24, 9), vor. Er läßt sich in der knorpeligen Nasenscheidewand leicht fühlen und ist ein wichtiger Orientirungspunkt für alle Schädelmaße.

Das Wangen- oder Jochbein (os zygomaticum) Fig. 24, 5 ergänzt den Rand der Augenhöhle nach Außen. Vom Gesicht aus gesehen gleicht es einer starken Platte, durch welche der Oberkiefer mit dem Stirn-, dem Schläfen- und Keilbein verbunden ist. Durch sie wird namentlich der Druck, der beim Kauen und Beißen von unten her auf den Oberkiefer wirkt, gegen drei verschiedene Punkte des Schädels fortgepflanzt und so dessen Wirkung getheilt. Eine Ecke dieser starken Knochenplatte ist weit nach hinten gerichtet und verbindet sich mit einer Spange des Schläfenbeins, so daß eine knöcherne Brücke zu Stande kommt, (Fig. 24, 6), der Jochbogen genannt, welche über die Tiefe der Schläfengruben hinüberführt bis zum Eingang in das Gehörorgan. Die Lage des Jochbeines und Jochbogens üben einen bestimmenden Einfluß auf die Form des Gesichtes. Bei verschiedenen Menschenracen ist ihre Richtung und Stärke im hohen Grade wechselnd.

Zwei längliche und gleichseitige Plättchen, die **Nasenbeine** (Fig. 24 1) schließen den Nasenrücken, soweit er von den zum Stirnbein aufstrebenden Fortsätzen des Oberkiefers nicht bedeckt wurde. Ihr oberer Rand sitzt am Stirnbein fest, ihr unterer hilft den birnenförmigen Eingang begrenzen. Auch sie zeigen einen außerordentlichen Wechsel in der Gestaltung.

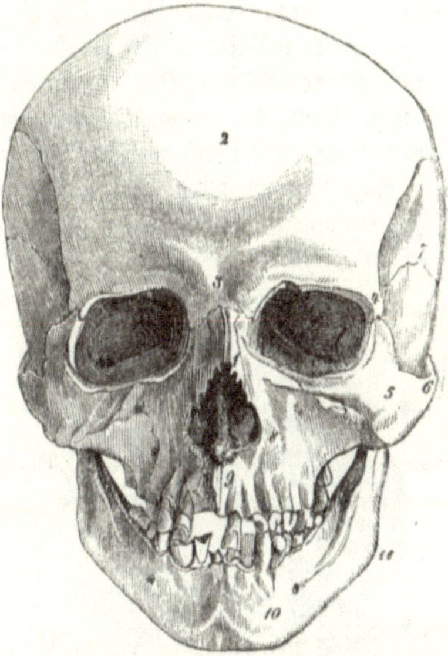

Fig. 24. Schädel 1/4 nat. Größe.
1. Nasenbein. 2. Stirnbein. 3. Nasenfortsatz desselben. 4. Jochfortsatz des Stirnbeins. 5. Jochbein. 6. Jochbogen. 7. Die Schläfen. 8. Oberkiefer. 9. Nasenstachel des Oberkiefers. 10. Unterkiefer. 11. Unterkieferwinkel.

Bei der eingedrückten Nase des Negers sind sie gehöhlt wie ein Sattel, bei der Habichtsnase des Semiten gewölbt.

Ein Blick in die Nasenhöhle eines Schädels lehrt die sogenannten **Nasenmuscheln** kennen, dünne gerollte Knochenplättchen, welche Stützen für die Schleimhaut sind, um in diesem engen Raum dennoch eine große Oberfläche für die Ausbreitung derselben zu erzielen. Demselben Zweck dient das sogenannte **Siebbein**, das im oberen Abschnitt der Nasenhöhle liegt. Es enthält labyrinthische

Räume, in deren Schleimhaut sich die Fäden der Geruchsnerven ausbreiten. Eine senkrechte Knochenplatte, welche selten genau lothrecht steht, bildet die Nasenscheidewand Fig. 24 und Fig. 16, 2. Am Lebenden, wird sie, wie überhaupt der vordere Nasentheil durch den Knorpel vervollständigt. Durch diese Scheidewand wird eine vollständige Trennung der früher einfachen Nasenhöhle in zwei gleiche Höhlen erzielt.

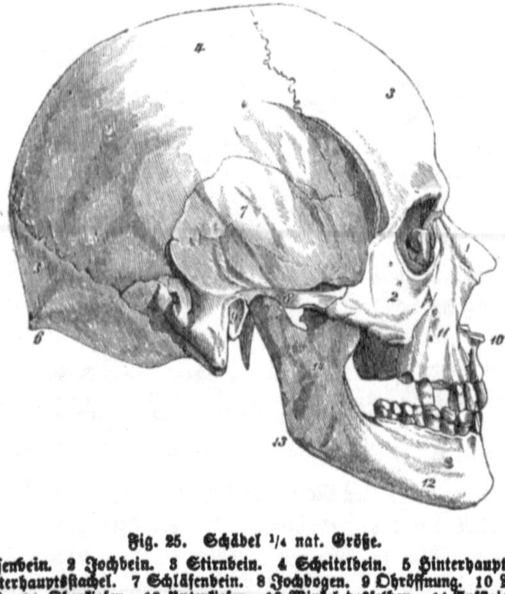

Fig. 25. Schädel 1/4 nat. Größe.

1 Nasenbein. 2 Jochbein. 3 Stirnbein. 4 Scheitelbein. 5 Hinterhauptsbein. 6 Hinterhauptsstachel. 7 Schläfenbein. 8 Jochbogen. 9 Ohröffnung. 10 Nasenstachel. 11 Oberkiefer. 12 Unterkiefer. 13 Winkel desselben. 14 Aufsteigender Theil (Fortsatz).

Alle diese Knochen sind unbeweglich miteinander verbunden. Der Unterkiefer allein ist beweglich und zwar durch ein Gelenk, das sich unmittelbar vor der Ohröffnung befindet (Fig. 25 zwischen 8 und 9). Muskeln bewegen ihn in dreifacher Richtung, er hebt und senkt sich, verschiebt sich nach beiden Seiten, und verschiebt sich nach vorne. Durch diese dreifache Art der Verschiebung wird die feste Nahrung zwischen den Zähnen verkleinert. Seiner Gestalt nach ist er ein elliptisch gebogener platter Knochen mit einem mittleren Abschnitt (Fig. 25, 12), der oben die Zähne trägt und einem senkrechten Theile (Fig. 25, 14), der in einem scharfen Winkel 13 gegen den Schädelgrund hinaufsteigt. Er geht in der Nähe des Jochbogens gabelförmig auseinander; der hintere Ast sitzt in der Gelenkgrube und trägt eine cylindrische, überknorpelte Rolle; der vordere verbirgt sich unter dem Jochbogen und dient zum Ansatz eines starken Kaumuskels, der die Schläfen bedeckt. Kauen wir, so läßt sich dessen ganzer Verlauf durch abwechselndes An- und Abschwellen deutlich verfolgen.

Die erwähnten Gesichtsknochen sind wie jene des Schädels durch einen Kitt miteinander verbunden. Jede der Höhlen, welche für die Aufnahme von Sinnesorganen bestimmt ist, oder jedes größere Loch, das Nerven und Gefäßen zum Durchtritt dient, muß von gesonderten Knochenstücken umgeben sein, wenn es Ausdehnung gewinnen soll. So wenig wie der Schädel durfte das Gesicht aus einem Knochengusse sein; nur durch die Zusammensetzung aus mehreren einzelnen Stücken war die Größenzunahme dieser vielzerklüfteten Partien möglich.

Es ist ein viel verschlungener Vorgang, der endlich die Form des Antlitzes zu Stande bringt. Er steht unter dem Gesetze der Symmetrie ebenso, wie der Aufbau des ganzen übrigen Körpers. Um das Ende der fünften Woche ist das Antlitz noch in einzelne Theile getrennt, deren Verständniß nur mit Hilfe vergleichend-anatomischer Studien erreicht wurde. Die beiden Augen (Fig. 26, a), noch ohne Augenlider, sitzen wie kleine Knospen an der Seite des Schädels;

ein noch unregelmäßiger, dunkler Ring zeigt die Anfänge der Regenbogenhaut. Nach innen vom Auge sind große, vorstehende und gefaltete Wülste, in der Mitte durch eine tiefe Furche getrennt. Röhrenartig, wie Nüstern geformt, springen sie vor. Sie sind die Anlage der Nase. Die einander zugewendeten, durch eine Furche getrennten Theile (Fig. 26 in), bilden durch Verwachsung den Nasenrücken und die Nasenscheidewand; die äußeren Theile (Fig. 26 an):

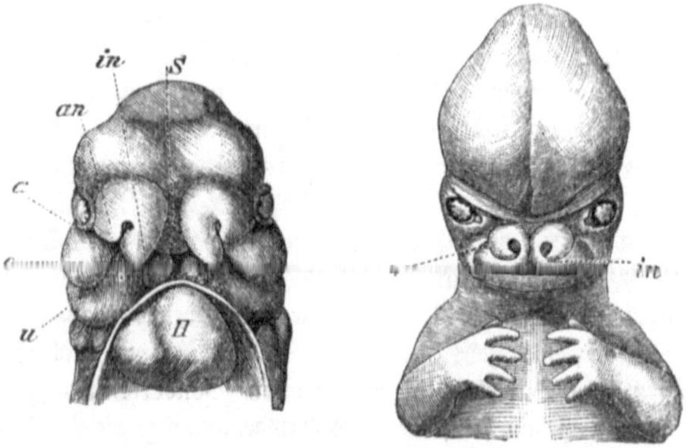

Fig. 26. links: Entwicklung des Gesichtes bei einem menschlichen Embryo aus dem Anfang der fünften Woche.

a Auge. an äußerer Rand, in innerer Rand der einen Nasenhälfte. S Stirnlappen. H das Herz. o Oberkieferfortsatz. u Unterkieferfortsatz. z die eine Zungenhälfte in der Nasenrachenhöhle.

rechts: Gesichtsbildung eines menschlichen Embryo aus der sechsten Woche. in wie oben.

die Nasenflügel und die Seitenwand. Der Boden der Furche wird durch Verwachsung nach rückwärts gedrängt und erscheint später als obere Rachenwand. Man bezeichnet jenen ganzen Theil, aus dem die Nase und ein Theil der Oberlippe geformt wird, als Stirnlappen S. Nach außen von ihm sind auf beiden Seiten zwei andere Wülste (Fig. 26 o) durch die ganze Breite des Stirnlappens von einander getrennt. Aus ihnen entsteht, abgesehen von der Nase, die ganze obere Gesichtshälfte d. h. der Oberkiefer. Unterhalb ist ein schmaler Wulst, der sich mit dem der andern Seite schon nahezu vereinigt hat (Fig. 26 u). Es ist die Anlage des Unterkiefers. Der rundliche Körper, der, wie von einem Mantel umgeben, unter dem Kopfe liegt, H, ist das Herz, das um jene Zeit dicht am Gesicht liegt und erst später durch das Längenwachsthum der Wirbelsäule an seinen Platz im Brustkorb herabgezogen wird. Es liegt in der 5. Woche noch offen da und wird erst später durch die Ausdehnung der schon erwähnten Bauchplatten in die Brusthöhle eingeschlossen.

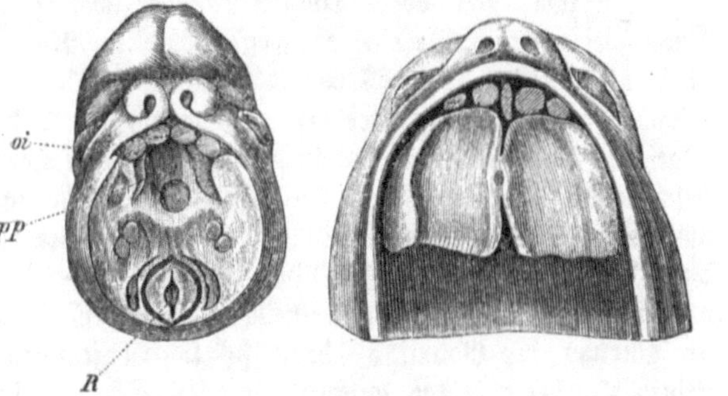

Fig. 27. Kieferwachsthum.
Links bei einem 6wöchentlichen, rechts bei einem 12wöchentlichen menschlichen Embryo. oi Zwischenkiefer. pp Gaumenfortsätze processus palatini. R Rückenmark.

Eine Woche später ist die Vereinigung der einzelnen Abschnitte erfolgt, das Antlitz in seinen Haupttheilen construirt. Die Figur 26 (rechts) zeigt die völlige Vereinigung der einzelnen Theile, aber noch erkennt man deutlich den Stirnfortsatz, aus dem Nase und Oberlippe hervorgingen und ferner jene Stelle, an welcher die Vereinigung des Stirnlappens mit dem Oberkiefer stattfand (Fig. 26*).

Sie ist später beim Erwachsenen als eine leichte Furche wieder zu finden, welche vom Nasenflügel gegen den Mundwinkel zieht. Noch bildet die Nase die Hauptmasse des Gesichtes und der Mund ist breit; aber sehr bald ändern sich diese thierischen Formen, und die früheren Spuren einer Entstehung aus zwei Theilen verschwinden bis auf jene zierliche Rinne, welche von der Nasenscheidewand sich gerade nach abwärts gegen die Oberlippe senkt.

Während so die äußere Form des Gesichtes, wenn auch in derben Zügen gebildet ist, sind die inneren Theile noch sehr unvollständig. Jener weite Raum, der beim fünfwöchentlichen Embryo zwischen Ober- und Unterkiefer klafft, ist zwar nach vorne geschlossen, aber noch existirt hinter dieser Fleischhülle eine einzige Höhle, die Nasenrachenhöhle genannt, das cavum pharyngo-nasale. Die Mundhöhle grenzt sich später erst dadurch ab, daß in den folgenden Tagen eine quere Scheidewand von dem Oberkieferknochen jeder Seite gegen die Mittellinie hereinwächst und dadurch der Gaumen entsteht (Fig. 27 p p). Unmittelbar hinter der Lippe sind vier rundliche Höcker oi. Sie stammen vom Stirnfortsatz und betheiligen sich ebenfalls an der Bildung des Gaumens, denn sie liefern jene zwei kleinen Knochenstücke, in welchen die vier Schneidezähne des Oberkiefers eingesetzt sind. Zwischen diesen eben genannten Theilen des jugendlichen Schädels ist der breite Eingang zu der Nasenhöhle, ein weites Thor, das nun sich allmälig abschließen muß. Bald ist dieses geschehen und Fig. 27 rechts zeigt diesen Prozeß schon nahezu vollendet. Die Trennung zwischen Mund und Nasenhöhle ist vollzogen; der harte Gaumen, aus zwei symmetrischen Hälften entstanden, ist in der Mitte verwachsen, doch klafft er noch an einzelnen Stellen. Jene vier Warzen, welche früher unmittelbar hinter der Oberlippe standen, sind jetzt mit dem Vorderrande des Gaumens vereinigt und helfen den Zahnrand bilden, der um die zwölfte Woche schon die Keime enthält für die zehn Milchzähne.

Um diesen kleinen Abschnitt oi, der die Schneidezähne trägt, sind schon wiederholt die heftigsten, wissenschaftlichen Debatten geführt worden. Er wird als Zwischenkiefer, als os intermaxillare bezeichnet, und man sieht ein, daß er für die Bildung des Gesichtes von einem wesentlichen Einfluß sein müsse. Es hat sich stets um die Frage gehandelt, ob diese kleinen warzenförmigen Lager in der That jenem Zwischenkiefer entsprechen, der bei den Thieren regelmäßig, aber um vieles größer als beim Menschen, zu finden ist, und der auch dort die Schneidezähne trägt. Er bleibt bei den Säugethieren das ganze Leben hindurch isolirbar. Bei den Affen verwächst er zwar später, nach der Geburt, völlig mit den anstoßenden Knochen, ist jedoch beim jungen Thier leicht nachzuweisen. Bei dem Menschen dagegen ist schon vor der Geburt jede Spur verschwunden, welche dazu berechtigte, diesen Zwischenkiefer als einen selbstständigen Theil hinzustellen. Die Verwachsung geschieht hier so früh, daß man lange Zeit an seiner Existenz zweifelte. Aus diesem Grunde behaupteten die Einen, das Fehlen des Zwischenkiefers sei ein werthvolles Unterscheidungsmerkmal, das den Menschen in seiner körperlichen Organisation hoch über die Thiere stelle. Andere aber zeigten mit unerschütterlicher Ausdauer immer wieder auf jene Entstellung hin, bei der durch eine Hemmungsbildung des natürlichen Ganges sich am menschlichen Oberkiefer ein Knochen isolirt, der völlig dem Zwischenkiefer der Thiere gleicht. Bei dem ausgesprochensten Grade der Hasenscharte ragt ein Stück des vorderen Gaumenrandes zwischen der Oberlippe hervor und man argumentirte, daß er nur durch ein Stehenbleiben auf dem sonst regelmäßigen Entwicklungsgange zu dieser absonderlichen Lage gekommen sei. Immer wieder wurde hervorgehoben, er sei nichts Anderes, als der aus seiner natürlichen Verbindung getretene Zwischenkiefer, und es zeigten also diese Hemmungsbildungen unverkennbar die Existenz dieses Knochens auch im normalen Zustande.

Bekanntlich hat schon Göthe versucht diesen wichtigen Streit zu entscheiden. Das Resultat seiner Prüfung so vieler Thier- und Menschenschädel war die Ueberzeugung, daß auch beim Menschen die oberen Kinnladen dieselben Knochen besitzen, wie sämmtliche Wirbelthiere. Dieser Nachweis geschah in der bekannten Abhandlung über den Zwischenkiefer, worin der große Dichter sich auch als scharfen Beobachter zeigte und weit über seine Zeitgenossen hinweg den tiefen Zusammenhang alles Geschaffenen erkannte. Man hat geglaubt, diese naturwissenschaftliche Arbeit Göthes sei wohl nur so eine Marotte des genialen Dichters gewesen, auch einmal in der Naturwissenschaft zu debütiren, aber eine solche Auffassung ist vollkommen falsch. Es ist längst dargethan, wie das umfassende Talent Göthes mit Nothwendigkeit zur Naturwissenschaft hingeführt wurde, wie dieser ursprüngliche Geist selbstständig eingriff und wie es ihm gelungen ist, Gedanken von ungemeiner Fruchtbarkeit in die Wissenschaft zu werfen. Die großen Ideen, welche jetzt in der vergleichenden Anatomie herrschen, wurden schon von Göthe ausgesprochen. Er lehrte mit größter Bestimmtheit, daß alle Unterschiede im Bau der Thierarten als Veränderungen eines Grundtypus aufgefaßt werden müßten und zu dieser Ueberzeugung gelangte er durch osteologische Studien, und die Anregung zu solch folgereichen Gedanken gab ihm die Abhandlung über den Zwischenkiefer. Die unscheinbare Thatsache, daß auch beim Menschen, wie bei sämmtlichen Wirbelthieren, die obere Kinnlade aus dem Zwischenkiefer und dem eigentlichen Oberkiefer zusammengesetzt ist, wird für ihn der Ausgangspunkt zum Auffinden allgemeiner Gesetze. Seit jener Zeit ist es möglich geworden, für diese Anschauung von der Stellung des Menschen noch eine Menge von Beweisen beizubringen, und namentlich hat die Entwicklungsgeschichte gezeigt, daß die Bildung des menschlichen Antlitzes genau in der schon lange vermutheten Weise vor sich gehe, und daß jene entstellenden Störungen des Bildungstriebes, welche als Hasenscharte bezeichnet werden, in der That nichts Anderes sind, als ein Stehenbleiben auf einer früheren Stufe des Wachsthums.

Wie sich erwarten läßt, kann die Verwachsung stille stehen auf irgend einem Punkte, den die Fig. 26 und 27 erläutern. Wenn bei den höchsten Graden nicht allein der Kiefer gespalten, sondern selbst der harte Gaumen noch weit geöffnet ist, so bezeichnet man diese Erscheinung als Wolfsrachen. Es ist dabei nicht nothwendig, daß auch die Lippe gespalten sei. Die Verwachsung der äußeren Theile kann vollständig gelungen sein, während die der inneren zurückblieb. Gerade dort, wo von der Trennung der Nasenhöhle durch eine feste Scheidewand der Wohlklang der Sprache und noch mehr die Möglichkeit der Nahrungsaufnahme abhängt, bleibt die Natur, grausam genug, oft auf halbem Wege stehen und erhält einen Zustand, den vorübergehend jedes kindliche Wesen während der frühesten Wochen seiner Entwicklung an sich trägt.

Man hört so häufig die Ansicht, daß irgend ein jäher Schreck eine solche Hemmungsbildung bedinge, aber man vergißt, daß schon nach den ersten Wochen diese Theile vollendet sind und daß der Schreck bereits eingetretene Verwachsungen nicht wieder löst. Sollte die Annahme eines solchen Einflusses wirklich Geltung gewinnen, dann müßte konstatirt werden, daß gerade um die kritische Zeit der Entwicklung der heftige psychische Eindruck stattgefunden habe.

6. Die künstlichen und natürlichen Mißstaltungen des Schädels.

Es wurde schon darauf hingewiesen, daß der Schädelgrund einen unverkennbaren Einfluß übe auf die Richtung der Profillinie des Gesichtes. Es lassen sich drei schlagende Thatsachen hiefür anführen, deren Beweiskraft, wie mir scheint, unanfechtbar ist. Sie alle zeigen, daß eine Verschiebung der vordern Hälfte des Schädelgrundes eine Verschiebung des ganzen Profils zur nothwendigen Folge habe. Von diesen drei Experimenten wird das erste, das ich erwähnen will, vom Menschen selbst angestellt an dem kindlichen Schädel. Die beiden andern stellt von Zeit zu Zeit die Natur an, nicht minder rücksichtslos eingreifend. Und es wird sich zeigen, daß diese drei Erscheinungen bezüglich der einen Frage gleich lehrreich für uns sind.

Von Amerika herüber kam einst die Kunde, daß einzelne Indianerstämme dem Schädel der Kinder durch Druck eine seltsame Form gäben. Von den Caraiben und von den Chinooks an der Westküste Nordamerika's wurde dies berichtet. Früher hatten die alten Peruaner und noch heute vorhandene Californier- und Pampas-Indianer die Sitte dem Kopf durch Pressung eine andere Gestalt zu geben. Das stärkste in dieser Art leisten die Flachkopfindianer in Oregon, Stämme, welche getrennt unter verschiedenen Häuptlingen leben, aber eine gemeinschaftliche Sprache haben sollen. Der Name Flathead, Flachkopf, wurde ihnen von den englischen Einwohnern gegeben wegen ihrer erstaunlich weit nach hinten gereckten an Stirn und Scheitel platten Köpfen. Die Art und Weise, wie sie dies Meisterwerk barbarischer Mode zu Stande bringen, hat man bei ihnen selbst beobachtet. Das Kind wird gleich nach der Geburt in ein 15 cm. tief ausgehöhltes Stück eines Baumstammes gelegt und darin der Kopf mit Schnüren befestigt. Ein dicker aus Gras geflochtener Strang wird an der einen Seite festgebunden, dem Kind über den Scheitel gelegt, und an der andern durch ein Loch straff angezogen.

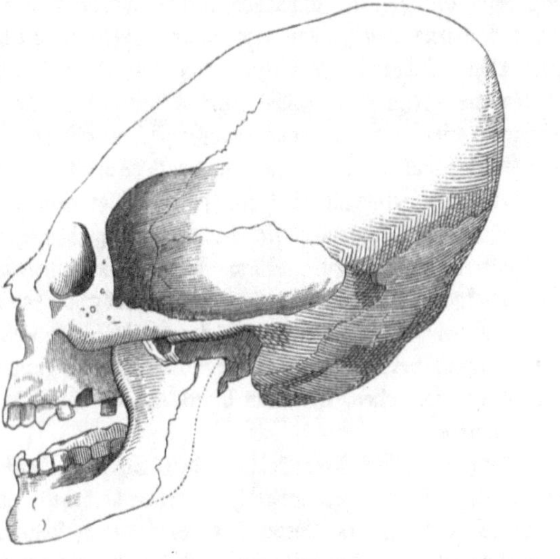

Fig. 28. Schädel eines Flathead-Indianers 1/4 natürlicher Größe.

Manche Stämme nehmen nur ein Brett, in welches für das Hinterhaupt ein Loch gemacht ist. Durch ein auf die Stirne festgebundenes kleines Brettchen wird nun der Kopf hinten in das Loch gepreßt. In dieser Lage muß die kleine Rothhaut so lange bleiben, bis der Schädel die richtige Form erhalten hat und darin durch das Wachsthum so befestigt ist, daß er nach Wegnahme des Apparates nicht wieder in die frühere zurückkehrt. Nach dem Bericht eines zuverlässigen Reisenden dauert diese Prozedur 9 Monate. Sie wird langsam eingeleitet, nur allmälig werden die Binden fester gezogen, so daß das Kind sich noch dabei körperlich weiter entwickeln kann und gerade nicht allzuviel zu leiden scheint, obgleich der Anblick ein gräulicher sein soll; denn die kleinen schwarzen, blutunterlaufenen Augen treten ihm aus den Höhlen wie einer eingeklemmten Ratte. Eine nicht minder starke Ausreckung des Kopfes nehmen die Natchez-Indianer, früher am Mississippi, vor. Sie drängen, wie man aus der obenstehenden Figur ersieht, den Kopf schief nach hinten und nach auswärts. Diese Schädelformen gelten alle als ein Zeichen edler Abkunft, sie sind unbedingt erforderlich, wie es scheint, um zu Ansehen und zu Würden zu gelangen. Sklavenkinder dürfen mit diesem Adelsbrief nicht ausgestattet werden und Kinder von edler Abkunft, deren Schädel wegen lebensgefährlicher Erkrankung während der Prozedur nicht standesgemäß zugerichtet werden konnte, sollen, wie man berichtet, als Sklaven verkauft werden.

Diese künstliche Umgestaltung des Schädels beschränkt sich jedoch nicht auf den westlichen, neuen Erdtheil. Blumenbach gedenkt am Ende des vorigen Jahrhunderts eines Schädels aus dem asiatischen Rußland, welcher denen der amerikanischen Völker außerordentlich ähnlich ist. Als man später im Jahre 1820 bei Grafenegg in Niederösterreich einen ähnlichen Schädelfund machte, nahm man bald an, er gehöre wohl einem fremden Volke zu, das um die Mitte des 6. Jahrhunderts sich in diesem Theile von Oesterreich niedergelassen habe. Der Schädel war gefunden innerhalb befestigter Dämme, welche angeblich von den Avaren herrührten. Dies gab den Grund zur Annahme, die Avaren hätten ihre Köpfe künstlich mißgestaltet. Es fehlte auch nicht an Bestätigung dieser Hypothese durch Schriftsteller. Als man aber später in der Literatur Angaben entdeckte, daß andere Einwohner, die Hunnen ihre Schädel umgeformt hätten, so ließ man die Avaren allmälig fallen und glaubte, die Hunnen hätten vorzugsweise diese barbarische Sitte geübt. Namentlich stützte man sich dabei auf Münzen, welche Beziehung haben zur Zerstörung der Stadt Aquileja durch Attila im Jahre 452. Attila ist darauf dargestellt mit verzerrten Zügen und als Diabolus mit Hörnern auf dem Kopfe. Es hat sich jedoch herausgestellt durch die Studien der Numismatiker, daß diese Münzen verhältnißmäßig neuen Datums sind und wohl als Erinnerungszeichen galten an die Verheerungen Attila's, von Denen geprägt, die ihn und seine Kriegerschaar verabscheuten.

Die Frage nach dem Ursprung der mißgestalteten Schädel in Europa ist jetzt in eine neue Phase getreten, seitdem in Niederolm, bei Mainz, ein Gräberfeld gefunden wurde, das einen ähnlich geformten Schädel enthält. Nach den Beigaben zu urtheilen, welche neben dem Skelet lagen: eiserne Messer, Ringe von Erz u. s. w. darf man schließen, daß die Gräber aus dem 6. bis 8. Jahrhundert stammen. Man ist der Ansicht, daß der Schädel einem jungen Weibe angehört habe, und was die Nationalität betrifft, so unterliegt es keinem Zweifel, daß die dort bestatteten Menschen Germanen waren vom Stamme der Franken! Auf diese Mittheilung hin über den seltsamen Schädelfund mitten in einem altgermanischen Grabfelde, erinnerte ein eng=

lischer Forscher daran, daß in Harnham bei Salisbury in einem angelsächsischen Kirchhofe schon 1853 ebenfalls ein mißgestalteter Schädel gefunden worden sei. Der Begräbnißplatz soll aus dem Anfang des 6. oder 7. Jahrhunderts stammen. Bei Lausanne und in Savoyen hat man ebenfalls in ähnlichen Gräbern solche Schädel gefunden, und neuestens stellt sich heraus, daß nicht nur in Europa und Amerika einheimische Stämme denselben Brauch gehabt haben, auch auf Inseln Ostasiens, auf Tahiti und den Philippinen wurde dasselbe Verfahren geübt. Von der Bevölkerung der Philippinen berichtet schon Thévenot, sein Werk ist im 16. Jahrhundert geschrieben, die Eingebornen hätten die Gewohnheit, den Kopf der neugebornen Kinder zwischen zwei Bretter zu legen, und dadurch die Stirne abzuplatten, in der Meinung, daß diese Form ein besonderer Zug von Schönheit sei. In der jüngsten Zeit hat man solche Schädel von jenen Inseln nach Deutschland gebracht, deren Form vollkommen mit jener der Flatheads aus Amerika übereinstimmt.

Zu diesen Thatsachen, welche das Auftauchen derselben Sitte beweisen bei den verschiedensten Racen, zwischen denen kein Zusammenhang existirt, an keine Mittheilung des Gedankens und an keinen gemeinschaftlichen Ursprung gedacht werden kann, zu diesen Thatsachen, welche beweisen, daß derselbe Einfall in allen Zonen und zu den verschiedensten Zeiten unabhängig reifen kann, kommen andere, welche zeigen, daß dieselbe Sitte nicht nur bei den Naturvölkern herrscht, sondern auch bei Völkern Europa's und Asiens noch heut zu Tage zu finden ist. Im Kaukasus soll sich aus dem grauen Alterthum bis in die Gegenwart diese Sitte erhalten haben; sogar bei den Armeniern kommt dergleichen vor und in Tiflis soll man lebende Makrocephalen sehen können, deren Schädel würdig denen der alten Avaren zur Seite zu stellen sind.

Die älteste uns erhaltene Nachricht über diese Mißstaltung des Schädels, jene von Hippokrates*) bezieht sich gerade auf die erwähnten Landstriche. In Frankreich an der Garonne, um Toulouse, werden noch jetzt den Kindern die Köpfe nach einem bestimmten System umgemodelt.

Uns interessirt bei dieser anthropologisch merkwürdigen Erscheinung vor Allem das Mechanische, die Art und Weise, wie das Schädelgerüst diesen Druck auf die Hirnkapsel ausgleicht. Vergegenwärtigen wir uns, wenn der Druck nur von der Stirne aus stattfindet, und die Hirnkapsel ballonartig nach hinten reckt! Das von vorn verdrängte Hirn schafft sich Raum und treibt die Knochen an einer andern Stelle auseinander. Welchen Einfluß diese Verschiebung der Hirnkapsel auf die Stellung des Gesichtes übt, zeigt das schnauzenartige Vorspringen desselben. Je mehr die Hirnkapsel zurückweicht, desto mehr rücken die Linien des Antlitzes nach vorne. Die Nasenwurzel, welche sonst tief eingesetzt ist, geht in gleicher Flucht zum Nasenrücken. Das Dach der Augenhöhle ist gesenkt, der untere Rand derselben überragt weit den oberen. Die vordere Fläche des Kiefers liegt mehr und mehr schief und in dieselbe Linie reiht sich der Unterkiefer. Der ganze Ausdruck wird im hohen Grade thierisch. Die Ebene nun, in der hauptsächlich die Verschiebung stattfindet, ist der vordere Theil des Schädelgrundes, an welchem das Gesichtsdreieck befestigt ist. Der Druck auf das Gehirn setzt sich also nicht allein nach oben fort gegen das Schädeldach, auch gegen den Schädelgrund. Und auch dieser Theil erfährt deutliche Spuren jener Gewalt und eine Aenderung seiner Lage. Wenn nun dieses Experiment zeigt, daß die Verschiebung der Stirn eine Verschiebung im Bereich des ganzen Schädels ungefähr

*) Von ihm stammt auch die Bezeichnung Makrocephalen makrós groß.

nach denselben Bedingungen hervorruft, wie ein aus beweglichen Stäben zusammengesetztes □ Rechteck durch Druck in ein schiefwinkliches Parallelogramm ▱ verändert wird, so ist die Entstehung des geraden oder schiefen Profils, das geringere oder stärkere] Vorragen der Kiefer durch

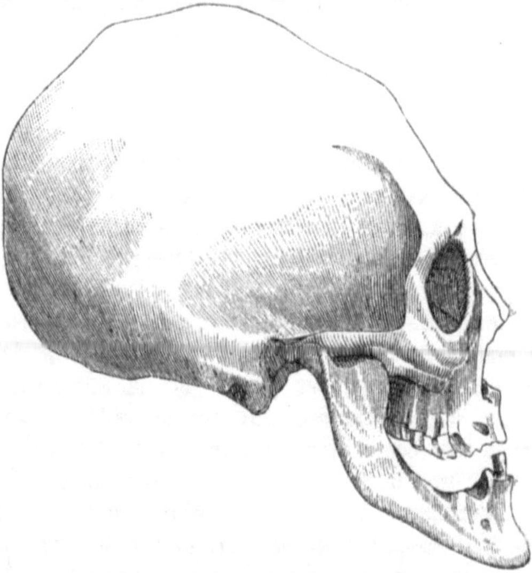

Fig. 29. Flachkopf entstanden durch frühzeitige Verwachsung der Schädelnähte. (Das Original befindet sich in der Marburger anatomischen Sammlung.)

Verschiebungen der Basis erwiesen und der rechnerische Nachweis allerdings eine schwierige, aber doch lösbare Aufgabe.

Dieselbe abenteuerliche Schädelform, dieselbe fliehende Stirn und in ihrer Begleitung dieselben vorspringenden Kiefer entstehen auch durch eine frühzeitige krankhafte Verwachsung der Schädelnähte, wie die oben stehende Figur zeigt.

Sie gibt genau in 1/4 natürlicher Größe den Schädel eines Arbeiters aus deutschem Gebiet. Die Form besitzt die größte Aehnlichkeit mit jener des indianischen Flathead. Der Unterschied zwischen beiden liegt aber darin, daß jene der Rothhaut durch äußeren direkten Druck erzeugt wurde während des ersten Lebensjahres, die Schädelgestalt des weißen Mannes jedoch durch einen inneren Prozeß entstand, der einzelne Nähte allzufrüh verschloß.

Es ist noch nicht sicher festgestellt, wodurch eine solche frühzeitige Verwachsung herbeigeführt wird. In allen Fällen ist es wohl wie Virchow jüngst an Kinderschädeln konstatiren konnte ein krankhafter Prozeß (Rachitis). Doch gleichviel, verwachsen allzufrüh einzelne Knochen, dann befinden sich diese unter denselben Bedingungen, als wäre ihre Ausdehnung durch feste, unnachgiebige Bänder gehemmt. Der Knochen bildet eine feste Schranke und das Gehirn wird nach rückwärts getrieben. Am Hinterkopfe erobert es sich einen Theil des Raumes, und den anderen in der Tiefe des Schädelgrundes. Aber dadurch wird die Ebene, an welcher sich das Gesicht festsetzt, nach abwärts geschoben, und das ganze Profil rückt nach vorne.

Unter allen Zonen tauchen solche synostotische Schädel auf. Eine Reihe solch' natürlich verkrüppelter Schädel ist von den Eingebornen Afrika's und Australien's bekannt. Vielleicht gaben sie die erste Anregung zur künstlichen Gestaltung, vielleicht gefiel das pathologische Produkt, und der Ausdruck der thierischen Wildheit in solchem Grade, daß die Naturvölker, bei denen ja Alles auf Stärke des Körpers und auf erschreckendes Aussehen dem Feinde gegenüber ankommt, sich sofort zur Nachahmung entschlossen. Nachdem diese Verschiebung des Gehirns auf die Entwicklung der geistigen Potenz keinen auffallenden Einfluß übte, so konnte man ja den Versuch wagen. Es wäre nicht das erstemal, daß die Nachahmung einer krankhaften Mißbildung als Mode in Aufnahme käme.

Ein letzter Beweis, wie sehr Aenderungen der Hirnkapsel die Form des Gesichtes beeinflußen, zeigt der Schädel eines Idioten, der schon oben Seite 102 Fig. 21 abgebildet ist. Die fliehende Stirn treibt das Gesicht nach vorne, und wie sehr die äußeren Aenderungen sich am Schädelgrunde wiederspiegeln, wird Jeder bemerken, der die Lage eines normalen Schädelgrundes (siehe Fig. 23) vergleicht mit der eines Idiotenschädels.

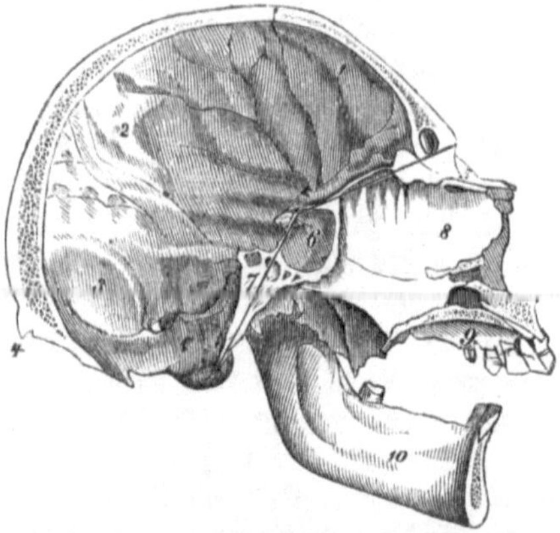

Fig. 30. Der Idiotenschädel Fig. 21 im senkrechten Durchschnitt.
1 Das „fliehende" Stirnbein. 2 Scheitelbein. 3 Hinterhauptsbein. 4 Hinterhauptsstachel. 6 Keilbeinhöhle. 7 Basilarknochen. 8 Nasenscheidewand. 9 Der flache! Gaumen mit den vorspringenden Zähnen. 10 Unterkiefer.

Am schärfsten wird der Einfluß durch Vergleichung der beiden Sattelwinkel hervortreten. Beim normalen Kopf schneiden sich die beiden Linien unter einem Winkel, der 90° wenig übersteigt, bei dem Idioten und bei solcher Wahl der Ausgangspunkte für die beiden Linien wie in Fig. 28 ist der Winkel beträchtlich größer. Am Türkensattel Fig. 30. 6 scheint der Angriffspunkt jenes Druckes gewesen zu sein, der das Gesicht vorwärts trieb und ihm den Stempel einer häßlichen Fratze aufprägte.

IV. Mechanik der Gelenke.

1. Ihr Bau im Allgemeinen.

Wer mit dem Auge des Mechanikers die Construction der Gelenke beim Menschen betrachtet, mag wohl oft eine neidische Regung verspüren, wenn er den außerordentlichen Grad der Bewegungen und ihre Mannigfaltigkeit mit der Dauerbarkeit des Materials erwägt, das doch aus verhältnißmäßig leicht zerstörbaren Stoffen besteht. Er sieht glatt polirte Flächen geräuschlos sich verschieben; mit weisem Maße werden alle Stellen durch kleine Mengen eines durchsichtigen Saftes, der sogenannten Gelenkschmiere, synovia, befeuchtet, um jeden durch Reibung bedingten Kraftverlust so viel als möglich herabzusetzen. In der That, der Reibungswiderstand ist nahezu gleich Null. Was gäbe er nicht, wenn ihm die Bereitung eines solchen glasartigen Schleimes möglich wäre, der ungeheißen zufließt und noch dazu von solch' vortrefflicher Zusammensetzung ist. Denn das Oel, womit er die Gelenke der Maschinen schmiert, das denselben Zweck erfüllen soll, es wird schon nach kurzer Zeit zäh und verharzt. Und dann bemerkt er, daß die Natur über Kräfte gebietet, deren Anwendung ihm für solche Zwecke kaum jemals gelingen wird. Sollen die Gelenkflächen seiner Maschinen beständig in gegenseitiger Berührung bleiben, muß er sie, wie z. B. beim Winkelgelenk durch eine sogenannte Gelenkachse mit einander verbinden. Bei dem Menschen spricht man zwar von einer solchen, aber sie wird theoretisch angenommen, um durch die Richtung den Gang zu veranschaulichen; in Wirklichkeit existirt sie nicht. Und dennoch entfernen sich die Flächen niemals von einander. Selbst dann, wenn der Mechaniker Kugelgelenke konstruirt, bei welchen der Gelenkkopf in einer tiefen Pfanne steckt: seine Methode den Contact zu erzwingen, steht weit zurück hinter derjenigen der Natur. Denn ihr steht der Luftdruck zur Verfügung, dann eine nicht minder bedeutende Kraft, die der Adhäsion. Sie verfügt ferner über Hilfsbänder und endlich fixirt die gemeinschaftliche Wirkung aller Muskeln, welche um ein Gelenk gelagert sind, als wichtiges Hilfsmittel die Flächen, und gestattet wohl Verschiebung, doch keine Entfernung.

Die Verwendung des Luftdruckes und der Adhäsion zeigt ihm einen fundamentalen Unterschied. Deshalb empfiehlt es sich gerade in dieser Hinsicht zuerst das Produkt der Natur zu studiren. Erst dann wird jener überraschende Grad von Beweglichkeit sich begreifen lassen, der manche Gelenke des menschlichen Körpers in so hohem Grade auszeichnet, ohne daß doch weder die Sicherheit, noch die Festigkeit gefährdet wäre. Sehen wir vor Allem, wie ein solches Gelenk entsteht. Vor der sechsten Woche des Embryolebens gibt es noch keine Gelenke. Arme und Beine wachsen an der Seite des Rumpfes allmählich hervor, ähnlich Knospen. Der zuerst erschienene etwas platte Theil läßt die Anlage der Finger oder Zehen erkennen, aber noch sind sie wie durch eine Haut zusammengehalten. Kurze Zeit darauf entwickelt sich der Vorderarm; die Stelle des späteren Ellbogengelenks ist schon erkennbar, während der Oberarm noch in der Tiefe des werdenden

Organismus steckt. Jetzt beginnt unter der allseitig geschlossenen Haut der Glieder an dem cylinderisch weißen Knorpelstreif, der später durch die Aufnahme von Kalksalzen knochenhart wird, die Bildung der Gelenke an bestimmten Punkten. In dem Knorpel taucht eine querliegende, milchig getrübte Linie auf. Diese nimmt zu und wird zu einem breiten Streifen. Aber nur kurze Zeit ist ihr Bestand. Bald verflüssigt sich die mittlere Zone dieses trüben Zellenlagers und damit ist die Gelenkhöhle und sind die sich gegenüber liegenden Gelenkenden in ihrer einfachsten Form angelegt. Wie mit einem Schlage erkennt man auch schon die Kapsel, jene zarte Schichte, welche an der Grenze des Spaltes unverändert stehen blieb und von einem Gelenkende bis zum anderen hinüberreicht. Fest verbunden mit dem jugendlichen Knochen, trägt sie schon im Keime alle Eigenschaften in sich, welche das völlig reife Gebilde erkennen läßt. Schon jetzt sind Bewegungen möglich, schon jetzt vermag der Zug der schwachen Muskeln kleine Verschiebungen zu erzielen, ja man nimmt mit gutem Grunde an, daß er es sei, welcher die Gelenkenden zu cylindrischen oder kugelförmigen Flächen zuschleife. Denn ziehen die Muskeln ausschließlich an zwei sich gegenüberliegenden Punkten des Gelenkes, so wird ein Winkelgelenk entstehen müssen, bewegen sie aber den einen Knochen nach allen Seiten, so ist die Bildung eines Gelenkkopfes, eines Kugelgelenks, unausbleiblich. Doch sei dem, wie immer; aus dem ganzen Entwicklungsgange geht die wichtige Thatsache hervor, daß sich die Gelenke im I n n e r e n der embryonalen Gliedmassen entwickeln, wohin niemals atmosphärische Luft dringt, weder vor noch nach der Geburt. Streng genommen existirt also auch in der Gelenkhöhle niemals ein freier Raum, sondern alle Theile berühren sich, aneinander gedrängt durch den Druck der Luft. Und die Flächen werden sich weder im Mutterleib, noch später unter normalen Verhältnissen je von einander entfernen, so lange die Gewalt der Atmosphäre ausreicht, ihren Zusammenhang zu erzwingen. Nachdem der Luftdruck auf einen Quadratcentimeter Fläche ungefähr mit dem Gewichte von einem Kilogramm preßt, so erleidet eine Gelenkoberfläche von 20 □cm. schon den Druck von 20 Kilogramm. Es ist also bei den größeren Gelenkoberflächen des menschlichen Körpers, dem größeren Umfang entsprechend, auch der Luftdruck bedeutender. Die Gebrüder Weber haben das Hüftgelenk einer physikalisch-mathematischen Untersuchung unterworfen an der Leiche und bewiesen, daß der Schenkelkopf in seiner Pfanne auch ohne Bänder und ohne Muskeln an seinem Platze bleibe, und daß der Luftdruck vollkommen ausreiche, die Kugelflächen der Pfanne und des Schenkelkopfes im Contact zu erhalten. Die Wahrheit dieses Satzes tritt Jedem vor Augen, der, wie bei jenen Versuchen, sich überzeugt, daß man alle Muskeln und auch die Kapsel sammt den Hilfsbändern rings um das Gelenk losschneiden könne, ohne daß der Kopf seinen Platz in der Pfanne verläßt. Bohrt man nun in den Pfannengrund von der inneren Fläche des Hüftknochens aus ein Loch, so dringt Luft zwischen die Flächen, das Bein wird nicht mehr balancirt, sondern fällt, seiner Schwere folgend, heraus. Wird es in die Pfanne zurückgebracht und das Bohrloch hierauf mit dem Finger zugehalten, so balancirt es wieder wie früher und stürzt nach Entfernung des Fingers neuerdings heraus. Zu dieser überraschenden Leistung des Luftdruckes kommt die Adhäsion. Jeder kennt die Festigkeit, mit der glatte Flächen an einander haften, so bald sich Flüssigkeit zwischen denselben befindet. Sie lassen sich verschieben, doch nicht trennen. Ganz dieselbe physikalische Wirkung hat auch die Synovia zwischen den glatten Gelenkflächen. Wo immer kleine Vertiefungen sich auf der Knorpelfläche finden, da ebnet sie dieselben und indem sie diese Aufgabe erfüllt, vollzieht sich naturgemäß auch die Adhäsion und hilft so den Zug überwinden, mit welchem die Schwere des Beines (bei dem Erwachsenen etwas über 10 Kilo) den Kopf aus der Schenkelpfanne heraus zu zerren strebt. Luftdruck und Adhäsion bedingen also die Berührung der Gelenke, ein eminenter Vortheil, weil sie thätig sind, ohne auch nur den geringsten Kraftaufwand von Seite des Organismus zu erfordern. Ja sie äquilibriren so vollständig jenes Gewicht, daß wir von ihm nicht das geringste verspüren, daß die Beine in ihren Pfannen schwingen nach den Gesetzen eines frei hängenden Pendels, und daß die ganze Kraft der Muskeln für die Bewegungen verwendbar bleibt. Ist dies die Bedeutung dieser beiden Kräfte, so kann die Aenderung der einen Größe auf die Mechanik nicht ohne Einfluß bleiben. Ein schlagendes Experiment ist in dieser Hinsicht die Verringerung des Luftdruckes auf hohen Bergen. In Gegenden, deren Erhebung über die Meeresfläche eine mittlere ist, werden die einzelnen Gelenke mit einer Gewalt aneinandergepreßt, die gleich ist dem Gewichte der einzelnen Abschnitte. Ist aber die Luft auf einer bedeutenden Höhe dünner geworden, so suchen sich die Gelenkflächen zu entfernen. Um dies zu verhüten, müssen jetzt die Muskeln eintreten, sie müssen sich stärker als gewöhnlich zusammenziehen, und somit einen Theil der Schenkellast unausgesetzt tragen. Unsere Muskeln ermüden aber sehr bald, wenn ihnen keine Ruhe vergönnt wird. Daher jene Schwere in den Beinen, daher jenes Unvermögen weiter zu steigen beim Ueberschreiten eines hohen Gebirgspasses. Je höher der Weg hinaufführt, desto mehr nimmt die Ermüdung zu, ja es treten Erscheinungen auf, welche von den Bewohnern der Cordilleren mit einem eigenen Namen belegt werden (Puña). Thiere und Menschen werden von der Bergkrankheit befallen; das einzige Linderungsmittel besteht in kurzer Rast, welche den erschöpften Muskeln neue Kräfte gibt. Da sie alle durch Uebung an Stärke und Kraft gewinnen, so werden Leute, welche Jahre lang Führer für Gebirgsreisende waren, über die Beschwerlichkeit ihres Metiers wenig Klage haben, und jeder kann sich nach und nach an dieselbe gewöhnen.

Die Pression der Atmosphäre und die Kraft der Adhäsion reichen jedoch nicht immer aus, um die Trennnng der Gelenkflächen zu verhindern. Wir alle machen unzähligemale im Leben ein schlagendes Experiment, das die Möglichkeit des Losreißens beweist. Sobald man an den Fingern über einen gewissen Grad hinaus zieht, entfernen sich die beiden Gelenkflächen unter einem deutlich hörbaren Geräusch, das mit dem Knacken eines Gewehrhahnes Aehnlichkeit hat. Sie entfernen sich soweit, als es die Kapsel und die umgebenden Gewebe gestatten. Eine quere Hautfurche zeigt von außen ihren Abstand, denn die atmosphärische Luft drängt sofort die umgebenden Weichtheile in den luftleeren Raum. Hört der Zug auf, so kehren sie wieder in ihre frühere Stellung zurück.

Ein tieferer Einblick in die Gelenke des menschlichen Körpers lehrt bald, daß eine große Verschiedenheit in dem Grad der Beweglichkeit existirt. An manchen Stellen des Körpers sind bewegliche Verbindungen, deren Verschiebung kaum beachtet wird. Von diesen hinauf bis zur freien Bewegung des Armes gibt es alle möglichen Zwischengrade. Allen diesen Gelenken gemeinsam ist eine Kapsel, die Gelenkkapsel, capsula glenoidalis genannt, aus derbem, den Sehnen ähnlichem Gewebe, aus Bindegewebsfasern dicht gefügt. Sie geht vom Umfang der einen Gelenkfläche herüber zu jenem der andern. Sie muß jedoch weit genug sein, um die Verschiebungen der Knochen zu gestatten. Aeußerlich ist sie in Verbindung mit den umgebenden Geweben; es treten Blutgefäße zu ihr, Nerven durchziehen ihr zähes Gefüge und Fett gleicht die Lücken zwischen den vorbeiziehenden Muskeln aus. Innen aber ist die Fläche glatt, mit einem sammetartigen Ueberzug versehen, der wegen der Absonderung der sogenannten Gelenkschmiere, synovia, Synovialmembran genannt wird. Dichte Gefäßschlingen ziehen unter dem weichen durchsichtigen Zellenlager hin, das die Haut glättet. Wer je den Reichthum dieser fein verzweigten, mit Blut gefüllten Kanälchen gesehen, kann sich leicht erklären, woher die starke Schwellung und die rapide Entzündung ihr Material beziehen, und er begreift die Wohlthat jener Eisumschläge, welche den Blutstrom hemmen, der mit dämonischer Gewalt gerade nach solch' erkrankten Stellen sich hinzudrängen scheint.

Die Kapsel ist, wie schon erwähnt, nicht gespannt. Hat man an einer Leiche die Muskeln rings um das Gelenk entfernt und ist die Synovia vertrocknet, dann weichen die Gelenkflächen auseinander und die Knochen klappern in ihren Höhlen. Der Grad der Schlaffheit überschreitet jedoch im normalen Zustand niemals eine bestimmte Grenze. Uebermaß wäre hier ebenso gefährlich geworden wie der Mangel. Die Sicherheit der Bewegungen hängt sogar zum Theil davon ab, daß in einer bestimmten Stellung des Gelenkes die Kapsel sich spannt und hemmend eingreift. Aus demselben Grunde sind oft in die Kapseln noch starke Bandmassen eingewebt, um die Beweglichkeit im rechten Punkte einzuschränken. Ihre Aufgabe besteht zunächst darin, in den extremen Stellungen die Trennung der Gelenkflächen zu verhindern oder wie die Mechaniker sich ausdrücken, das „Abhebeln“ zu vermeiden. Die Hilfsbänder, auch Gelenkbänder genannt, die ligamenta auxilaria spielen also eine sehr bedeutende Rolle. Selten liegen sie innerhalb des Gelenksraumes, wie z. B. beim Knie, in der Regel finden sie sich an der äußeren Seite.

Zur Charakteristik eines Gelenkes gehören ferner die mit Knorpeln überzogenen Gelenkflächen. In der Nähe der beweglichen Punkte werden die Knochen umfangreicher. Ein Blick auf die Fig. 31 läßt schon durch die Verdickung an den großen Röhrenknochen die Stelle der Gelenke errathen, wenn sie auch aus dem gewöhnlichen Leben nicht schon allbekannt wären. Die Zunahme ist eine allmähliche. An einer bestimmten Stelle innerhalb der Kapsel hört die Beinhaut auf und es beginnt der glatte Knorpel. Das Aussehen der Gelenkflächen an den in den Sammlungen aufbewahrten Skeleten, oder den Knochen auf Friedhöfen gibt eine unrichtige Vorstellung. An ihnen ist gerade eine der spezifischen Eigenschaften des Gelenkes theils durch die Fäulniß zerstört, theils durch das Trocknen eingeschrumpft. Nur im frischen Zustande zeigt sich der glatte, bläulichweiße Knorpel tadellos über die Gelenkfläche ausgebreitet, eine Beobachtung, welche an jedem Thiergelenk, das auf dem Küchentisch der Hausfrauen liegt, sich machen läßt. Der Knorpel, in der Vulgärsprache „Kruspel“, findet im menschlichen und thierischen Körper eine sehr große Verwendung. Er verbindet mit einem ziemlichen Grade von Festigkeit eine hohe Elastizität. Um sich von dieser hervorragenden Eigenschaft zu überzeugen braucht

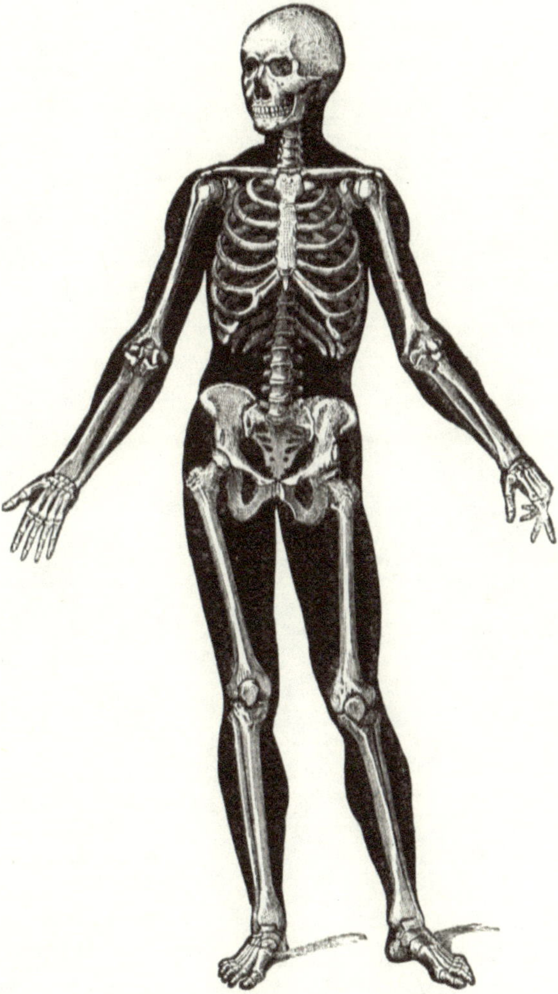

Fig. 31. Skelet.

man nur das aus demselben Stoff gebaute Ohr zu befühlen. Welche Anforderungen werden nicht in Bezug auf Festigkeit an das schallleitende Ansatzstück dieses Sinnesorganes gestellt, und Dank seiner Eigenschaften widersteht es selbst heftigem Kneifen und hartem Zuge. Die Knorpel sind sämmtlich etwas durchscheinend, schrumpfen beim Trocknen ein und lösen sich in kochendem Wasser größtentheils auf. Abgesehen von dem beweglichen Theile des Ohres und der Nase helfen sie zur Construction des Brustkorbes, und sind von nicht geringem Einflusse auf die hohe Leichtigkeit des Athmens. Vor vielen anderen Geweben ist der Knorpel dadurch bemerkenswerth, daß er gefäß- und nervenlos ist. Er lebt von der Durchtränkung mit ernährendem Blutwasser, das in der Umgebung zirkulirt. Jugendliche Zellen, ähnlich denen, welchen wichtige Funktionen übertragen sind, lenken die belebende Flüssigkeit durch das dichte Lager der Grundsubstanz auf unsichtbaren Bahnen.

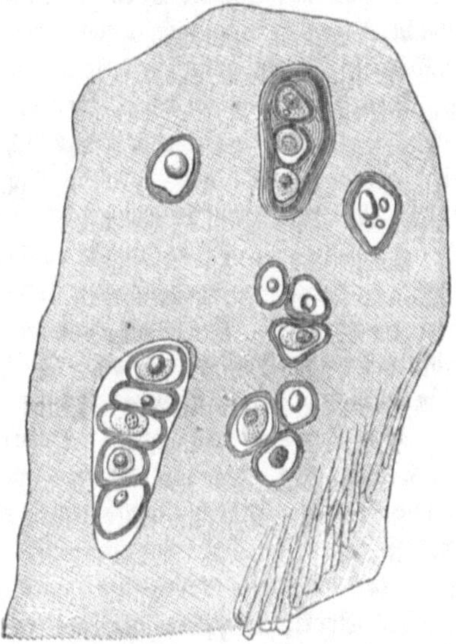

Fig. 32. Feiner Schnitt durch menschlichen Knorpel (Rippe). 450 mal vergrößert.
In der milchglashellen Substanz Zellenhaufen.

Die Dicke des Knorpels beträgt an denjenigen Stellen der Gelenke, wo der meiste Druck und die hauptsächlichste Reibung stattfindet, 1—1½ mm, um an den Rändern allmälig feiner zu werden.

2. Gelenke der oberen und unteren Gliedmaßen.

Die Zahl der trennbaren Theile am Skelet ist sehr groß, doch sind sie nicht alle beweglich miteinander verbunden. Schon am Schädel wurde jener unnachgiebigen Nähte gedacht, deren Lösung nur unter Verlust einzelner Zacken denkbar ist. Viele ähnliche, feste Verwachsungen ließen sich aufzählen, nachdem es jedoch hier unsere Absicht ist, die durch Gelenke verschiebbaren Abschnitte hervorzuheben, sei zunächst der am meisten in die Augen fallenden Gliedmassen in dieser Hinsicht gedacht.

Die oberen Gliedmassen bestehen aus vier beweglich mit einander verbundenen Abtheilungen: der Schulter, dem Oberarm, Vorderarm und der Hand, welch' letztere selbst wieder die Handwurzel oder das Handgelenk, die Mittelhand und die frei stehenden Finger unterscheiden läßt.

Der Laie versteht unter Schulter die Wölbung, mit welcher der Arm vom Körper sich deutlich und selbstständig trennt. Die Anatomie jedoch bezeichnet damit das Schlüsselbein und das Schulterblatt, zwei Knochen, von denen der eine die Grenzlinie bildet zwischen dem Hals und der Brust, während der andere wie ein dreieckiger Schild den hinteren oberen Theil des Brustkorbs deckt.

Das Schlüsselbein (clavicula) Fig. 31, dieser leicht *S*förmig geschwungene Knochen liegt nahezu horizontal, steht innen mit dem Brustbein in beweglicher Verbindung, außen stemmt es sich gegen den höchsten Punkt des Schulterblattes. Es ist die einzige knöcherne Verbindung des

Armes mit dem übrigen Skelet, denn sonst ist dieser nur mit Hilfe von Muskeln an den Rumpf befestigt. Freilich ist gerade dadurch seine leichte Beweglichkeit erzielt worden, denn die Lage des Schulterblattes ist veränderlich.

Hängen die Arme an den Seiten des Stammes ruhig herab, so stehen die inneren Ränder dieser dreieckigen Knochen senkrecht und sind der Wirbelsäule parallel. Hebt man den Arm langsam in die Höhe, so folgt der untere Winkel des Schulterblattes diesen Bewegungen, und entfernt sich von der Wirbelsäule. Das Schlüsselbein hat als Verbindungsknochen der oberen Gliedmasse mit dem Stamm eine hohe Wichtigkeit. Es hält wie ein Strebepfeiler das Schultergelenk in gehöriger Entfernung von der Seite des Brustkorbes. Bricht es entzwei, so sinkt die Schulter herab, und die Bewegungen des Armes werden in bedeutendem Grade beeinträchtigt. Je kraftvoller, vielseitiger und freier die Bewegungen der vorderen Extremität bei den Thieren werden, desto größer und entwickelter ist das Schlüsselbein, z. B. bei den kletternden, grabenden und fliegenden Säugern.

Der einfache Axenknochen des Oberarmes (humerus) erstreckt sich vom Schultergelenk bis zum Ellbogen.

Der Vorderarm (antibrachium) wird durch zwei neben einander liegenden Röhrenknochen, die Ellbogenröhre (ulna) und die Armspindel (radius) gebildet. Die beiden Knochen stehen mit dem des Oberarmes in Verbindung durch das Ellbogengelenk. Aber nicht beide in gleichem Maß. Die Ulna ist oben dick und wird durch einen tiefen halbmondförmigen Ausschnitt ausgehöhlt. Sie umfaßt die cylindrische Rolle am Oberarm wie die Hand einen Stab. Die obere dicke und hinten rauhe Ecke heißt Ellbogen (olecranon).

Die Armspindel ist oben dünn und mit dem Oberarmknochen nur in Contact, unten dagegen dick; dort erfüllt sie ihre eigentliche Aufgabe. Die Ulna vermittelt nämlich durch das Umgreifen der Rolle die feste Verbindung am Oberarm, während das untere Ende des Radius die feste Verbindung mit der Hand herstellt.

Da das Skelet des Vorderarmes aus zwei Knochen besteht, so muß jeder derselben der Haut näher liegen als der einfache Knochen des Oberarmes. Man kann deshalb die Ulna ihrer ganzen Länge nach, den Radius wenigstens in seiner unteren Hälfte am eigenen Arm deutlich fühlen.

Die Hand hat eine natürliche Marke in der queren Hautfurche, welche bei feisten Kindern wie ein tiefer Einschnitt, bei Erwachsenen wie eine seichte Furche das untere Ende des Vorderarmes begrenzt. Das aus siebenundzwanzig Knochen bestehende Gerüste ist durch vierzig Muskeln bewegt, und mit einem solchen Nervenreichthum versehen, daß sich besonders die Hohlhand (palma) und die Innenseite der Finger zur Bedeutung eines Tastorganes erheben. Im Handgelenk wird hauptsächlich Beugung und Streckung ausgeführt, während die Drehung der Hand mittelst der Armspindel im Ellbogengelenk stattfindet.

Mittelhand (metacarpus) heißt der breite fleischige Theil von welchem die Finger auslaufen. Ihre Länge bleibt sich bei jeder Bewegung der Hand gleich, ihre Breite ist dagegen veränderlich, indem sie sich beim Oeffnen der Hand vermehrt, beim Einschlagen des Daumens vermindert. Ihr Skelet besteht aus fünf Knochen (Metacarpalknochen) Fig. 31. Sie liegen wie die Stäbe eines Rechens nebeneinander und sind von verschiedener Länge; der mittlere ist der längste.

Die große Beweglichkeit der Finger gestattet die tausendfältigen Verrichtungen der Hände. Die schwierigsten Aufgaben überwindet ihre feine Mechanik.

Die Arme oder die Brustglieder sind beweglicher als die Beine. Die Freiheit der Gelenke, vor allem das bewegliche Schlüsselbein als einzige Verbindung mit dem Skelet die verschwenderische Ausstattung mit Muskeln namentlich an Vorderarm und Hand, und der fortwährende Gebrauch geben ihnen eine Gewandtheit im Vollziehen unserer Befehle, welche die unteren Glieder nie erreichen.

Das Gerüste der unteren Gliedmassen oder der Bauchglieder stimmt dem Wesen nach mit jenem der oberen überein. Das Bein übertrifft zwar den Arm an Stärke der Knochen und an Macht der Muskeln, steht ihm jedoch an Beweglichkeit nach, weil es in viel festerer Weise mit dem Stamm in Verbindung ist. Der Hüftknochen, der die Pfanne für die Aufnahme des Schenkelkopfes trägt, Fig. 31 ist fest mit der Wirbelsäule verbunden, während das Schulterblatt mit seiner freieren Beweglichkeit der höheren Aufgabe der Hand entspricht.

An Thieren, bei welchen die vorderen wie die hinteren Glieder zum Tragen und Fortbewegen des Körpers bestimmt sind, sehen wir dennoch das hintere Fußpaar immer kräftiger ausgebildet, als das vordere, indem von ersterem der Impuls zur Fortbewegung beim Sprung und Lauf ausgeht, während das vordere nur unterstützt und seine Verwandschaft mit der menschlichen Hand in verschiedenen Verrichtungen des Kletterns, Grabens, Wühlens u. s. w. hervortritt, welche die besondere Lebensweise der Thiere erfordert.

Die vier Hauptabtheilungen der unteren Gliedmassen

sind: die Hüfte, der Oberschenkel, der Unterschenkel und der Fuß.

Die vergleichende Untersuchung der Gliedmassen ergibt, daß der Hüftknochen dem Schulterblatt entspricht und das Hüftgelenk dem der Schulter. Dieselbe Analogie herrscht zwischen allen Theilen. Das Fußgelenk gleicht dem der Hand, und die Beweglichkeit der Zehen ist mit der der Finger in einem auffallenden Grade übereinstimmend. Auch die Anzahl der Knochen stimmt nahezu überein. Hier wie dort enthält der erste Abschnitt einen von allen Seiten umgebenen Röhrenknochen.

Die zweite Abtheilung, der Unterschenkel enthält wie der Vorderarm zwei Röhrenknochen. Von ihnen ist nur das Schienbein mit dem Oberschenkel durch ein Gelenk verbunden; das nach außen gelegene dünne Wadenbein reicht nicht bis zum Oberschenkel hinauf. Es ist der Speiche des Armes vergleichbar. Die Kniescheibe (patella) ist der selbstständig gewordene Ellbogen des Unterschenkels; sie läßt sich bei gestrecktem Bein leicht seitwärts verschieben, und zwar mehr nach innen als nach außen. Werden die vorderen Muskeln des Oberschenkels gespannt, so wird sie durch Zug nach aufwärts geführt und kehrt mit dem Aufhören desselben auf ihre frühere Stellung zurück. Zugleich spannt sich das von der Spitze der Kniescheibe zum Schienbein laufende Band, das ligamentum patellae proprium, und springt als verticaler breiter Strang durch die Haut kennbar vor.

Die Schwere des Körpers wird von dem Schienbein auf den Fuß übertragen und ruht dort auf einem von vorne nach hinten und von außen nach innen convexen Bogen, auf einem aus einzelnen Knochen wie aus Bausteinen geformten Gewölbe, das nur mit seinem hinteren und vorderen Ende den Boden berührt. Die Spannung dieses Bogens ist veränderlich, er verflacht sich, wenn beim Stehen die Last auf ihm ruht, und nimmt die frühere Wölbung wieder an, wenn er gehoben wird. Eine blei-

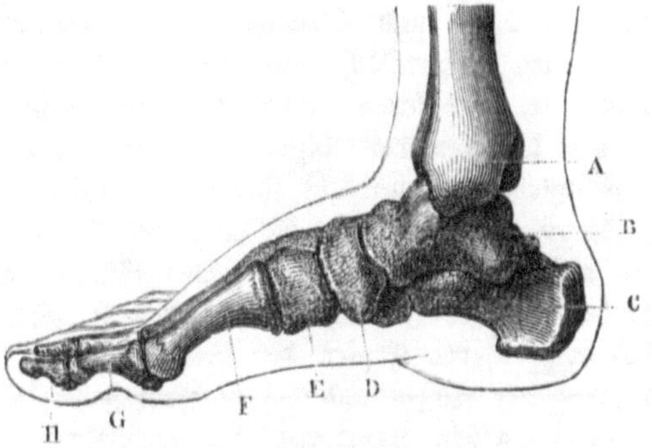

Fig. 33. Skelet des Fußes.
A Innerer Knöchel, Ende des Schienbeins. B Sprungbein. C Fersenbein. D Kahnbein. E Keilbein. F Mittelfußknochen. G H Erstes und zweites Glied der großen Zehe.

bende Flachheit des Bogens, sei sie nun angeboren, oder durch ein allzu frühes Lasttragen erworben, bedingt den Plattfuß, der mit seiner ganzen unteren Fläche, mit der Fußsohle (planta) auftritt. Schwerfälliger, plumper Tritt sind die zunächst auffallenden Attribute des Plattfußes. Plattfüßige Männer sind vom Infanteriedienst frei, weil bei jedem anstrengenden Marsch das Gewicht des überdies mit Tornister und Gewehr belasteten Körpers, die ohnehin schwachen Bänder solchermaßen ausdehnt, daß schmerzhafte Zerreißungen der Haut nothwendig eintreten.

Da der Fuß ein Piedestal für die knöchernen Säulen der Beine bilden soll, so waren Festigkeit und Größe unerläßliche Bedingungen. Diesen Anforderungen entspricht der Fuß: durch seine Bogenkrümmung, welche durch die Stärke der Bänder auch bei der größten Belastung des Körpers aufrecht erhalten wird, und durch die ganze Anordnung der Knochen Fig. 33. Die Zehen kommen ihrer Kürze und Schwäche wegen, beim Stehen auf der ganzen Sohlenfläche nicht sehr in Betracht, da die Endpunkte des festen Fußbogens im Fersenhöcker und in den Köpfchen der Mittelfußknochen liegen. Die geringe Festigkeit der Zehen und ihre Zusammensetzung aus kurzen, dünnen Säulenstücken, ist auch der Grund, daß wir uns nicht auf ihre Spitzen erheben können. Wenn wir glauben, auf den Zehenspitzen zu gehen, so gehen wir eigentlich nur auf den Köpfen der Mittelfußknochen, vorzüglich jenes der großen und der nächsten Zehe. Dieses Gehen würde ein sehr unsicheres, oder vielmehr nur ein Trippeln sein, wenn die durch ihre Muskeln gebeugten Zehen, in diesem Falle nicht als eine Art elastischer Schwungfedern wirkten, durch welche die Schwankungen des Körpers corrigirt und die Sicherheit des Trittes vermehrt wird. Uebrigens sind die Zehen viel unwichtiger für den Fuß, als die Finger für die Hand. Ein Fuß, welcher durch Verwundung alle Zehen verlor, hat nur seinen unwesentlichsten Bestandtheil eingebüßt, während der Verlust der Finger, oder jener des Daumens allein, die Hand ihrer nothwendigsten Gebrauchsmittel beraubt.

Durch den Mangel aller Uebung oder den Druck der Schuhe geht die Beweglichkeit der Zehen verloren. Der Gebrauch zeigt auch ihre vollendete Construction bei jenen Individuen in ihrer ganzen Größe, welche mit Mangel der Hände geboren wurden, und die die Noth lehrte, sich ihrer Füße statt der Hände zu den gewöhnlichen Verrichtungen des täglichen Lebens (Schreiben, Spinnen 2c.) zu bedienen. Hat es doch sogar Maler gegeben, welche bei angeborenem Mangel der Hände den Pinsel mit den Zehen führten.

3. Gelenkformen.

In einem aus Kapsel, Hilfsbändern und glatten Flächen bestehenden Gelenk hängt die Art der Bewegung von der Form der sich berührenden Flächen ab. Man hat deshalb die verschiedenen Formen als Eintheilungsgrund benützt und unterscheidet z. B. Gelenke mit kugelförmigen Flächen, die Kugel- oder Nußgelenke, wie am Arm oder am Hüftgelenk. Der Kopf läßt sich in seiner Pfanne nach jeder Richtung verschieben und in jeder Stellung um eine senkrechte auf die Pfanne gedachte Axe drehen; dann Gelenke mit elyptischen Flächen wie z. B. am Handgelenk; ferner Gelenke mit sattelförmigen Flächen; eine seltsame Form, bei der jedes Knochenende in einer Richtung kugelförmig concav, in einer andern rechtwinklig zu jener, convex ist. Beide greifen ineinander, so daß auf Durchschnitten derselbe Knochen hier Pfanne und dort Gelenkkopf ist (Daumenhandgelenk); und endlich Gelenke mit cylindrischen Flächen, hauptsächlich für die Beugung und Streckung eingerichtet, deshalb auch Winkelgelenke genannt, auch: Werk-Scharnier oder Kniegelenke. Der terminus technicus ist für die letzteren ginglimi (von ginglymós Thürangel). Eine querliegende Rolle oder ein Cylinder mit Furchen versehen ruht hier auf einer mit vorspringenden Leisten versehenen Pfanne. Das Ineinandergreifen dieser Furchen und Leisten verhindert in Verbindung mit seitlichen Hilfsbändern das

Abrutschen über den Rand der flachen Pfanne. Am reinsten erscheint diese Form in den Finger- und Zehengelenken.

Zwei dieser Gelenkarten sollen als Repräsentanten aller anderen etwas genauer geschildert werden.

a) Winkel-Gelenke.

Die Gelenke der Finger empfehlen sich wegen der oberflächlichen Lage für eine eingehende Schilderung. Der Anatom versteht jedoch darunter nur die bewegliche Stelle in der Mitte des Fingers und jene hinter dem Nagelglied; denn das Gelenk zunächst der Mittelhand trägt den Namen Fingerhandgelenk, articulatio metacarpo-phalangea, und besitzt kugelförmige Flächen. Der Beweis ist leicht zu führen; wir können an dieser Stelle die Finger beugen und strecken, spreizen und aneinanderlegen, während weiter nach vorne allein Beugung und Streckung möglich ist. Der Grund liegt in der Construction. Hier dreht sich keine Kugel nach allen Seiten in der Pfanne, sondern ein querliegender mit Knorpeln überzogener Cylinder rollt auf einer entsprechend gehöhlten, cylindrischen Pfanne.

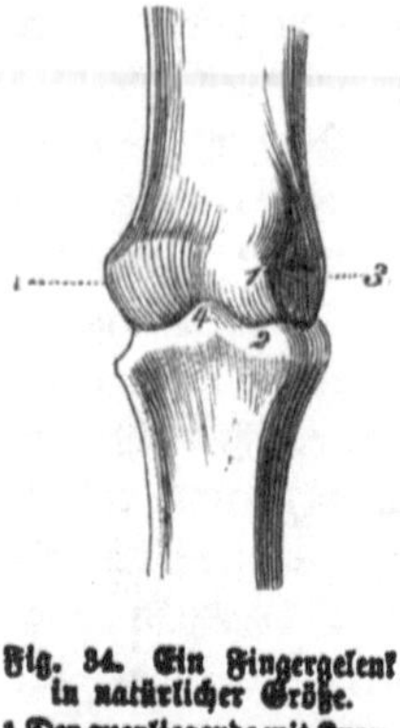

Fig. 34. Ein Fingergelenk in natürlicher Größe.

1 Der querliegende mit Knorpeln überzogene Cylinder oder die Rolle, in der Mitte eine tiefeingedrückte Furche. 2 Die seichte cylindrische Pfanne. 3 Die Richtung der idealen Gelenkachse. 4 Eine Leiste, welche von der Pfanne her in die Furche der Gelenkrolle eingreift.

Die Fig. 34 zeigt das Winkelgelenk eines Fingers nach Wegnahme der Kapsel. Die querliegende in der Mitte durch eine sattelförmige Vertiefung eingeschnittene Rolle 1 sitzt auf einer schwach gehöhlten Pfanne 2.

Aus ihr steigt eine stumpfe Leiste in die Höhe, welche ihre Führung in der Vertiefung auf der Rolle findet 4.

Durch dieses Ineinandergreifen wird die Gangart des Gelenkes wesentlich gesichert. Eine einfache vorn und hinten schlaffe, seitlich gespannte Kapsel sammt Hilfsbändern dient als nächstes Vereinigungsmittel. Der Luftdruck und die Adhäsion hindern die Entfernung, Naturkräfte, welche in bestimmten Stellungen des Gelenkes noch von der Kapsel unterstützt werden: dann wenn es gilt, an der Grenze der Beweglichkeit das Abgleiten der Flächen zu hemmen. Während sonst die Weite der Kapsel die Verschiebung gestattet, ja bei den extremen Graden sich sogar in Falten legt, wie bei der Beugung Fig. 35, 4 links, übernimmt sie in der entgegengesetzten Stellung Fig. 35, 4 rechts, die Aufgabe, als „Hemmung" zu dienen, und verhütet die Gefahr einer Luxation. Der Schnitt durch ein solches Gelenk erhöht den Einblick in die Gestaltung der einzelnen Theile. So läßt die Fig. 35, 1 leicht die Rolle wieder erkennen. Im senkrechten Schnitt erscheint sie wie ein Halbkreis. Die Knorpellage wird kenntlich als ein Millimeter breiter Streif, der am stärksten auf den Hauptpunkten des Gelenkes ist, nach vorne und hinten dagegen allmählich abnimmt; auch die seichte Pfanne 2 besitzt ihn. Die vordere und hintere Wand der Kapsel 3 und 4 hüllt die beiden Knochenenden ein, und über sie ziehen die Fingersehnen 5 zu ihren Angriffspunkten.

Im Prinzip vollkommen gleich sind die Zehengelenke, das Ellbogengelenk, d. i. der Theil zwischen Oberarm und Elle, ferner Knie- und Sprunggelenk. Das Knie scheint auf den ersten Augenblick wegen der verschiebbaren Kniescheibe anders gebaut, aber die Differenz bezieht sich nur darauf, daß in die Sehne der Streckmuskeln, welche über die vordere Seite des Gelenkes hinweg zum Schienbein zieht, ein ovaler Knochen eingefügt ist, der die Verschiebungen erleichtert und die Reibung verhindert.

An jedem Gelenk, sei es aus der Werkstätte des Mechanikers oder aus der Natur hervorgegangen, gibt es durch die Construction bedingt, gleichzeitig auch eine Hemmung. Im Kugelgelenk hört die Bewegung auf, sobald der Stab auf den Rand der Pfanne trifft. Ganz dasselbe ist der Fall bei den eben erörterten Scharniergelenken. Beim Menschen ist es nicht immer der Pfannenrand, mitunter sind es Knochenvorsprünge, z. B. am Schultergelenk, welche hemmend eingreifen. In andern Fällen gebieten die Hilfsbänder und die Spannung der Kapsel Halt. In einem ausgezeichneten Grade ist dies im Kniegelenk der Fall. Im Augenblick der stärksten Streckung und ebenso in dem der Beugung spannen sich dort die Bänder mit solcher Vollkommenheit, daß jede weitere Bewegung gehemmt ist.

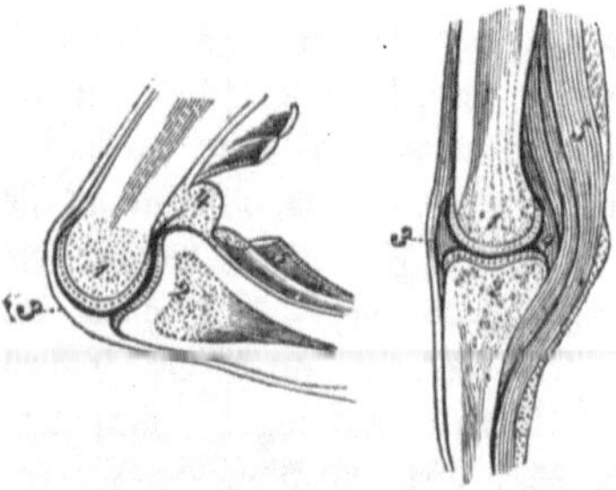

Fig. 35. Ein Fingergelenk im senkrechten Durchschnitt. Links Beugung, rechts Streckung.
1 1 Rolle mit Knorpelüberzug.
2 2 Pfanne mit Knorpelüberzug.
3 3 Vordere Wand der Gelenkkapsel.
4 4 Hintere Wand der Gelenkkapsel.
5 5 Sehnen der Beugemuskeln.

Fleisch- und Fettmassen, welche zwischen die sich nähernden Knochen hineingepreßt werden, können ebenfalls ein unüberwindliches Hinderniß bieten für die Fortsetzung der Bewegung in ein und derselben Richtung. Ein dem Chirurgen bekanntes Beispiel der letztern Art ist das Ellbogengelenk. Die Muskeln, welche an der Vorderfläche nebeneinander liegen, hemmen an einem bestimmten Punkte die Beugung. Und die Gewalt, mit welcher sämmtliche Weichtheile aneinander gepreßt werden, kann unter Umständen so groß sein, daß der Blutstrom in den Gefäßen, welche jene Gegend passiren, vollkommen stockt. Der Beweis hiefür liegt darin, daß der Puls in den Schlagadern der Hand während des starken Druckes völlig aussetzt, ein von Kundigen bisweilen angewandter Kunstgriff, um eine heftige Blutung an der Hand zum Stillstand zu bringen, bis die Anwendung anderer Mittel gelingt.

In der Mechanik aller Gelenke sind die Hemmungen durch Knochenvorsprünge oder Bänder und Muskeln, eine Garantie für die Festigkeit. Aber die zerstörende Gewalt eines heftigen Stoßes spielt selbst mit den stärksten Gelenken. Bei einer Luxation reißt die Kapsel sammt ihren Bändern an jenen Stellen entzwei, wo der Gelenkkopf über den Rand der Pfanne hinausgetrieben wird. Denn ohne Kapselriß ist eine totale Verschiebung unmöglich. Die weitere Folge dieser Dislocation besteht darin, daß die nächst gelegenen Muskeln durch den Stoß des herausgeschleuderten Gelenkkopfes zertrümmert werden. Aus den zerrissenen Gefäßen ergießt sich ein Blutstrom zwischen die Gewebe, soweit es ihre Spannung und der Luftdruck gestattet. Denn es wäre falsch zu glauben, daß die vom Gelenkkopf befreite Pfanne leer bliebe, sie wird sofort ausgefüllt und zwar zum größten Theil von den durch den Luftdruck hineingetriebenen Weichtheilen. Die Formveränderung eines luxirten Gliedes ist deshalb sehr bedeutend und dabei so charakteristisch, daß die Aufstellung bestimmter Regeln schon längst der wissenschaftlichen

Chirurgie gelungen ist. Sobald durch eine äußere Gewalt die Gelenkflächen von einander „abgehebelt“ werden, ist stets die über die normale Grenze hinausgetriebene Bewegung, die Ursache der Luxation, und die erste Aufgabe des Arztes den Gelenkkopf in seine Pfanne zurückzutreiben. Er muß dabei denselben Weg zurücklegen, auf dem er die Pfanne verlassen hat.

Die Technik kennt verschiedene Arten von Winkelgelenken. So scharfsinnig ihr Bau und so exact ihr Gang, sie stehen dennoch weit zurück hinter denen der Natur. Ein Vergleich zeigt sofort zwar die Aehnlichkeit im Bau und folglich auch die der Verrichtung; aber die sichere und leichte Führung wird von keinem erreicht. Eine cylindrische Rolle Fig. 36, 3 schleift hier wie dort auf einer seichten Pfanne 2, aber nachdem jene Naturkräfte nicht verwendbar sind, welche dort den Contact der Flächen erzwingen, greift ein hoher Zapfen 4 in einen Ausschnitt des Cylinders, und die befestigende Axe vermittelt den Halt.

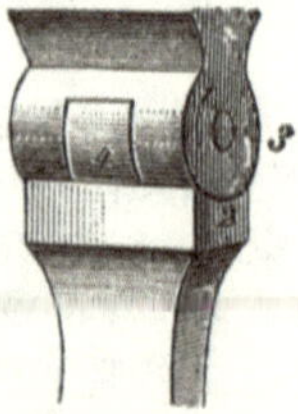

Fig. 36. Winkelgelenk der Technik. 1 Achse. 2 Pfanne. 3 Die cylindrische Rolle. 4 Der Zapfen.

Die Hemmung erfolgt durch die Berührung jener Stangen, auf denen die Gelenkflächen sitzen.

b) Kugel-Gelenk.

Das kolossalste von allen ist das der Hüfte. Der Gelenkkopf, caput glenoidale, erscheint auf den ersten Anblick nahezu kugelrund. Zwei Drittel der Kugel sind in der That frei, mit dem Rest ist sie aber festgewachsen auf den sog. Hals, der an das obere Ende des Schenkelknochens in einem Winkel angesetzt ist, Fig. 14. Die knöcherne Pfanne (acetabulum) Fig. 38, 1 sammt dem ringförmigen Bindegewebslager 5, das auf dem Knochenrande festsitzt, nimmt den Gelenkkopf auf. Da aber die sphärische Vertiefung

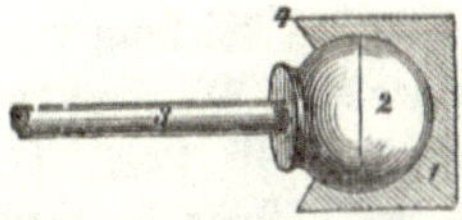

Fig. 37. Kugelgelenk für technische Zwecke.
1 Die Pfanne. 2 Die Gelenkkugel. 3 Der Hebelarm. 4 Die Ränder, welche zugleich als „Hemmung“ wirken.

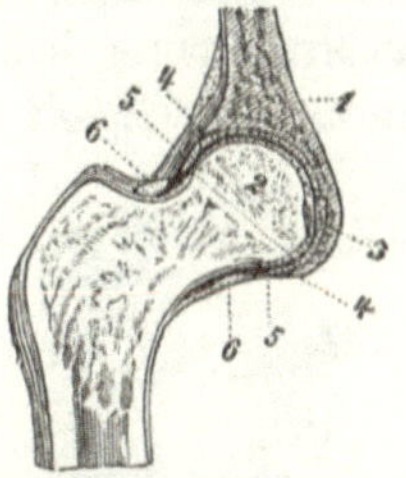

Fig. 38 Hüftgelenk des Menschen im Durchschnitt (frontal).
1 Hüftknochen und Pfanne. 2 Gelenkkopf. 3 Knorpelüberzug der Pfanne. 4 4 Ränder der Pfanne. 5 Knorpelrand. 6 Die Kapsel.

der knöchernen Wand nicht wie dies bei dem Nußgelenk der Mechanik der Fall sein muß, über 180° beträgt, also den Aequator der Kugel nicht überschreitet und der aufgesetzte Rand, das sogenannte labrum cartilagineum, Fig. 38, 5, weich und verschiebbar ist, so hat dies menschliche Nußgelenk eine weit freiere Bewegung als irgend eines unserer Technik. Durch Uebung kann sie sich soweit steigern, als die Mechanik desselben es gestattet. Am auffallendsten läßt sich dies bei Gymnasten erkennen, wenn sie ihr Bein, wie der Soldat Gewehr im Arm präsentiren oder mit einer überraschenden Keckheit auf ihre rechtwinklig vom Stamm ausgespreizten Beine hinstürzen. Wenn nicht jedes Individium eine solche außerordentliche Beweglichkeit besitzt, so rührt dies daher, daß die Kapsel und die Muskeln bei einem gewissen Grade der Bewegung schon Schmerz verursachen, und daß dem Ueberschreiten dieser Grenze die Zähigkeit dieser Gewebe entgegentritt. Die überraschenden Stellungen sind nicht dadurch den sogenannten Kautschukmännern möglich, daß ihnen vielleicht das Gelenk luxirt wurde, wie man mitunter annimmt, sondern dadurch, daß sie die Dehnbarkeit der Muskeln und Bänder, welche wir alle in der Jugend besitzen, durch beständige Uebung sich erhalten und steigern, und die Grenze der hemmenden Wirkung weiter hinausrücken. Die Kapsel im Hüftgelenk ist stark, besonders breite Züge in ihrer Wand wirken als Hilfsbänder, um das Einreißen zu verhindern, Blutgefäße und Nerven durchziehen sie, und doch hat der Wille keine Herrschaft über die Vorgänge, keine über die Absonderung der synovia. Wenn ihre Quelle versiegt, was eben so bedenklich ist, als wenn sie zu reichlich fließt und Blut oder gar Eiter in den Raum der Kapsel sich drängen: der Wille ist machtlos gegen jene zerstörenden Einflüsse. Oft genug ereignen sich solche Fälle. Schleichende, sogenannte chronische Entzündungen entstehen, und wenn es nicht zu rechter Zeit gelingt, dem still arbeitenden Verderben ein Ziel zu setzen, dann geht nicht allein die Kapsel, sondern auch der Gelenkkopf der Auflösung entgegen. Wenn nach Monaten Genesung eintritt, so ist er größtentheils zerstört. Von seiner Stelle in der

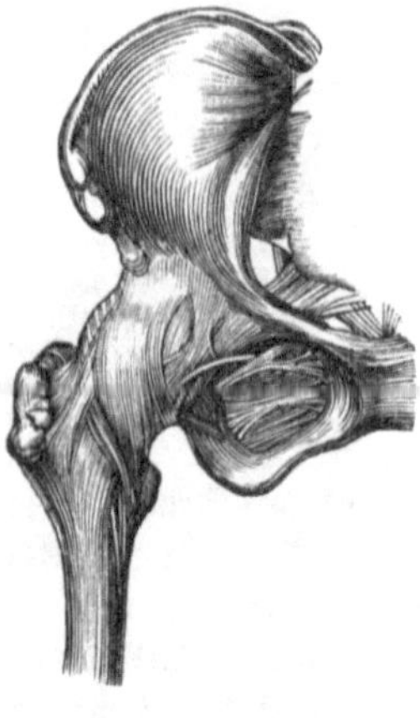

Fig. 39. Die Kapsel des Hüftgelenkes.

Pfanne verdrängt hat er weiter rückwärts vielleicht Halt gefunden. Aber die frühere Beweglichkeit ist vernichtet und die Festigkeit des Beines erschüttert; äußerlich sind die Folgen erkennbar durch eine bedeutende Verkürzung.

Analysirt man unter völlig normalen Zuständen die Bewegungen des Gelenkes und nimmt sich die größte Freiheit desselben z. B. bei einem Akrobaten zum Muster, so betrifft die Beugung und Streckung c. 140° Grad; beim gewöhnlichen Menschen nur 86°. Das Abziehen des Beines, die Abduction von der Mittellinie des Körpers, das sogenannte Beinspreizen 90°, und das Drehen, die Rotation, nach innen und außen 51°. Werden diese Stellungen allmälig in einander übergeführt, dann beschreibt die Fußspitze einen Kreis, das untrüglichste Merkmal eines Kugelgelenkes. Die Art, wie der Gelenkkopf seitlich an dem Schenkelknochen befestigt ist, bedingt jene einwärts strebende Richtung der Schenkel, welche am Lebenden wie an jeder Antike auffällt. Diese Convergenz nach den Knien zu ist beim Weibe stärker wegen der größern Breite des Beckens und der dadurch bedingten mehr wagrechten Lage des Oberschenkelhalses; denn der in seiner Pfanne äquilibrirte Schenkelknochen verhält sich genau so, wie ein winklig gebogener Stab, der an einem Ende aufgehängt ist. Sein unteres Ende kann niemals dieselbe Richtung haben mit dem oberen, sondern weicht nach jener Seite ab, nach welcher die Oeffnung des Winkels gerichtet ist, beim Schenkelknochen also nach einwärts. Vom Kniegelenk an ändert sich aber die Richtung des Beines. Während die Säulen von der Hüfte an convergiren, laufen sie vom Kniegelenk an parallel zum Boden herab. Vollkommen scharf ist diese Thatsache an dem feststehenden Bein der Fig. 31 zu erkennen. Ohne diese Aenderung des Verlaufes würden die innern Knöchel beständig an einander schlagen und sich wetzen. Die Vermeidung dieses Nachtheiles wurde einfach erzielt durch die Verlängerung des innern Knorrens am Kniegelenk. Das genügte, die Convergenz der Unterschenkel zu verhüten und sie zu zwingen senkrecht nach der Unterlage hinabzustreben.

V. Mechanik der Muskeln.

Der Bau der Gelenke läßt die Verschiebung der Knochen begreifen, die Untersuchung der Muskeln löst aber erst das Räthsel, wodurch die Verschiebung zu Stande kommt. Lassen wir jeden Gedanken an den Einfluß des Willens aus dem Spiele, denken wir uns einen eben vom Körper losgetrennten Arm; die Nerven seien zerschnitten, welche ihn einst mit Rückenmark und Gehirn in Verbindung gesetzt; die Gefäße seien getrennt, durch welche der lebenswarme Strom des Blutes sich einst bewegte, also Alles sei vernichtet, was sonst als geheimnißvolle Bahn für die Seele angesehen werden könnte. Der Chirurg habe, veranlaßt durch eine gefährliche Verletzung, den Arm kunstgerecht, hart an der Schulter soeben losgelöst und wir bekämen ihn zur Beobachtung. Eine kleine elektrische Batterie stehe zu unserer Verfügung, wir machen einen Hautschnitt am Vorderarm in der Nähe der Ellenbeuge und lassen den Funken durch das rothe Fleisch dringen. In demselben Augenblick, in welchem sich die Kette schließt, beugt sich die Hand, und reizen wir bestimmte Stellen des rothen Fleisches an der äußeren Seite des Vorderarmes, so geht mit einem Ruck die vorher gebeugte Hand in die gestreckte Lage über. Die Muskeln sind also die bewegende Kraft beim Menschen wie beim Thier. Denn das rothe Fleisch unserer Hausthiere hat genau dieselbe Eigenschaft, so lange es warm ist, es zuckt zusammen unter dem Einfluß des elektrischen Stromes. Jede Täuschung bleibt ausgeschlossen. Denn wird das Bindegewebe, das Fett oder werden die Sehnen gereizt, nie tritt diese Erscheinung ein, man kann alle jene Substanzen entfernen, die Glieder bewegen sich dennoch, so lange das Fleisch die Lebenswärme besitzt. Ist es dagegen todtenstarr geworden, oder längst erkaltet, dann hört jede Bewegung auf.

Wiederholen wir den Versuch und betrachten wir jetzt nur das Verhalten des rothen Fleisches. Mit dem Schluß der Kette zieht sich blitzschnell der ganze Strang vor unseren Augen zusammen, er schwillt an, zeigt also in demselben Augenblick eine auffallende Verdickung. Dieses Anschwellen nennt man die Zusammenziehung oder Contraction. Sie erfolgt an dem losgeschnittenen Arm in gleicher Weise auch dann, wenn der elektrische Strom durch jene Nerven geleitet wird, welche zu den entsprechenden Fleischpartien an der inneren und äußeren Seite des Ellbogens sich begeben. Dieselbe Anschwellung bedingt am unversehrten Arm jener Vorgang, der, wenn er bewußt stattfindet, als Willensakt bezeichnet wird. Aber auch unabhängig vom Willen, und unabhängig von jeder Vorstellung kann die Contraction als sogenannter Reflex auftreten, wie in einem früheren Capitel erwähnt wurde.

Legt man die eine Hand auf den Vorderarm, während sich die andere beugt und streckt, so läßt sich deutlich die momentane Schwellung und Verdickung fühlen, welche man am losgeschnittenen Arm zu sehen vermochte.

Das rothe Fleisch des menschlichen und thierischen Körpers zerfällt, wie eine genauere Zerlegung gelehrt hat, in kleinere abgegrenzte Massen, in Muskeln, welche je nach den Körperstellen von verschiedener Form und Größe sind. Diese Muskeln besitzen eine gewisse Unabhängigkeit von ihren Nachbaren. Jeder bildet für sich einen Theil der Maschine, jeder enthält und repräsentirt eine bestimmte Menge Zugkraft, welche je nach Verlauf und Ansatz seiner Fasern stets in derselben Weise auf den Knochen wirken muß. Die Fig. 40 zeigt eine solch' isolirte Masse vom Oberarm des Menschen, welche wegen des doppelten Ursprunges an zwei verschiedenen Knochenpunkten der zweiköpfige Armmuskel, biceps brachii, heißt. Er ist von seiner Unterlage völlig losgetrennt, und läßt drei Abschnitte unterscheiden. Der mittlere, dunkle, stellt den sogenannten Muskelbauch dar, A. Er ist umfangreicher als die beiden Enden, welche weiß, derb, um vieles schmäler sind, und Sehnen genannt werden B B C. Nur innerhalb des Muskelbauches entsteht die Contraction, und dadurch die eigentliche Leistung; die Sehne ist nur ein bequemes Mittel, die Zugkraft auf entfernte Knochen zu übertragen. Oft fehlt sie denn auch und der Muskel ist dann direkt an die Beinhaut des Knochens befestigt.

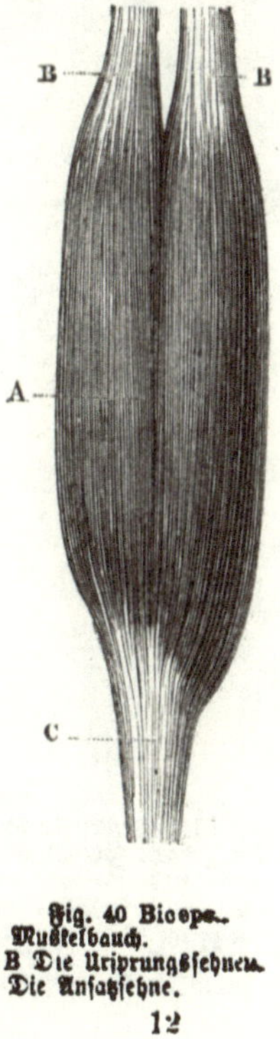

Fig. 40 Biceps.
A Muskelbauch.
B B Die Ursprungssehnen.
C Die Ansatzsehne.

Die Isolirung der Muskeln ist für den Kundigen leicht, denn sie sind getrennt durch lockeres

Bindegewebe. Der Unkundige wird freilich bei höheren Thieren vergebliche Versuche machen; er begnüge sich daher zunächst mit Froschschenkeln. Der Mangel jeden Fettes und die geringe Menge von Bindesubstanz lassen nach dem Abziehen der Haut die Einzelnheiten des Baues mit einer Schärfe sehen, als wären sie von der geschicktesten Hand bloßgelegt. Und versucht man die Reizung mittels eines elektrischen Stromes, so werden Beugung und Streckung mit derselben Regelmäßigkeit abwechseln wie an dem menschlichen Arm. Jeder Muskel, d. h. jede in sich abgeschlossene Masse von Fleisch besteht aus gröbern Bündeln, und jeder dieser Muskelbündel enthält eine große Zahl noch mit freiem Auge erkennbarer Fasern, die Muskelfasern (fibrae musculares). An gekochtem Fleisch lassen sie sich, die noch feiner sind als ein Frauenhaar, leicht isoliren; an menschlichen Muskeln, welche einige Zeit in Weingeist lagen, ist die Trennung nicht minder leicht. Die Mikroskopiker besitzen hiefür noch andere Mittel, und bei besonderer Uebung und gehöriger Vorsicht gelingt es bisweilen, daß selbst der zarte Nervenfaden erhalten ist, der (Fig. 41 links) in das Innere des Muskelfadens dringt und

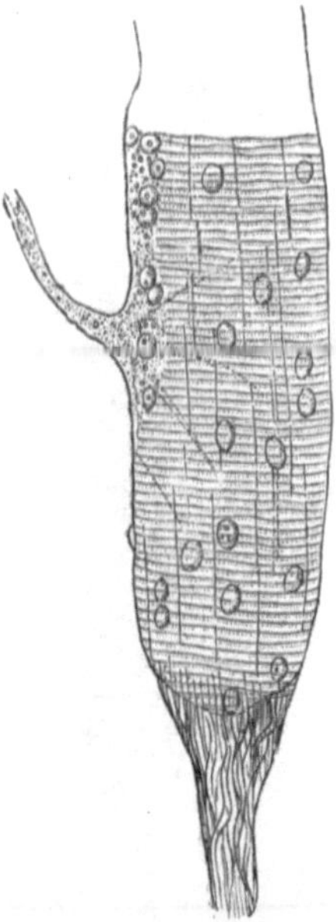

Fig. 41. Eine Muskelfaser des Menschen (untere Hälfte) 450 mal vergrößert.

Der quergestreifte Inhalt außen von einer zarten Hülle begrenzt; links der Zutritt der Nervenfaser; unten die Sehnenfäden.

ihn mit Rückenmark und Gehirn in Verbindung setzt. Jede Muskelfaser besitzt eine dünne, durchsichtige, im hohen Grade elastische Hülle, das **sarkolemma**, welches am oberen und unteren Ende geschlossen ist. In diesem elastischen Rohr befindet sich jene seltsame Substanz, welche die Fähigkeit besitzt, sich auf Reize zu contrahiren. Vor allem fällt an ihr, unter dem Mikroskop betrachtet, eine regelmäßige Querstreifung auf, welche einem Velourbande ähnlich sich über die ganze Länge erstreckt. Helle und dunkle Linien wechseln miteinander ab, die wie auf eine feine Platte gestochen scheinen. Auf den ersten Augenblick ist es, als ob sie ununterbrochen von einem Rande zum andern zögen; aber ein genaueres Zusehen zeigt, daß zarte senkrecht verlaufende Linien den Zusammenhang häufig unterbrechen. Bei den Säugethieren und dem Menschen färbt eine leicht gelbliche Substanz diesen cylindrischen Strang und durch die Masse der übereinander liegenden Fasern entsteht so die rothe Farbe des Fleisches. Bei Fischen und Amphibien fehlt dieser Farbstoff zum größten Theil und ihr Fleisch ist deßhalb milchig weiß. Fragt man nach der chemischen Zusammensetzung so ergibt sich, daß eiweißartige Substanzen ungefähr 18% in der Faser enthalten sind; phosphorsaure Alkalien, welche mit den sogenannten Extraktivstoffen beim Kochen in die Fleischbrühe übergehen, sind weitere charakteristische und unerläßliche Zugaben. Zu diesen Stoffen kommt eine ansehnliche Quantität Wasser zwischen 72% und 78%. Ein einfacher Versuch lehrt in überzeugender Weise, wie ungemein groß der Wassergehalt eines Muskels ist. Nimmt man ein Stückchen rohen Fleisches vom Küchentisch, legt es auf ein Teller und stülpt darüber einen Glastrichter, so wird bei langsamem Erwärmen der Unterlage das Wasser erst in kleinen Tröpfchen die

Innenseite der Glaswand beschlagen, die Tröpfchen werden immer größer und laufen schließlich in kleine Strömchen herab. Wird das Verfahren in einem Ofen bis zum völligen Austrocknen fortgesetzt, so verschwindet mehr und mehr die Weichheit und das Fleisch schrumpft zu einer zähen dunkeln Masse zusammen.

Diese Mischung organischer und unorganischer Substanzen besitzt die eigenthümliche Fähigkeit, sich zusammenzuziehen. Man hat schon oft diesen interessanten Vorgang an isolirten Muskelfäden mit dem Mikroskop belauscht, freilich nicht an denen des Menschen. Hätte sich die Untersuchung auf dieses Material beschränken müssen, so wären unsere Kenntnisse niemals gefördert worden, niemals wäre uns ein tiefer Einblick in die Vorgänge während der Contraction vergönnt gewesen; denn wann wäre es jemals möglich, noch lebendiges, zuckendes Fleisch unter das Mikroskop zu bringen? Anders bei den Thieren. Da ist unter den Warmblütern das geduldige Kaninchen, unter den Kaltblütern der Frosch, der stille Freund der Physiologen, der stets zur Hand ist, und endlich eine Schaar von Insekten, vom gewandten Schwimmkäfer unserer stehenden Gewässer, dem Dityscus, durch die Familie der Scarabäen hindurch bis zur Stubenfliege. Und fragst Du, theurer Leser, was denn dazu berechtigt die Beobachtungen an diesen Thieren auf den Menschen zu übertragen, so lautet die Antwort, daß der physiologische Vorgang und der mechanische Effekt innerhalb des Muskels völlig derselbe ist, ob eine Fliege über den Tisch läuft, oder Du selbst in deinem Zimmer auf- und niederschreitest. Wer sich um die Erkenntniß des Vorgangs selbst interessirt, sieht in beiden Fällen nur die Contraction verschiedener Muskeln, welche je nach dem Bau der Gelenkflächen abwechselnd ein Beugen und Strecken des Beines zur Folge hat. Wie sehr gerechtfertigt diese Anschauung ist, geht daraus hervor, daß nicht allein die Leistung der Muskeln dieselbe ist, sondern auch der Bau der einzelnen Fasern sich in überraschendem Grade gleicht. Bringt man die frische Muskelfaser einer Stubenfliege unter das Mikroskop, so kann man noch die Zusammenziehung der einzelnen quer gestreiften Fasern beobachten. Sie schwellen an, verkürzen sich und mit dem Nachlaß der Erscheinung nehmen sie ihre frühere Länge wieder an. Besonders überraschend ist der Vorgang dann, wenn der größte Theil der Faser schon erstarrt ist, während kleine Partien noch lebendig sich verschieben. Dann lassen sich die einzelnen Elemente, aus denen die hellen und dunkeln Querstreifen bestehen, deutlich verfolgen, zierlichen Würfeln ähnlich, drängen sie sich reihenweise aneinander, weichen wieder zurück, bis endlich die auf- und niederwogende Bewegung zur Ruhe kommt, zur Ruhe des Todes. Die lebendige Zusammenziehung einzelner Fasern geschieht in dem vorliegenden Falle schon nach dem Reiz des Wassers, in das die Muskelfaser gelegt werden mußte, damit sie auf dem Glas nicht festklebe. Wendet man den elektrischen Strom an, und es gibt solche Vorrichtungen für das Mikroskop, um gerade in jenem Moment die Faser beobachten zu können, wo der Funke sie erregt, dann ist die Verkürzung rascher, energischer, wie auf Kommando rücken die Massen aufeinander, die Reihen schließen sich, und hört die Wirkung des Funkens auf, dann öffnen sie sich wieder. Wenn nach einmaliger Betrachtung des Vorgangs der Wunsch auftaucht, die Zuckung noch öfter zu verfolgen, so genügt ein neuer Funke und dasselbe Spiel beginnt von Neuem.

Die Verkürzung eines Muskels ist das Resultat der

Zuckung unzähliger Fasern, deren jede im Moment der Erregung denselben Vorgang zeigt. Der erwähnte Versuch läßt sich weder an dem losgelösten Arm noch an dem frischen Muskel eines Thieres in's Endlose fortsetzen. Bei den warmblütigen Wesen kommt bald jener Augenblick, wo der Muskel nicht mehr zuckt, sondern der Todtenstarre verfällt. Oeffnen wir daher noch die Haut in größerer Ausdehnung, um die Beschaffenheit der Muskeln und ihre Anordnung gerade am Vorderarm zu studiren!

Sehr bald sehen wir, daß die Zahl der isolirbaren Stränge sowohl auf der Beuge= als Streckseite sehr bedeutend ist, und daß alle mit den beiden Enden an die Knochen geheftet sind. Die Verbindung geschieht bald durch unmittelbare Verwachsung mit der Beinhaut, bald durch Vermittlung langer Sehnen, welche sich aus dem einen Ende des Muskels als glänzende Stränge entwickeln. Es ist von großem Werthe sich die Lage eines Muskels zu den Knochen, die bewegt werden sollen völlig klar zu machen. Fig. 42, 1. 2 sind die im Ellbogengelenk beweglichen Knochen, 4 ist das contractile

Fig. 42. Schematische Figur: die Wirkung eines Armbeugers darstellend.

1 Oberarmknochen. 2 Vorderarmknochen. 3 Gelenk. 4 Muskelbauch. 5 Ursprung. 6 Ansatz.

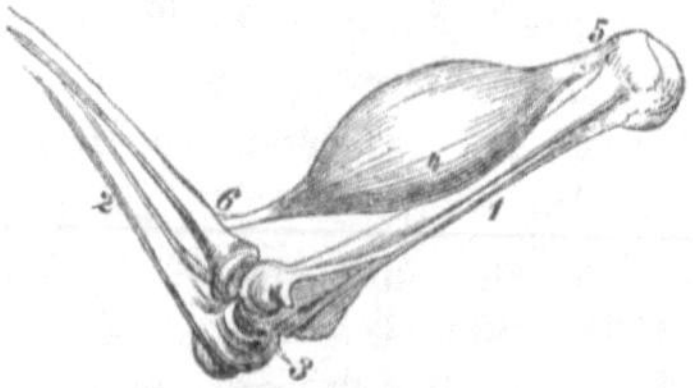

Fig. 43. Derselbe Muskel wie in Fig. 42 während der Contraction.

Fleisch des Muskels, 5 und 6 die Sehne desselben. Bei 5 entspringt er, bei 6 setzt er sich fest. Sein Verlauf erstreckt sich also von einem Knochen **über das Gelenk hinweg** zum anderen. Wenn sich der Muskelbauch 4 zusammenzieht und sich dadurch verkürzt (Fig. 43, 4), dann müssen die Knochen nothwendig ihre Stellung zu einander ändern. Nachdem in diesem Beispiel das Gelenk bei 3 ein Winkelgelenk ist, und der Muskel auf der **Vorderseite** der Gelenkachse angreift, so wird er 2 (Fig. 43) nähern, d. h. den Vorderarm gegen den Oberarmknochen heranziehen: mit andern Worten der Arm wird gebeugt. Die Muskeln hängen, wie dieses Beispiel zeigt, nur an ihren beiden Enden, am Ursprung und am Ansatz, mit dem Knochen zusammen.

Werfen wir nach diesen Erläuterungen noch einen Blick auf den Vorderarm, um dessen reichgegliederten Muskel-Mechanismus zu untersuchen. Die Dicke des Vorderarms oben am Ellbogengelenk ist bedingt durch die Muskeln. Gegen die Hand zu hört allmählich das rothe Fleisch auf und die lange Strecke bis zu dem Ansatz an den Fingerknochen wird von den Sehnen zurückgelegt.

Die oberflächliche Lage derselben (Fig. 44, 4. 5. 6. 7) vermittelt die Beugung im Handgelenk, die tiefere Lage die Beugung der Finger. Durch die Verkürzung dieser Muskeln wird die Kraftwirkung vermittelst langer Sehnen auf die Hand übertragen. Die Sehnen sind also Hilfsmittel, um auf die entfernten Knochenpunkte zu wirken. Sie selbst erzeugen keine Kraft, sie sind nur das Seil, an welchem der zuckende Muskel zieht. Die Sehnen besitzen also keine Contractilität und ihr eine solche zuzuschreiben, ist ein physiologischer Irrthum. Sie erschlaffen, wenn der Muskel erschlafft, sie spannen sich an, wenn der Muskel sich zusammenzieht, aber ihre ganze Aufgabe ist ruhmlos und der

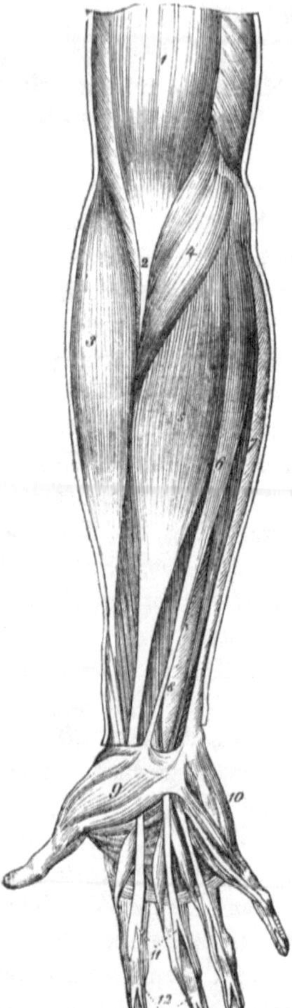

Ausdruck „ein sehniger Arm“ physiologisch betrachtet keine Schmeichelei. Denn die Kraft eines Armes hängt ab von der Zahl der in seinen Muskeln enthaltenen Fleischfasern; je größer diese ist, desto bedeutender ist auch die Leistung dieser Muskeln. Man hat diese Thatsache auch so ausgedrückt: die Kraft eines Muskels hängt ab von dem Querschnitt seiner Fasern.

Contrahirt sich ein Muskel aus irgend einem Grunde, sei es durch den Willen oder durch den galvanischen Strom bis zum äußersten Grad, so kann dieser Zustand der höchsten Anspannung nur kurze Zeit dauern. Er erschlafft, wenn auch der Reiz noch

Fig. 44. Vorderarm und Hand des Menschen von vorne gesehen nach Entfernung der Haut.

1 Muskelbauch des Biceps.
2 Dessen Sehne.
3 Der lange Aufheber des Vorderarms, supinator longus.
4 Einwärtsdreher der Hand.
5, 6 und 7 Beuger der Hand.
8 Beuger der Finger.
9 Muskeln für die Bewegung des Daumens.
10 Muskeln für den kleinen Finger.
11 Sehnen des I. Beugers zum 2. Fingerglied.
12 Sehnen des II. Beugers zum 3. Fingerglied.

fortdauert. Man schließe krampfhaft die Hand, schon nach kurzer Zeit wird die Heftigkeit des ersten Verschlusses nachlassen; und dieselbe Erscheinung kehrt bei allen Muskeln selbst denen des Gesichtes und des Auges wieder. Die Ursache liegt darin, daß die augenblicklich im Muskel vorhandene Kraft verbraucht ist und erst dann eine neue Leistung möglich wird, wenn nach einer, wenn auch nur kurzen Pause neue Kraft erzeugt wurde. Aus diesem Grunde ist jeder Muskel in der innigsten Verbindung mit den Bahnen des Blutes. Nicht allein, daß in Jeden Arterienzweige eintreten, welche sauerstoffhaltiges Blut zuführen, jede einzelne Faser ist auch von vielen feinen Blutgefäßen umsponnen, und kann alsogleich wieder neue belebende Substanzen erhalten. Das unbrauchbar gewordene, das zersetzte Material wird mit dem Säftestrom nach den Venen hinübergeführt. Es ist schwer sich von diesem beständigen Strom eine genügende Vorstellung zu machen, und nur Wenige sind von der Nothwendigkeit desselben überzeugt. Im Ganzen wäre es nun gleichgiltig, ob sich die Menschen darum bekümmerten, wenn nur die menschliche Maschine, d. h. die Muskeln so vollkommen gebaut wären, daß sie unter allen Umständen immer auf dem höchsten Grad ihrer Leistungsfähigkeit verblieben; aber dem ist leider nicht so. Damit das Fleisch roth, der Muskel kräftig bleibe, muß er nicht allein ernährt, sondern auch geübt, d. h. zu häufigen Contractionen gezwungen werden. Wir alle wissen, daß wenn die Glieder eines Menschen gehörig gebraucht werden, die Muskeln nicht nur ihre Stärke behalten, sondern auch an Umfang und Leistungsfähigkeit zunehmen.

Dasselbe gilt auch von den Thieren. In einem solchen Falle hat das Gewebe eine intensiv rothe Farbe und ist fest und elastisch. Je mehr der Muskel bei einem wohlgenährten Körper gebraucht wird, desto deutlicher zeigt er die Streifung und die Farbe. Nehmen wir dagegen eine Muskelfiber aus einem gelähmten Arm! Sie hat wie die ganze übrige Masse ein anderes Aussehen, ist schlaff, abgeblaßt, die feinen Querlinien sind zum größten Theil verschwunden und an deren Stelle dunkle Kügelchen von einer öligen Materie getreten. Der Muskel degenerirt fettig, behält zwar im Ganzen seine Gestalt, aber er verliert an seiner wichtigsten Substanz, an seinem Gehalt von Eiweiß und damit an seiner Leistungsfähigkeit.

Die wiederholten Zusammenziehungen machen den Muskel deshalb kräftig, weil der Kreislauf des Blutes während der Bewegung gesteigert wird, und der Umschwung der Säfte reger ist. Wie groß dieser Einfluß auf den ganzen Körper sein muß, läßt sich daraus ermessen, daß die Organe für die Bewegung, das Knochengerüste und die Muskulatur die Hauptmasse des gesammten Körpers ausmachen. Nimmt man die Masse eines menschlichen Körpers gleich 100, so treffen auf die Haut 7,9 %, auf die Eingeweide 10,9 % auf das Skelet 23,9 % und auf die Muskulatur 58,4 %; mit anderen Worten: der Antheil des Skeletes und der Muskulatur an der Körpermasse beträgt über 82 %. Den Menschen insbesonders kennzeichnet die Stärke der Muskulatur. Viel geringer ist sie bei den Vögeln, Amphibien und Fischen. Bei diesen ist die Masse der Haut und der Eingeweide größer. Bei dieser enormen Menge von Muskeln und Knochen erscheint es einleuchtend, daß die Bewegung für die Gesundheit des Körpers unerläßlich ist. Ohne Bewegung kein gedeihliches Leben. Aber vielleicht wird gerade hierin am meisten gesündigt. Wenn man die Art und Weise der Erziehung erwägt, bei der die Kinder in der Schule massenhaft zusammengedrängt und zur Ruhe verurtheilt sind, und zu Hause in den Zimmern wieder zum Stillsitzen gezwungen werden, so kann man sich der Ueberzeugung nicht erwehren, daß auf diese Weise schon früh der Keim für viele Krankheiten gelegt wird. Und darin sind die Kinder aus dem Mittelstand oft noch schlimmer daran, als das Kind des Arbeiters. Während sich dieses nach der Schule stundenlang auf der Straße tummelt, wird das andere auf dem kürzesten Weg nach Hause gebracht, soll wieder in der Stube sitzen, statt daß man es auf den Tummelplatz zu jugendlichen Genossen brächte, um durch Springen, Laufen, Werfen, Klettern seine Muskeln zu üben und neue Kraft zu neuen geistigen Anstrengungen zu sammeln. Daß unter solchen Umständen ein schwächliches Geschlecht heranwachsen müsse, ist unausbleiblich. Mancher Junge, der verkümmert aussieht, wird bisweilen noch durch den Dienst des Soldaten gerettet, und wie vortrefflich das anstrengende Dienstjahr bekommt, ist schon von vielen Seiten zugestanden worden. Möchte man doch der körperlichen Trägheit abschwören, möchte man sie doch nicht künstlich herbeiziehen, und gestatten, das wenigstens die heranwachsende Jugend dem natürlichen Trieb nach Bewegung folge. Glücklicherweise beginnt der Staat jetzt auch die körperliche Erziehung der Jugend in die Hand zu nehmen. Man hat eingesehen, daß man dem Wahne steuern müsse, der da glaubt, für die Kinder schon Alles gethan zu haben, wenn sie zur Schule geschickt werden, der da glaubt, jeder weiteren Verpflichtung enthoben zu sein, sobald der Tag mit Lehrstunden genügend ausgefüllt ist. Man hat leider nur zu oft vergessen, daß auch die körperliche Erziehung des Kindes geregelt werden müsse, daß man nach der langen Ruhe während der Nacht und in der Schule, für kräftige Bewegung in frischer Luft sorgen müsse. Gerade während der Zeit der Entwicklung soll der Körper nicht physisch geschwächt werden.

Um die Einfachheit der Mittel, welche die kraftvollen und schnellen Leistungen ausführen, im rechten Lichte zu zeigen, darf nicht unerwähnt bleiben, daß die Knochen als Hebel zu betrachten sind, deren bewegende Kraft im Muskel, und deren Last im Knochen liegt und was mit ihm zusammenhängt. Die Knochen sind die Hebelarme, das nächste Gelenk stellt den Dreh- oder Stützpunkt dar. Alle Gesetze des Hebels finden auch in der Mechanik der Muskeln ungeschmälert ihre Geltung. Die Mehrzahl dieser Hebel ist einarmig, d. h. der Muskel zieht auf derselben Seite, auf der sich die Last befindet. Meist liegt der Angriffspunkt dem Gelenke sehr nahe, wodurch für das Heben schwerer Lasten freilich ein bedeutenderer Kraftaufwand nöthig wird als im umgekehrten Fall, aber es geschieht dafür mit um so größerer Geschwindigkeit und die Knochen werden in sogenannte Wurfhebel oder Geschwindigkeitshebel verwandelt. Um ein Beispiel zu geben, erinnere man sich an die Gewalt der verhältnißmäßig kleinen Kaumuskeln. Kirschkerne und Haselnüsse aufzubeißen, erfordert ein Gewicht von 50—80 Kilo und um einen Pfirsichkern zu zerdrücken, ist der Druck von 400—600 Kilo erforderlich. Die Gesetze des einarmigen Hebels finden gerade auf den Wurfhebel des Unterkiefers ebenfalls ihre Anwendung. Je näher die Last dem Angriffspunkte der bewegenden Kraft rückt, mit desto geringerem Kraftaufwand wird sie überwunden. Darum beißt man einen Apfel mit den Schneidezähnen an und knackt eine Nuß mit den Mahlzähnen auf.

Man kann durch den Nachweis des Hebelarmes, an welchem der Muskel zieht, seine wirkliche Leistung berechnen. Auf Grund genauer Untersuchungen ist bekannt, daß die Wadenmuskeln eines Menschen, der auf einem Fuße stehend sich auf die Zehenspitzen erhebt, ein Gewicht von ungefähr 70 Kilo in die Höhe heben müssen. Berechnet man jedoch diese Leistung nach der Länge des Hebelarmes und nach der Entfernung des Angriffspunktes vom Sprunggelenk bis zum hintern Ende des Fersenbeines, so muß dieser Muskel in Wahrheit ein Gewicht von 5600 Kilo bewegen. Von der momentanen Leistung sämmtlicher Muskeln des Körpers im Augenblick ihrer Zusammenziehung ist jedoch nicht die Rede, wenn man wie in dem folgenden Falle die Arbeitsleistung z. B. eines Mannes bestimmen will, der 8 Stunden tüchtig arbeitet. Dazu hat man einen anderen Weg eingeschlagen, den des Experimentes.

Der menschliche Organismus ist eine Bewegungs- und Kraftmaschine, die sich in Betreff ihrer Leistungen z. B. im Fortbewegen und Heben von Lasten vollkommen mit den Maschinen unserer Mechanik, vor allem mit den Dampfmaschinen vergleichen läßt. Die contractile Substanz der Muskeln repräsentirt die Kraft, die Knochen mit ihren Gelenkverbindungen repräsentiren die Maschine, durch welche die Arbeit des Menschen geschieht. Die Arbeit eines Menschen wird ebenso bezeichnet, wie die irgend einer Maschine. Man hat als Einheit der Arbeitsgröße das Kilogrammeter angenommen, d. h. diejenige Kraft, welche 1 Kilogramm in einer Sekunde 1 Meter hoch zu heben vermag. Nimmt man eine Arbeit von 8 Stunden an, eine Thätigkeit, welche das arbeitende Individuum ohne Nachtheil für seine Gesundheit ertragen kann, so ergibt sich, daß der Mensch von 70 Kilo Schwere eine Leistung am Göppel in runder Summe von 200000 Kilogrammeter zu vollbringen vermag. Es ist dies eine bedeutende Arbeit, die sich unter günstigen Umständen (z. B. am Tretrad bei einer Steigung von 24°) auf 345000 Kilogramm steigern läßt, d. h. in 8 Stunden vermag also ein Mann ein Kilogramm auf eine Höhe von 345000 Meter zu heben. Diese enorme Leistung im letzteren Falle ist besonders dadurch möglich, daß die menschlichen Beine für das Gehen ganz außerordentlich zweckmäßig eingerichtet sind, und die Vortrefflichkeit ihrer Construction hilft in ganz hervorragender Weise, um ein solch' überraschendes Resultat zu erzielen. Um sich von der Größe der Arbeit während des Bergsteigens einen Begriff zu machen, wobei lediglich durch die Contraction der Muskeln, und zwar vorzugsweise derjenigen der Beine, ein Gewicht von 70 Kilogramm Körper einen Berg von 2000 Meter hinaufgetragen wird, so diene die Angabe, daß damit eine Leistung von 140000 Kilogrammmeter erzielt wurde. Sie würde auf das Doppelte steigen, wenn eine Last, die dem Körpergewicht gleich wäre, auf dem Rücken emporgetragen würde. Die Gebrüder Weber geben eine Formel an, nach welcher die beim einfachen Gehen auf horizontalem Wege vollbrachte Arbeit für einen erwachsenen Menschen berechnet werden kann. Darnach beläuft sie sich für eine Stunde Weges auf horizontalem Boden auf 25000 Kilogrammeter, in 8 Stunden wären somit 200000 Kilogrammeter durch die Beine fortbewegt worden.

In den letzten Jahren ist die Frage der Muskelbewegung des Menschen in ein neues Licht gestellt worden. Aus der Lehre von der Unzerstörbarkeit der Kraft wissen wir, daß bei mechanischer Leistung unserer Muskeln ein

Verschwinden von Wärme aus dem Körper stattfinden muß. Helmholtz hat gezeigt, daß der menschliche Leib im Lichte einer zur Verwandlung von Wärme bestimmten Maschine betrachtet, die beste je construirte Maschine weit übertreffe. Von der durch die Verbrennung der Nahrungsmittel abgegebenen Gesammtwärme kann ein Mensch in Form wirklicher Arbeit den fünften Theil nutzbar machen, während es noch niemals gelungen ist, eine Dampfmaschine zu construiren, die mehr als $^1/_{8}$ der Kraft des unter dem Kessel verbrannten Brennmaterials nutzbar machen konnte. Die Muskeln des menschlichen Körpers sind aber nicht nur Mittel für die äußere Arbeit. Der Leib hat beständig noch eine Masse innerer Arbeiten zu verrichten, um das Leben zu erhalten. So muß z. B. das Blut in Zirkulation erhalten und durch Lunge und Gefäße getrieben werden; Brust und Zwerchfell müssen sich heben zum Zwecke des Athmens; die Verdauung muß fortgeführt und der Leib aufrecht erhalten werden und Alles dieses verbraucht Kraft. Man hat erkannt, daß das Herz in 24 Stunden eine Arbeit verrichtet, welche gleich kommt dem Heben eines Centners Gewicht zu der Höhe von 1276 Metern. Die Arbeit des Athmens ist geschätzt worden als ungefähr gleich dem Heben des nämlichen Gewichtes zu der Höhe von 200 Metern. Die Summe der übrigen Arbeit innerhalb des menschlichen Körpers, welche jeden Tag, auch ohne das Zuthun unseres Willens vollzogen wird, hat man bis jetzt noch nicht geschätzt, allein es ist ganz augenfällig, daß die Arbeitssumme selbst des Trägsten von uns sehr groß ist.

Die Muskeln besitzen noch eine merkwürdige Eigenschaft, welche unser Interesse verdient. Es wurde schon der Fähigkeit gedacht, je nach dem Triebe unseres Willens oder bestimmter Reize den Zustand der Ruhe mit dem der Bewegung zu vertauschen. Es wäre nun falsch zu glauben, die Muskeln hängen während der Ruhe schlaff an dem Knochen, sie sind im Gegentheil beständig in einem gewissen Grade elastischer Spannung. Diesen Spannungszustand hat man den Tonus der Muskeln genannt. Er wird vor Allem bewiesen durch die Thatsache, daß die Muskelenden nach der Durchschneidung gegen den Ansatzpunkt zurückfahren. Jede neue Amputation eines menschlichen Gliedes bestätigt diese Thatsache auf's Neue. Wird der Arm oder das Bein amputirt, so ziehen sich die durchschnittenen Muskeln während der Heilung in einem solchen Grade zurück, daß der Knochen die Spitze eines Kegels bildet und die zarte Haut, welche ihn bedeckt, nur zu häufig bei dem leisesten Anstoß entzwei geht: dieselben Muskeln, welche so getrennt wurden, daß der abgeschnittene Knochen unmittelbar nach der Operation tief zwischen ihnen verborgen lag. Diese natürliche Spannung, der Tonus, ist bei verschiedenen Menschen sehr verschieden. Seine Abhängigkeit vom Ernährungszustand erklärt, warum er bei schwächlichen Individuen und alten Leuten gering ist, in der Jugend und bei Wohlgenährten dagegen sehr bedeutend. Selbst unter den gleichen Bedingungen ist er doch nicht bei allen Menschen gleich. Schon bei Kindern kann man eine solche Verschiedenheit constatiren. Bei den einen fühlen sich die Muskeln derb und prall an, das Volk spricht dann von einem „kernigen Fleisch“, andere haben weiche und leicht zusammendrückbare Fleischmassen. Ganz dasselbe Verhältniß kehrt wieder bei den Erwachsenen, und bei ihnen ist der Unterschied um so größer, je größer der Grad der Uebung war.

Dieser Umstand fällt bei der Beurtheilung der Körperkraft eines Menschen immer in's Gewicht, denn es betrifft der Zustand des Tonus nicht allein die Muskeln der Arme und Beine, sondern sämmtliche Muskeln am ganzen Körper. Gerade in dieser Hinsicht muß man daran erinnern, daß durch das methodische Turnen, wie es jetzt in Deutschland eingeführt ist, auch die Muskeln der Brust und des Rückens geübt und gestärkt werden. Ist z. B. auf diese Weise der Tonus der Athemmuskeln vermehrt worden, so wird sich der Brustkorb selbst im Ruhezustand stärker heben, als bei einem, der jede Anstrengung derselben versäumt hat. Die gerade Haltung bei freier Brust wird in dem ersten Falle ohne jegliche Anstrengung möglich sein, während sie in dem Anderen nur mühsam sich für einige Zeit herstellen läßt; bald sinkt sie wieder zusammen, ein Zeichen von Schlaffheit und Schwäche.

VI. Schwerpunkt.

Wir besitzen keine bestimmte und deutliche Empfindung von der Schwere unseres eigenen Körpers. Man spricht zwar davon, daß das Körpergewicht 65—70 Kilo betrage, aber der volle Eindruck dieser Thatsache wird kaum empfunden. Fühlen wir Ermüdung nach einem längeren Marsche, so wird wohl selten der Grund in jener Thatsache gesucht, welche oben erwähnt wurde, daß wir nämlich während des Gehens eine enorme Arbeit geleistet, indem wir die Masse unseres Körpers durch die Thätigkeit der Muskeln fortbewegt.

Das Gewicht unseres Körpers bedingt aber noch andere Erscheinungen, die sich sofort aufklären, sobald man jenes längst bekannten Gesetzes der Mechanik sich erinnert, wonach jeder noch so zusammengesetzte Körper einen Punkt in seiner Masse hat, „ist dieser unterstützt, so ist der ganze Körper unterstützt". Diesen Punkt hat man den Schwerpunkt genannt. Der Schwerpunkt des menschlichen Körpers befindet sich in der Gegend des zweiten Lendenwirbels. Zum erstenmale wurde er durch den Mathematiker Borelli, Rom 1560, durch folgendes einfache Experiment genau bestimmt. Er legte einen menschlichen Körper entkleidet auf ein Brett und schob dieses der Länge nach auf der scharfen Kante eines dreiseitigen Balkens so lange hin und her, bis er die Gleichgewichtslage für Brett und Körper gemeinschaftlich gefunden hatte. Und diese Lage war dann erreicht, wenn der zweite Lendenwirbel gerade über der Kante des dreiseitigen Balkens sich befand.

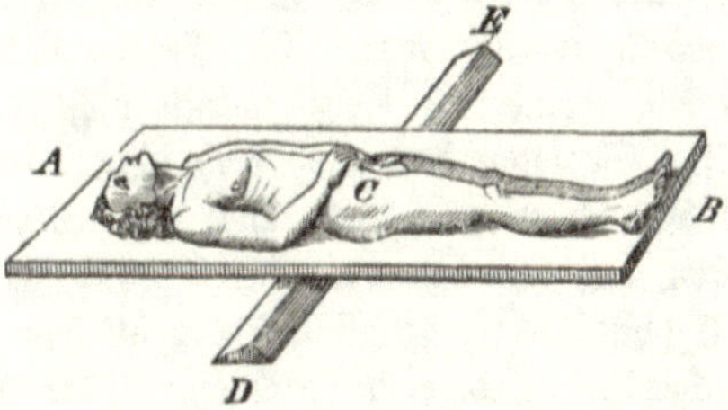

Fig. 45. A B Brett. E D Dreikantiger Balken. C Gegend des 2. Lendenwirbels.

Sollen wir in aufrechter Stellung ausharren, so muß die Stellung der Beine derart sein, daß der Schwerpunkt unterstützt wird. Mit einer außerordentlichen Gewandtheit ergreifen wir selbst unter ungünstigen Umständen die entsprechenden Mittel, diesen schwankenden Punkt zu unterstützen. Kein unbewußter Wille hat uns zum Erlernen dieser schwierigen Kunst getrieben, die Nothwendigkeit, die harte Lehrmeisterin zwang uns alle, mit Unverdrossenheit dieselben mühsamen Studien immer wieder zu beginnen, bis wir die genügende Fertigkeit erreicht. Freilich die Erinnerung an diese erste schmerzliche Zeit des Lernens ist längst verschwunden. Nur dann, wenn wir ein Kind betrachten, das den schüchternen Versuch macht sich zu erheben, sehen wir, wie in einem Spiegelbild, wieder die eigenen Anstrengungen vor uns, und erkennen die Schwierigkeit jener Aufgaben, die wir schon im zarten Alter lösen mußten. Welch' langer Uebung bedarf es nicht, um auf einer ebenen Fläche einfach zu stehen! Welches

Schwanken, das in jedem Augenblick die Gefahr nahe legt, nach vor- oder rückwärts zu stürzen. Und dieser Versuch wird doch erst dann gemacht, nachdem das Kind schon lange an Geräthen sich geübt hatte, vom Stuhl zum Tisch und wieder zum Stuhl gewandert, und oft mit dem Rücken gegen die Wand gestellt worden war. Die Gefahr des Falles tritt immer ein, sobald der Schwerpunkt nicht genügend unterstützt ist. So lange das Kind noch nicht gelernt hat, die Gelenke hinreichend zu steifen, und seine Muskeln so zu beherrschen, daß der aus dem Gleichgewicht gerathene Schwerpunkt schnell durch den Muskelzug an seine frühere Stelle zurückgeführt wird, oder durch eine andere Position der Beine auch in seiner neuen Lage balancirt werden kann, erfolgt nach dem allmächtigen Gesetz der Schwere der Fall zum Boden, die nicht unterstützte Masse des Körpers fällt zur Erde. Durch viele mißlungene Versuche lernt das Kind endlich die beiden aus mehreren beweglichen Stücken bestehenden Pfeiler, welche die Last des kleinen Körpers stützen, genügend zu steifen. Es müssen ja alle zwischen dem Rumpf und den Zehen liegenden Gelenke (Hüft- Knie- und Sprunggelenk) hinreichend fixirt werden, um das Abgleiten der Gelenkflächen, das Zusammenknicken der Beine zu verhindern. Die Willensimpulse müssen erst einen hohen Grad von Sicherheit und Genauigkeit erreicht haben, um diese Forderung zu erzielen. Erst dann, wenn diese Herrschaft über die Muskeln erreicht ist, vermag das Kind sicher seine Körperlast zu balanciren. Erwägt man die Beweglichkeit der Wirbelsäule und die leichte Verschiebbarkeit der Gelenke, erwägt man ferner, wie unzählige Versuche nothwendig sind für das kleine unerfahrene Wesen, so schwebt, wenn auch ein unvollständiges Bild vor unserem Geist, von der enormen Schwierigkeit dieser Aufgabe. Sie ist den vierfüßigen Thieren um vieles erleichtert; denn dort hängt ja die Last des Körpers an vier Säulen. Theilweise vermag auch der Erwachsene sich die Schwierigkeiten deutlich wieder vor's Gedächtniß zu führen, sobald er versucht auf einer nur etwas schwankenden Unterlage z. B. einem Schwebebaum zu stehen. Dann befinden sich alle, denen auf ebener Unterlage nicht die geringsten Schwierigkeiten sich bieten, in der größten Gefahr, jeden Augenblick die Herrschaft über die Masse ihres Körpers zu verlieren. Bei dem Stehen auf den zwei unmittelbar voreinandergesetzten Beinen nehmen wir auf dem Balken eine Stellung ein, die wir früher nicht geübt; wenn auch die hinreichende Steifung der Glieder gelingt, so sind doch die Muskeln nicht im Stande, die Lageveränderungen des Schwerpunktes durch eine entsprechende Zugkraft völlig zu beherrschen. Sobald nun der Körper nicht mehr senkrecht steht zur Achse des Schwebebalkens, beginnt er zu fallen. Auf dem Wege der Erfahrung haben wir gelernt, noch mit anderen Mitteln als denen des Muskelzuges das Gleichgewicht des Körpers unter solchen Umständen wiederherzustellen. Wir haben unbewußt einen Schatz von Kenntnissen gesammelt, welchen wir praktisch verwerthen, ohne jemals darüber nachzudenken. Wir machen in einem solchen Falle den entsprechenden Gebrauch von dem folgenden physikalischen Gesetz. Ein schwerer auf den Boden gesetzter Körper (Fig. 46) A B, dessen Stützlinie gegen den Horizont geneigt ist G V, kann von dem Umfallen be-

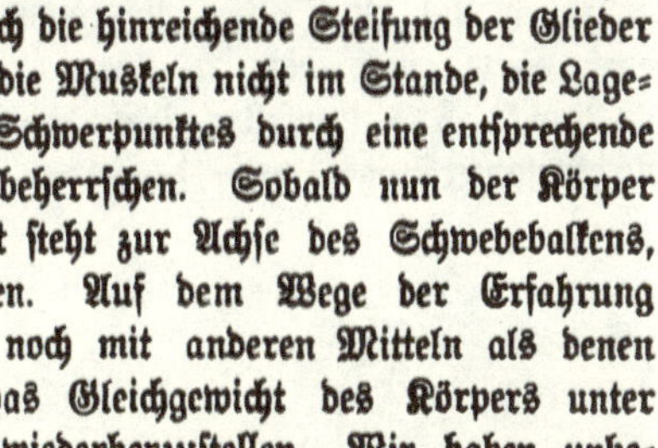

Fig. 46.

wahrt werden, wenn ein Theil in die Länge gezogen wird nach Art eines ausgestreckten menschlichen Armes und zwar C so, daß der Schwerpunkt des Theiles BC nach D getragen wird, weiter entfernt vom Punkte G, als er vorher gewesen war. Wenn dann der gemeinschaftliche Schwerpunkt der verlängerten Gestalt ABC der Punkt O wird, welcher in der Senkrechten OV gelegen ist, so ist der Körper wieder in seinem Gleichgewicht. Die Anwendung dieser physikalischen Thatsache geschieht auf dem Schwebebaum, wenn wir bald den einen, bald den andern Arm erheben, um den Schwerpunkt wieder in die Unterstützungslinie zurückzubringen, und zwar erhebt sich immer der Arm gegenüber jener Seite, nach der das Gewicht der Masse zu fallen droht. Aus demselben Grund benützt der Seiltänzer die Balancirstange; nach demselben Gesetze ändert der

Fig. 47.

Fig. 48.

menschliche Körper in allen Fällen, in denen er auf irgend einer Seite belastet wird, seine Haltung.

Wird z. B. eine Last in der linken Hand getragen, so neigt sich der Rumpf nach der entgegengesetzten Seite, und gleichzeitig wird auch der Arm horizontal ausgestreckt. Dieser beansprucht schon für sich einen Theil des Gewichtes gh Fig. 47; durch das Seitwärtsbeugen des Rumpfes wird überdies die Schwerpunktslinie von cd nach ab gelegt und damit ist das seitlich herabhängende Gewicht fe balancirt. Hängt die Last vorn, so muß man sich verhältnißmäßig zurückbeugen, Fig 48; liegt sie auf den Rücken so muß der Körper entsprechend vorgebeugt werden, und beständig hat das eine Bein die Last zu unterstützen (Fig. 49). Die gerade Haltung des Körpers ist dagegen nicht verändert, wenn eine Last auf dem Kopf getragen wird, also in der verlängerten Linie der Körperachse. (Fig. 50).

Fig. 49.

Fig. 50.

Es ist dabei interessant zu sehen, wie sich durch die Erfahrung an unserem Körper das Urtheil über die Richtigkeit bestimmter Bewegungen entwickelt und schärft. Es geschieht dies in einem solchen Maße, daß wir mit größter Bestimmtheit jede Erscheinung scharf abwägen, sobald ihr Einfluß auf unseren Geist mit der Vorstellung von Schwere zusammenhängt. Die Fig. 47 wird stets den Eindruck hervorbringen, daß die Kanne gefüllt sei. Wir schließen auf etwas das wir nicht sehen, auf einen Inhalt, weil wir aus der Erfahrung längst erkannt haben, daß ein leeres Gefäß von diesem Bau für einen Erwachsenen nicht schwer sei, und also kein Grund vorliege, den Schwerpunkt des Körpers auf die entgegengesetzte Seite zu verlegen. Durch die im Gedächtniß aufgespeicherten Erfahrungen wissen wir ferner, wie groß ungefähr die Kraft des Muskels sein muß, um eine solche Kanne zu tragen, und aus der Art und Weise, wie dies geschieht, ziehen wir weitere Schlüsse, ob der Träger stark oder schwach sei. Das Gewicht der „übermenschlichen Last" drängt sich uns auf, wenn sich der Tragende nur Schritt für Schritt mühsam weiter schleppt, und häufige Ruhe, d. h. Abspannung der ermüdeten Muskeln nothwendig ist. Dieser letztere Eindruck kann unser Mitleid erregen, und nun eine Reihe von weiteren Gedanken und Thaten zur Folge haben, welche durch den Anblick der ersten Erscheinung erregt wurden. Wer sähe nicht, daß der Titane Fig. 49 einen Felsblock mit dem Aufwand aller seiner Kräfte weiterschleppt; denn je größer die Last ist, desto stärker muß das Vorbeugen werden. Die Schwerpunktslinie muß noch die Ferse des unterstützenden Beines treffen, soll nicht die Last den Körper rückwärts reißen. Der Schwerpunkt darf aber nicht zu weit nach vorne verlegt werden, sonst entsteht der Eindruck und die Gefahr unter der Last zusammenzubrechen. Unsere Erfahrung, fälschlich „Gefühl" genannt, ist in diesen Fragen soweit entwickelt, daß jeder Fehler der darstellenden Kunst von uns sofort erkannt wird, und die unerbittlichen Regeln eines fallenden Körpers zeigen uns in demselben Augenblick, wo der Schwerpunkt desselben nicht mehr unterstützt ist, schon das endliche Schicksal. Strauchelt Jemand, so haben wir die drohende Gefahr, noch ehe der Sturz vollendet ist, schon erkannt, und doch hat uns dies Niemand gelehrt. Es sind Abstractionen, gebaut auf unsere eigenen Erlebnisse. Dies sind jedoch sehr complizirte Fälle. Erinnern wir uns an die verschiedenen Stellungen, welche die Gruppe fröhlicher Genossen zeigt, die unter einem schattigen Baum gelagert ausruht. Der Eine sitzt an der Erde und hat sich gegen den Baumstamm gelehnt, der Andere stützt den Oberkörper auf den wie eine Säule gestreckten Arm, und ein Dritter benützt dieselbe Säule nur zur Hälfte, und legt das Haupt in die Hohlhand. Die Absicht aller dieser Stellungen ist, die ermüdeten Muskeln zu entlasten. Dort hilft der Baumstamm das Gewicht des angelehnten Körpers tragen, und hier übernimmt es der Arm, den Rumpf vor dem Sinken zu bewahren. Betrachten wir die Darstellung einer solchen Gruppe auf einem Gemälde, so regt sich sofort der kritische Geist, wenn dem Künstler das Natürliche der Stellungen auch nur in einem Punkte mißlang.

Der Schwerpunkt am zweiten Lendenwirbel erleidet bei jeder Aenderung der Stellung eine Verschiebung. Wir können uns ein deutliches Bild dieser Lageveränderung an dem Schwanken eines Kahnes machen, sobald der darin Sitzende die Stellung ändert. Wer hätte sich nicht schon darüber gefreut, wenn der leichten Neigung des eigenen Körpers im Augenblick der ganze Nachen folgt, und bald der eine, bald der andere Rand bis an den Spiegel der blauen Fläche niedertaucht. Das leicht bewegliche Element gestattet dieses ungefährliche Spiel, weil es doch wieder an allen Stellen den schwankenden Kahn stützt; aber bei der Bewegung des Menschen auf festem Boden, wenn hier der Schwerpunkt aus seiner Gleichgewichtslage gestoßen wird, so kann er nur durch eine rasche, zweckentsprechende Unterstützung, durch Verlegung desselben nach einer anderen Stelle des Körpers, vor dem gänzlichen Falle bewahrt werden. Bis zu welchem Grade von Geschicklichkeit wir es hierin schon als Knaben gebracht, zeigt die Schnelligkeit, wodurch der unerwartete Stoß durch ein paar Sprünge parirt wird, der plötzlich unseren ganzen Körper aus dem Gleichgewicht geschleudert hatte. Aber es bedarf nicht des Hinweises auf solch außerordentliche Leistungen; üben wir doch die Verlegung des Schwerpunktes bei jedem Wechseln des Beines während des ruhigen Stehens! Stellen wir uns auf das Eine, während das Andere als sogenanntes Spielbein nur leicht auf dem Boden ruht, so zeigt sich deutlich, wie bei der Entlastung des Einen eine Correction in der Stellung des Rumpfes nothwendig wird. Wir beugen den Körper im Hüftgelenk und den Lendenwirbeln seitwärts und zwar ungefähr um 20 cm., gerade soviel als nothwendig ist, um durch die Seitwärtsneigung den Schwerpunkt senkrecht über das unterstützende Fußgelenk zu bringen.

a. Gehen.

Die Erkenntniß der Thatsache vom Schwerpunkt des menschlichen Körpers und seiner Unterstützung nach mechanischen Grundsätzen läßt vermuthen, daß bei dem Gehen dieselben Grundsätze ihre Geltung finden. Denn der natürliche Gang hat die Aufgabe zu erfüllen, den Rumpf, d. i. ein Gewicht, in einem bestimmten Abstand vom Boden mit gleichförmiger Geschwindigkeit mittelst der Beine fortzubewegen. Das Verfahren besteht darin, daß wir zunächst den Rumpf nach vorwärts schieben, indem wir das eine Bein durch Erheben auf den Zehenballen verlängern.

Dabei wird der ganze Rumpf gleichzeitig auch in die Höhe gedrückt, er und mit ihm der Schwerpunkt beschreiben einen leichten Bogen nach oben, und zwar ebenso hoch als der Fuß die Last emporgedrückt hatte; dann aber beginnt dieselbe wieder nach vorne hinabzusinken. Von jenem Augenblick an, in welchem die Erhebung geschah, übernimmt dasselbe Bein gleichzeitig die Balance des ganzen Körpers und zwar dadurch, daß der Schwerpunkt auf seine Seite hinübergehoben wird. Während der ganzen Dauer dieses Zeitabschnittes ist das andere Bein befreit von jeder Last und schwingt an dem nach vorn geschobenen Rumpf gerade soweit, um in der neuen Lage wieder als Stütze

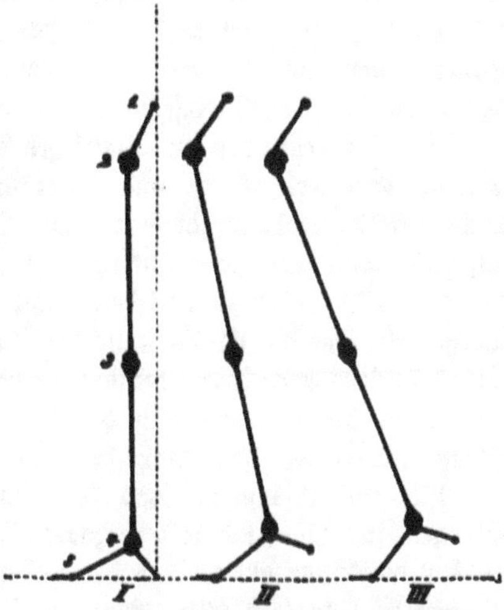

Fig. 51. Schematische Darstellung des Beines während des Stehens I, beim Beginn eines Schrittes II, und im letzten Moment, vor dasselbe den Boden verläßt III.

1 Lage des Schwerpunkts; die punktirte Linie die Schwerlinie. 2 Hüftgelenk. 3 Kniegelenk. 4 Sprunggelenk. 5 Zehengelenk.

dienen zu können. Nun übernimmt dieses die Rolle des Ersten; der Schwerpunkt wechselt seine Lage, der Fuß erhebt sich auf den Ballen, drückt den Rumpf eine kurze Wegstrecke nach vorwärts, während das entlastete Bein wieder soweit vorschwingt, um nunmehr den fallenden Rumpf auf sich zu nehmen. So wiederholt sich derselbe Vorgang während der ganzen Dauer der Bewegung. Die Arbeit der Beine ist also abwechselnd immer dieselbe. Während das Eine sich gegen den unnachgiebigen Boden stemmt, den Rumpf vorwärts schiebt und unterstützt, schwingt das Andere freihängend, um in dem rechten Augenblick die Last auf seine Schultern zu laden und sie wieder sicher eine kleine Strecke weiter zu befördern. Die Zergliederung des Vorganges läßt die Kraftleistung der Beine in der That sehr bedeutend erscheinen, wenn man bedenkt, daß immer nur Eines die Fortbewegung der Last auszuführen hat. Wenn trotzdem die Ermüdung beim natürlichen Gang erst sehr spät eintritt, und wir das Gehen lange Zeit hindurch ertragen, so erklärt sich dies vorzugsweise durch die Ruhe, welcher die Beine abwechselnd hingegeben sind, indem das jedesmal schwingende Glied von der Luft getragen ohne Muskelanstrengung bewegt wird. Ein zweistündiges Stehen bei der Parade strengt deshalb mehr an, als ein doppelt so langer Marsch, weil die Beine niemals so vollkommen entlastet werden. Das Kommando „rührt euch", wobei die Truppe sich bequem stellt und das eine Bein etwas von der Last befreit, gewährt keine so vollkommene Erholung, als jene Ruhe während des Gehens, welche bedingt ist durch die Theilung der Arbeit.

Alle, denen die Controle dieser veränderten Richtung am Rumpfe während des eigenen Ganges schwer fällt, mögen sich erinnern, wie schwierig es ist, Arm in Arm zu gehen, wenn nicht dabei gleichzeitig Schritt gehalten wird. Denn dann begegnen sich stets die regelmäßigen Schwankungen des Rumpfes und die Schultern stoßen an einander. Ganz anders, wenn im Tempo die gleichen Beine belastet werden, dann bewegt sich der Rumpf in beiden Körpern gleichzeitig nach rechts und nach links, je nachdem das rechte oder das linke Bein gerade in Thätigkeit ist. Am vollendetsten kann man sich von den einzelnen Tempi des Ganges, dem Erheben des Körpers und den abwechselnden Lageveränderungen des Schwerpunktes nach rechts und links, an einem vorbeimarschirenden Bataillon überzeugen. Bei dem gleichen Tempo und dem gleichen Schritt sieht man die Spitzen der Bajonette und der Helme

Fig. 52.

Fig. 53.

der ganzen Schaar abwechselnd nach rechts und links sich bewegen, je nachdem das rechte oder linke Bein in Thätigkeit ist.

Die gerade Haltung des Körpers ist bei dem ruhigen Gange nicht wesentlich verändert, aber sie wird sofort eine Andere auf der schiefen Ebene, weil dadurch der Schwerpunkt verschoben wird. Denn ist der Boden geneigt, so steht der Schwerpunkt unter dem Einfluß zweier Kräfte. Die Eine drückt ihn gegen die Erde, die Andere sucht ihn längs jener Ebene herab zu treiben. Schreiten wir bergauf oder bergab, so müssen wir den Körper stark neigen, so daß die Schwerlinie vor oder hinter das stehende Bein fällt. (Fig. 52. und 53.)

Die Treppe ist nur eine andere Form der schiefen Ebene, von Stufe zu Stufe durch eine horizontale Fläche unterbrochen. Steigt man Treppen rasch hinauf und herab, so muß der Körper in eine ähnliche Stellung gebracht werden, wie beim Gehen auf der schiefen Ebene eines Berges. Nur dann wird sich dieses Gesetz in der Erscheinung des Schreitenden nicht vollständig scharf ausprägen, wenn er langsam oder gravitätisch hinanschreitet. In diesem Falle hebt man bei jeder Stufe den Körper durch das Strecken des mit gebogenen Gelenken aufgestützten Beines. Ruht der Fuß auf der nächst höheren Stufe, so kann der Rumpf erst dann gehoben werden, wenn der Schwerpunkt senkrecht über den höhergestellten Fuß gebracht ist.

Eine der auffallendsten Erscheinungen, welche durch die Untersuchung des Ganges zu Tage gefördert wurde, ist die, daß das unbelastete Bein nach den Gesetzen eines freihängenden Pendels an dem emporgehobenen Rumpfe nach vorn schwingt, und daß keinerlei Muskelkraft für diese Bewegung erforderlich ist. Wenn der eine Fuß sich auf die Zehen hebt, um den Rumpf hinaufzudrücken und dann nach vorwärts zu schieben, löst sich der andere vom Boden. Durch das Erheben erhält das in der Hüftpfanne befestigte Bein Raum, die Pendelschwingung nach vorne auszuführen und gleichzeitig wird die Länge desselben durch eine Beugung im Kniegelenke in geringem Maße verkürzt. Es wurde schon der Bedingungen gedacht, unter denen die Gelenke sich bewegen; das der Hüfte ist bekanntlich vollkommener, als irgend ein Gelenk der Mechanik, weil es nicht durch den Rand der Pfanne getragen wird, sondern der atmosphärische Luftdruck es ist, welcher die Kugelflächen in Contact erhält. Der Beweis nun, daß die Schwingungen des Beines in die Reihe der Pendelschwingungen gehören, liegt zunächst darin, daß die Schwingungszeit des Lebenden und Todten genau übereinstimmt, und zwar gerade soviel beträgt, als die eines Pendels von der Länge desselben und der ihm zukommenden Massenvertheilung. Die Länge des natürlichen Schrittes bei dem ruhigen Gange ist demnach nicht Sache der Willkür, sondern die Folge eines physikalischen Gesetzes, das die Größe einer Schwingung abhängig macht von der Pendellänge. Je kürzer die Beine, um so rascher werden sie dem Gesetze gemäß ihre Schwingungen vollenden. Wir begreifen nun, warum kleine Menschen kurze, und große Menschen lange Schritte machen, warum die Bewegungen bei den Einen schnell und hurtig, bei den Andern gravitätisch und langsam sind, warum ein kleiner und großer Mensch Arm in Arm nur schwer zusammengehen und bald aus dem Schritte fallen, warum man im Militär die großen Leute in eine Reihe stellt u. s. w. Dies Alles gilt jedoch nur für den ruhigen Gang. Sobald die Schwingungen des Fußpendels beschleunigt werden sollen, müssen sie durch Muskelkräfte unterstützt werden und daraus erklärt sich, warum schnelles Gehen mehr ermüdet als langsames.

Die Gangarten der Menschen sind bekanntlich geringen individuellen Verschiedenheiten unterworfen. Sie wechseln nicht nur bezüglich des Tempo, sondern auch bezüglich der Haltung des Rumpfes und der Bewegungsart der Beine innerhalb bestimmter Grenzen. So hat z. B. bei sehr fetten Leuten der Gang etwas Schwankendes, Andere geben ihm dadurch, daß sie die Beine möglichst wenig beugen und strecken und dabei doch weite Schritte machen, etwas Gravitätisches, wieder Andere beugen die Knie sehr stark, wodurch der Gang nachlässig erscheint. Und was die Haltung des Rumpfes betrifft, so ist von Einfluß, ob dieser vor- oder rückwärts geneigt getragen wird, ob er unnöthige Schwankungen in derselben Richtung ausführt oder nach den Seiten. Die Erscheinungen all' dieser Verschiedenheiten prägt sich unserem Auge und der Schall der verschiedenen Tempi unserem Ohr ein, und ebenso sicher, wie wir Freunde an dem Tone ihrer Stimme erkennen, vermögen wir es auch aus dem Geräusch ihrer Gangart.

b. Sitzen.

Die Analyse der einfachsten Thätigkeiten unseres Körpers lehrt, daß beständig seine Masse in Betracht kommt. Die Muskeln sind es, welche sie bewegen, tragen und stützen. Vollziehen sie auch unbewußt und mit geduldiger Ausdauer, wie willenlose Sklaven ihren Dienst, so muß man sich doch hüten vor einer allzu *einseitigen* Anstrengung derselben und namentlich während den Entwicklungsperioden. Am deutlichsten zeigen sich die Gefahren bei allzu starker Anstrengung der Rückenmuskulatur wie

z. B. beim Sitzen. Die häufigen Rückgratsverkrümmungen sind die Veranlassung gewesen, warum in der letzten Zeit die Schulbankfrage eine so hervorragende Bedeutung gewonnen hat. Eine für die Jugend günstige Entscheidung ist nur von denjenigen Seiten möglich gewesen und auch in Zukunft werden gründliche Reformen in dieser Angelegenheit nur von denjenigen ausgehen, welche den Mechanismus des Körpers genau kennen. Beim Sitzen ruht nämlich die Last auf den Sitzknorren des Beckens, welche mit einem Fettpolster versehen sind. Die gebogenen Oberschenkel liegen mit der hinteren Fläche dem Sitze auf und gewähren dadurch eine nicht unbeträchtliche Erleichterung. Sie wirken wie weitere Unterstützungspunkte, welche die Last theilweise mit übernehmen. Unter solchen Umständen hat der Rumpf noch die Möglichkeit einer gewissen Bewegung, wenn auch diese vier Unterstützungspunkte niemals ihre Stelle verlassen. Denn er kann sich nach vorn und rückwärts und nach den beiden Seiten hin bewegen. Was nun die Schwere des Körpergewichtes beim Sitzen betrifft, so kommen die Beine und das Becken in Wegfall und nur das Gewicht des Unterleibes und des Oberkörpers sammt den Armen kommt in Betracht. Der Schwerpunkt dieser Masse liegt aber höher, als jener des ganzen Körpers, nämlich dicht am 9. Brustwirbel. Mechanisch betrachtet entspricht das Verhalten des Körpers genau einem zweiarmigen Hebel, dessen unterer Arm Fig. 52 2 auf der Unterlage festliegt, während der andere bei 1 durch eine Last beschwert in dem Gelenk bei 2 beweglich ist. Die geringste Erschütterung wird den Hebelarm 1 in Bewegung setzen, er wird

Fig. 52.

nach vorne oder rückwärts fallen und wenn das Gelenk ein Kugelgelenk ist, auch nach seitwärts.

Und genau so würde der Körper eines Sitzenden jeden Augenblick nach irgend einer der erwähnten Richtungen hinsinken müssen, wenn Muskeln seine Wirbelsäule nicht gerade hielten. Diese Aufgabe ist keine geringe, wenn man erwägt, daß die Wirbelsäule gegliedert ist, also einen hohen Grad von Beweglichkeit besitzt und daß das Becken mit einem Kugelgelenk von vortrefflichster Construktion auf dem Schenkelknochen ruht. An der Wirbelsäule zieht aber ferner noch das ganze Gewicht der Arme, ferner der nach vorne gebeugte Kopf und sämmtliche in Brust- und Bauchhöhle eingeschlossenen Eingeweide. Würde dieses Gewicht ungehindert wirken können, so sänke es soweit, bis das Maximum der Krümmung dieser beweglichen Säule erreicht wäre. Der nächst beste Versuch am eigenen Körper kann uns überzeugen, daß, sobald wir die Muskeln des Rückens abspannen, der Rumpf die gebückte Haltung annimmt. Ein Blick auf die Figur 53 wird zeigen, daß im menschlichen Körper keine anderen Mittel existiren können, um das Hinabsinken des Rumpfes zu verhindern, als Muskeln, welche der Schwere des Oberkörpers durch Zug von rückwärts Widerstand leisten. Zweifler, welche die kräftige Mitwirkung der Rumpfmuskeln für das aufrechte Sitzen leugnen, mögen sich an die Schwankungen erinnern, welche der Oberkörper eines Schlafenden, der auf einem Sitze ohne Rücklehne ruht, beständig zeigt. Die Herrschaft über die Muskeln ist im Schlafe herabgesetzt und mit dem Aufhören des Willens-Impulses sinkt die Masse bald nach vorne, bald nach der Seite. Wenn der Schlaf tief geworden ist, stürzt sie endlich zur Erde, ist er weniger tief, dann entstehen im rechten Augenblick noch

Reflexbewegungen, welche den Schwerpunkt in eine günstige Lage zurückführen. Kräftige Personen sitzen gerade, Schwache und Ermüdete stützen den Oberkörper auf die Arme und ein Zeichen höchster Kraftlosigkeit ist es, wenn der Sitzende in sich zusammensinkt. Um das Fallen des Rumpfes zu verhindern, hat also der menschliche Körper an und für sich keine anderen Mittel, als die Thätigkeit seiner contractilen Elemente. Die Rückenmuskulatur ist außerordentlich zusammengesetzt; links und rechts von der Wirbelsäule verlaufen von der hinteren Beckenfläche starke Stränge nach aufwärts bis zum Hinterhaupt. Ihr Umfang ist in der unteren Hälfte so bedeutend, daß sie an jedem, selbst dem zartesten Körper deutlich zu sehen sind. Jede Statue der Antike läßt sie erkennen und am Lebenden fallen bei jedem Schritt die abwechselnden Zuckungen auf, womit sie zur Balance des Körpers beitragen. Zerlegt man diese Muskeln in ihre einzelnen Theile, so findet man in erster Reihe ein System gerade und schief aufsteigender Bündel, welche sich theils an die Quer- und Dornfortsätze der Wirbel (Fig. 53), theils an die hinteren Enden der Rippen befestigen. Die schematische Figur 53 gibt theilweise eine Vorstellung von dem Verlauf dieser zahlreichen Stränge. Ziehen sich die links und rechts von der Rückenfurche befindlichen Muskeln gleichzeitig zusammen, so wird der gekrümmte Rücken gestreckt. Geschieht dies nur auf der einen Seite, so kann der seitlich zusammengesunkene Körper wieder in die gerade Haltung zurückgeführt werden. Um gleichzeitig mit Schnelligkeit auf die ganze Länge des Rumpfes bis hinauf zum Hinterhaupt wirken zu können, sind die Angriffsstellen sehr zahlreich. Sie finden sich an den Lendenwirbeln mit doppelten Zacken, an den Rippen und an den Brustwirbeln hinauf bis

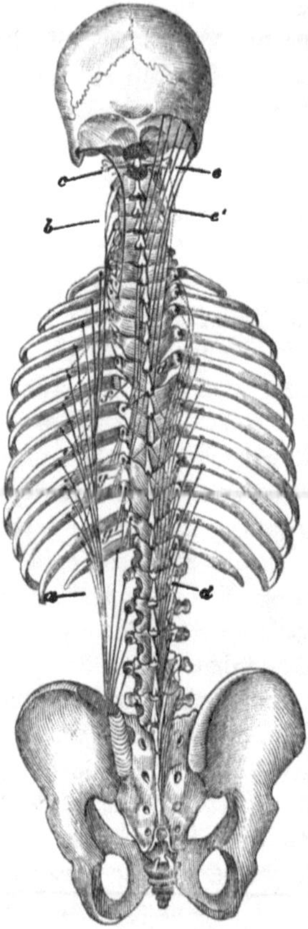

Fig. 53. Schematische Darstellung des gemeinschaftlichen Rückenstreckers und seiner Abtheilungen, musculus erector trunci.

a. Der äußere Theil von der Hüfte zu den Rippen m. ileo-costalis u. ileo-lumbalis.
b. Seine Fortsetzung zu den Halswirbeln m. cervicalis ascendens.
c. Verstärkungsfasern zum Hinterhaupt.
d. Innerer Theil m. longissimus dorsi zu den Rippen und Wirbeln.
e. u. e'. Muskelbündel zum Hinterhaupt u. den Halswirbeln m. complexus.
f. Tiefe Lage — m. semispinalis u. transversus.
g. Rippenheber mm. levatores costarum.

zur unteren Fläche des Hinterhauptes und damit sich die Masse nach oben nicht allzusehr erschöpfe, entspringen von den tiefer gelegenen Wirbeln stets neue Zacken, welche sich an weiter oben befindlichen Punkten festsetzen. So häuft sich jener complizirte Apparat, dessen genaue Zergliederung ein wahrer Probirstein für die Geschicklichkeit eines Anatomen ist. Das wahre Verständniß seiner einzelnen Theile wurde erst dann erschlossen, als man die Anordnung dieser bewegenden Kräfte auch mit denen der niederen Wirbelthiere verglich. An ihnen ist, wie in vielen andern Einrichtungen des Körpers das Spiel der verschiedenen Organe durchsichtig genug, um es in allen Einzelnheiten verfolgen zu können, während bei den höchsten Organismen und namentlich bei dem Menschen die Verwicklung der einzelnen Theile der Erkenntniß oft unüberwindliche Hindernisse entgegensetzt. Wir haben schon eines ähnlichen Beispieles gedacht, nämlich der Muskelcontraction, deren frappirende Eigenthümlichkeit ebenfalls bei den niederen Thieren zuerst erkannt wurde. Und so ist es schon oft die vergleichende Anatomie gewesen, welche die Kenntniß des menschlichen Organismus durch den Hinweis auf die einfacheren Formen wesentlich gefördert hat. Auch das volle Verständniß des m. erector trunci, des gemeinschaftlichen Rückgratstreckers, und all der übrigen viel verzweigten Bündel, welche auf jeder Seite des menschlichen Rückens thätig sind, eröffnete sich erst durch Vergleichung mit der entsprechenden Muskulatur niederer Thiere. Aber trotz der reichen Gliederung und der vielen und starken Muskelmassen ist selbst ein herkulischer Mann bei dem angestrengtesten Willen nicht im Stande mehrere Stunden hindurch ohne Ruhepause in strammer Rückenhaltung sitzend auszudauern. Und dennoch verlangen wir während der langen Schulstunden von den Kindern die gerade Haltung, rügen jede Aenderung, wodurch das Kind Erleichterung sucht. Jene strengen Richter und Richterinen mögen sich doch selbst am Tische belauschen und sich erinnern, was es heißt, unbeweglich mehrere Stunden still zu halten. Sie mögen sich erinnern, wie oft sie während dieser Zeit ihre Lage, freilich unbewußt ändern. Die müden Muskeln treiben von selbst auch ohne unseren Willen zur Annahme einer minder anstrengenden Haltung. Wir sehen deßhalb, daß der am Tische Sitzende bald den einen, bald den andern Arm auflegt, sich mit der Brust anlehnt, mit den Händen den Rand des Sitzes faßt, um den Rückenmuskeln wenigstens für einige Zeit ihre Last abzunehmen. Bekannt ist jene Haltung, bei welcher die Ellbogen auf den Tisch gestemmt und der Kopf in die hohle Hand gelegt wird. Kinder entdecken von selbst diese Stellung und sie ist bei ihnen so häufig zu sehen, daß sie geradezu charakteristisch ist. Auf dem berühmten Werke Raphaels, der sixtinischen Madonna stemmt einer jener Engel am Fuße des Bildes seine Hand gegen das Köpfchen und in den lieblichen Darstellungen von Kindern anderer Meister gibt es viele Varianten ein und derselben Erscheinung. Nicht Laune treibt das Kind dazu, Kopf und Rumpf zu stützen, sondern die Ermüdung der Rückenmuskeln, welche bedingt ist durch die Schwere des Rumpfes. Sollen keine Nachtheile für die Entwicklung des jugendlichen Körpers entstehen, der während mehrerer Stunden sitzt, müssen die Mittel wohl beachtet werden, welche ihm eine öftere Entlastung der Rückenmuskeln möglich machen. So muß zunächst an der Bank eine niedere Rückenlehne vorhanden sein, und der Tisch darf weder zu entfernt noch zu hoch liegen. Männer, die sich mit der ganzen Reihe jener Vorgänge während der Entwicklung und dem Einfluß des Sitzens auf den jugendlichen Körper beschäftigt haben, wie z. B. H. Meyer schieben die Hauptschuld der Entstehung jener seitlichen Rückgratsverkrümmungen zu hohen und zu weit entfernten Arbeitstischen zu. Das Bedürfniß, Hände und Kopf über dem Tisch zu haben, zwingt zu einem beträchtlichen Vorwärtsneigen des Rumpfes. Bei hohem Tisch müssen überdies während des Schreibens die Unterarme flach auf den Tisch gelegt werden und dadurch wird der Körper theils in die Höhe geschoben, theils hinaufgezogen, theils stemmt sich der beschäftigte rechte Arm mehr auf den Tisch und der linke wird frei gemacht. Aber diese ganze Haltung ist nur möglich bei einer Ausbiegung der Wirbelsäule nach rechts, welche sich noch dadurch steigert, daß bei dem Bedürfniß, der arbeitenden Hand zuzusehen der Kopf nach der linken Seite gewendet wird. Trifft damit zufällig noch der Umstand zusammen, daß die Muskeln der linken Seite etwas stärker sind, als die der rechten, so kann eine solche Ausbeugung (scoliosis) bald permanent werden*).

Die geläufige Ansicht, als sei die scoliose nur eine Difformität der Wirbelsäule, ist falsch, sie ist auch eine Difformität der Weichtheile namentlich der Muskeln. Und sie ist es nicht blos in vorgerückten Stadien, sondern auch im Beginn des Uebels. Die ursächlichen Momente sind vorzugsweise in den mechanischen Bedingungen der Aufrechtstellung des Rumpfes zu suchen. Wird der Oberkörper in schlecht construirten Schulbänken eine einseitige Haltung annehmen, so erfahren nicht allein die Knochen, sondern alle Weichtheile derselben Seite eine allmähliche Veränderung, welche um so tiefer geht, je länger sie zu ihrer Entstehung brauchte. Die Muskeln werden schwächer, verkürzen sich der ganze Brustkorb derselben Seite sinkt zusammen, die Rippen nähern sich, der Raum der sich einwärts krümmenden Rumpfshälfte, also auch der Raum für Lungen und Baucheingeweide wird kleiner, es muß folglich eine Verschiebung derselben stattfinden. Der Nachtheil liegt nun darin, daß alle diese Veränderungen bleibend werden durch die lange Dauer der schädlichen Einflüsse. Und vergessen

*) Manche Kinder machen es gerade umgekehrt, sie stützen den Oberkörper auf den linken gebogenen Arm und halten mit ihm das Schreibpapier; dann geht die linke Schulter hinauf, der Kopf wendet sich nach rechts und es entsteht eine Krümmung auf der entgegengesetzten Seite.

wir nicht, daß sie alle entstehen unter der Schwere der einzelnen Körpertheile. Der Rumpf sinkt durch sein eigenes Gewicht auf irgend eine Seite, wenn die Anforderungen, welche man an die Muskeln macht, zu groß sind. Auch die Muskeln der Wirbelsäule sind wie die des Armes oder des Beines nur einer bestimmten Kraftleistung fähig. Wir würden es als eine verabscheuungswürdige Barbarei betrachten, die Kinder während eines mehrstündigen Unterrichtes stehen zu lassen, weil wir wissen, wie sehr ermüdend diese Haltung ist. Aber eine gestreckte Haltung der Wirbelsäule, welche ebenfalls durch Muskelzug hergestellt wird, halten wir nicht für anstrengend. Und doch ist sie es ebenso. Und der noch wenig erstarkte Muskel unserer Kinder ermüdet noch rascher, als der der Erwachsenen, die übrigens jede Gelegenheit suchen, durch eine bequeme Stellung ihre Rückenmuskeln beim Sitzen zu entlasten. Hunderte des jungen heranwachsenden Geschlechtes mögen über all diese Schwierigkeiten siegen, aber manches talentvolle Kind erleidet eine Verstümmelung, welche die frohe Gestaltung seines ganzen Lebens unterdrückt. Man glaubt nun, etwas schwedische Heilgymnastik sei ein unfehlbares Mittel Dieser irrigen Meinung huldigen alle Jene, welche die Krümmung der Wirbelsäule ungefähr so betrachten, wie die eines gebogenen Eisenstabes. Man biegt solange auf die entgegengesetzte Seite, bis das Ding wieder gerade ist. Aber die Sache verhält sich anders. Erfahrene und ehrliche Heilgymnasten erklären, daß die Aussichten auf Heilung nicht besonders trostreich sind, daß die Anwendung mechanischer Apparate geradezu mißlich sein könne, was erklärlich sein wird nach dem über das Wesen der Krankheit Gesagten. Der naturgemäße Weg zur Heilung besteht darin, dem Patienten vor Allem die Bedingungen der geraden Haltung zu verschaffen und ihn so zu leiten, daß durch die Stellung des Rumpfes die Difformität ausgeglichen wird. Die Bestimmung der Lage des Arbeitsobjektes und die Richtung des Auges auf dasselbe, die Haltung des Kopfes, all' das muß so geregelt werden, daß der Schwerpunkt des Rumpfes auf die gesunde Seite verlegt wird. Dieses Verfahren hat den großen Vorzug, daß die zu Heilenden in ihrer gewöhnlichen Beschäftigung mehr oder weniger vollständig verharren können, daher nicht so große Opfer an Zeit und Geld erfordert werden, und daß daher auch dem weniger Bemittelten die orthopädische Behandlung der scoliose zugänglich wird, während sie es bisher bloß dem Reichen und Wohlhabenden war. Vor allem muß man auf die Turnübungen hinweisen, welche durch eine Kräftigung der ganzen Muskulatur, also auch der des Rückens, die Entstehung eines solchen Leidens verhindern, und dem entstandenen Uebel auf demselben Wege — durch Erstarkung der Muskeln, Beseitigung der bereits eingetretenen Lageveränderung der Eingeweide, am wirksamsten entgegentreten.

Die vorgebeugte Haltung und die damit verbundene Pressung des Bauches, der Brust und der vorderen Halsgegend erschwert selbstverständlich auch den Umlauf des Blutes und hindert die freie Athmung. Ich will nicht auf die Nachtheile der in den Leibeshöhlen befindlichen Organe hinweisen, aber die schon von vielen Seiten ausgesprochene Ueberzeugung soll hier ihren Platz finden, daß die zu hohen und zu weit entfernten Arbeitstische mit eine Hauptursache sind der unter der Jugend so rapid zunehmenden Kurzsichtigkeit. Es ist constatirt, daß es in den Stadtschulen achtmal mehr Kurzsichtige gibt, als in den Dorfschulen; ferner bilden von der niedrigsten Schule bis zur höchsten Städtischen die Zahlen der vorhandenen Kurzsichtigen eine ununterbrochen ansteigende Reihe, so daß die

Elementarschulen mehr Kurzsichtige als die Dorfschulen, die höhern Töchterschulen mehr als die Elementarschulen, noch mehr die Realschulen, und Gymnasien die meisten enthalten. In allen Realschulen und Gymnasien zeigt sich eine sehr beträchtliche Zunahme der Kurzsichtigkeit von Klasse zu Klasse. An dieser erschreckenden Zunahme trägt die Blutüberfüllung des Kopfes Schuld, bedingt durch die vorgebeugte Haltung bei unzweckmäßigen Tischen und besonders die nothwendige Gewöhnung des Auges an eine kurze Sehweite. Bei Herstellung zweckmäßiger Schulbänke ist vor Allem folgendes Rezept zu beachten. Der senkrechte Abstand zwischen Sitzbank und Tischplatte muß immer gleich sein der Entfernung der Ellenbogenspitze des zwanglos herabhängenden Oberarms von der Sitzbank. Die wagrechte Entfernung der Sitzbank von der Tischplatte soll nahezu gleich Null sein oder den Rand der Bank um 2—3 cm. überragen. Die Tischplatte soll 45 cm. (15 Zoll) breit sein, davon erhalten 9 cm. (3 Zoll) eine horizontale, 36 cm. (12 Zoll) eine schräge Lage mit einer Neigung von 6 cm. (2 Zoll); die Sitzbank muß 30 cm. (10 Zoll) breit sein. Die Lehne, 15—18 cm. (5—6 Zoll)*) hoch über dem Sitzbrett sei also eine Kreuzlehne, bei der die Unterstützung der Wirbelsäule am besten und sichersten geschieht. Ein Trittbrett in entsprechender Höhe ist unerläßlich.

Fig. 54.
Kunze's Schulbank.

*) Maßangaben der Schulbänke für jedes Alter enthält: Schildbach Dr. med. die Schulbankfrage und die Kunze'sche Schulbank, Leipzig 1869.

VII. Mechanik der Athmung.

Alle entwickelteren Wesen sind mit einem Apparate versehen, welcher die frische Luft in das Innere des Organismus hineinpumpt, und nach kurzer Zeit wieder ausstößt. Man kennt den Grund dieser Mechanik und weiß, daß kein Thier ohne Luft existiren kann; ihr Wechsel im Körper ist eine Nothwendigkeit; der Sauerstoff ist unerläßlich für die Erhaltung des Lebens und dieses Bedürfniß ist gleich für den Fisch im tiefen Wasser, den Vogel, der sich in die Höhe schwingt, ist gleich für alle Säugethiere bis hinauf zum Menschen, der sich das Alles nachdenkend beschaut. Er selbst gleicht darin wie die übrigen Wesen unseren Dampfmaschinen; ohne Luft brennt kein Feuer, entsteht keine Wärme und keine Bewegung. Die Maschine steht in kurzer Zeit still. Und der Mensch — er ist mit dem Stillstand des Athmens dem Tode verfallen. Bekanntlich sind in dem Brustkorb zwei häutige elastische Säcke, die Lungen, luftdicht eingefügt und nur durch eine einzige Röhre, die Luftröhre, trachea, mit der Atmosphäre in Verbindung gesetzt. Durch die Nase und den Mund ist ihr zwar der Zutritt gleichzeitig frei, aber beide Wege führen immer nur in die eine Röhre. Der Brustkorb, der Lunge und Herz umschließt, enthält einen nach oben bedeutend sich verjüngenden Raum. Bei der Betrachtung des Lebenden vermuthet man freilich eine

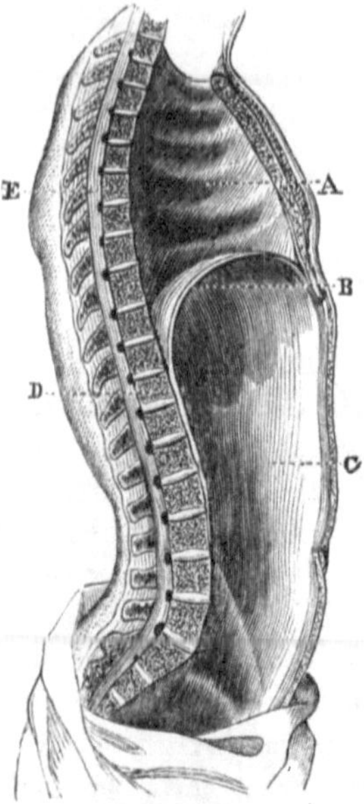

Fig. 55. Durchschnitt durch die Mitte des Stammes und seiner Höhlen. A Brusthöhle. B Zwerchfell. C Unterleibshöhle. D Wirbelsäule. E Rückgratkanal.

solche Gestalt nicht, die Breite der Schultern läßt eher das Umgekehrte erwarten. Diese Täuschung rührt davon her, daß an das obere Ende des Brustkorbes die beiden Arme angefügt sind mit dem Schultergerüst und den bewegenden Kräften, welche dem Arme seine Kraft und Stärke verleihen. Sie sind es, welche die wahre Gestalt des Rippenkastens verdecken. An dem geöffneten Raum freilich ist, wie in nebenstehender Fig. 55 die wahre Form desselben unverkennbar. Dabei ist ferner zu beachten, daß er vorne abgeplattet ist wegen des Brustbeins, und rückwärts bildet die Wirbelsäule der Mittellinie des Körpers entlang einen starken Vorsprung nach innen, wodurch links und rechts zwei tiefe Buchten entstehen. Die Seitenflächen dagegen sind auffallend gewölbt. Was nun die Räume zwischen den elastischen Rippen betrifft, so sind sie durch Muskeln vollkommen ausgefüllt, so daß von dieser Seite kein Luftzutritt möglich ist. Die obere enge Oeffnung ist ebenfalls geschlossen. Die ein- und austretenden Gefäße, Nerven und die weiten Wege für Luft und Nahrung sind hermetisch eingefügt, und endlich nach unten bildet das Zwerchfell eine Grenze zwischen den Verdauungsorganen. Diese Scheidewand zwischen Brust- und Bauchhöhle ist aber so eingepaßt, daß ein ansehnlicher Theil des von den Rippen begrenzten Gebietes am Oberkörper für die Bauchhöhle abgetrennt wird. Lungen und Herz nehmen also zusammen im Gegensatz zur äußeren Erscheinung einen kleinern Platz ein, als die Organe der Bauchhöhle. Eine hervorragende Eigenschaft des Brustkorbes besteht in der Fähigkeit sich zu erweitern und zu verengern. Es rührt dies einmal davon her, daß die Rippen in hohem Grade elastisch und mit Gelenken an der Wirbelsäule befestigt sind, die Muskeln also das ganze Gerüste der Rippen in die Höhen ziehen können, dann aber ist auch das Zwerchfell in hohem Grade beweglich, denn es besitzt wie jeder andere Muskel die Fähigkeit der Contraction; zieht es sich zusammen, so sinkt seine Kuppe und drückt die Eingeweide des Unterleibes herab.

In diesem vergrößerungsfähigen Raume sind nun die beiden Lungen frei aufgehängt. Die Luftröhre spaltet sich in zwei Aeste, welche nach links und rechts sich wenden und unter wiederholter Theilung in das lufthaltige Lungengewebe ausstrahlen.

Es entstehen durch Theilung stets feinere und feinere Aeste des einen großen Zufuhrrohres. Die beiden ersten B und C, sowie die ganze Reihe der aus ihnen hervorgehenden nennt man Bronchien. Erweitert sich nun der Brustraum, so muß, da sonst nirgends ein Zugang zu den Lungen im gesunden Menschen existirt, die Luft durch Mund und Nase erst durch die Hauptröhre A und dann in die Theiläste streichen. An den Enden der feinsten Bronchien sitzen nun kleine höchst elastische Bläschen, die sogenannten Lungenbläschen. Die Erweiterung des Brustraumes ist stets so groß, daß die Luft durch die feinen Kanäle bis in diese Bläschen gelangt und ihre Wandungen durch Druck auseinander treibt. Nach kurzer Zeit verengert sich der Raum. Sofort ziehen sich die vorher erweiterten Lungenbläschen vermöge ihrer Elastizität zusammen und treiben einen ansehnlichen Theil der in der Lunge enthaltenen Luft durch die Röhren wieder heraus. Die Respiration besteht also in einer beständigen Wiederholung des Einathmens, bedingt durch die Erweiterung des Brustkorbes, und des Ausathmens, bedingt durch die Elastizität der Lungenbläschen. Muskeln sind es, welche ohne den Einfluß unseres Willens oder unserer Aufmerksamkeit be-

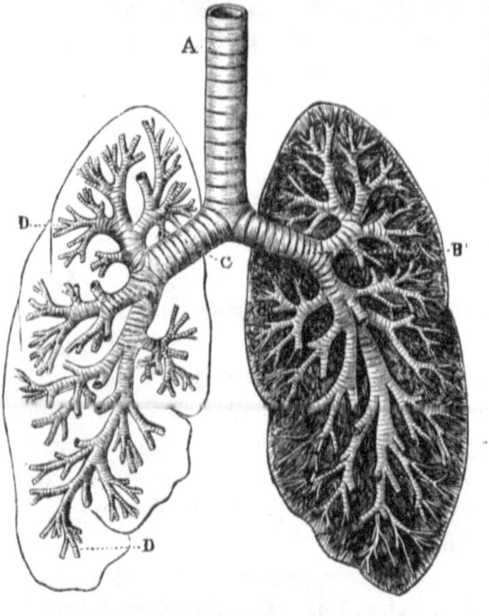

Fig. 56. Luftröhre und ihre Theilung im Innern der Lunge. A Luftröhre. B linker Hauptast Bronchus sinister. C rechter Hauptast Bronchus dexter. D D die kleineren Röhren und Bronchien.

ständig, im Schlafen, wie im Wachen thätig sind. Ihre Wirksamkeit ist im höchsten Grade regelmäßig und es ist dabei zu beachten, daß stets eine gleiche Menge der eingeathmeten Luft wieder durch die Ausathmung fortgetrieben wird. Ehe wir in der Schilderung der Mechanik weiter fahren, bedarf die eigenthümliche Scheidung des Respirationsorganes in zwei getrennte Abtheilungen, in eine linke und rechte Lunge einer kurzen Erwähnung. Es handelt sich darum, die Luft in die innigste Berührung mit dem Blute zu bringen. Es mußte also das Herz, der Sammelpunkt des aus dem Körper zurückkehrenden Blutes, in nächster Nähe sein; seine günstigste Lage war in der Mitte des Brustraumes, gleichsam im Centrum des Luftherdes, und es konnte zwischen den Lungen nur Platz finden, nachdem der ganze Apparat in zwei ungefähr gleiche Theile getrennt war. Die Organe für die Luftaufnahme sind nur durch ihre Lage, nicht durch ihren feineren Bau verschieden. Er ist auf beiden Seiten derselbe, überall finden sich die Lungenbläschen; in die zarten Wandungen eingeschlossen verlaufen die feinen Haargefäße, welche beständig durch neuen Zufluß aus dem Herzen gefüllt werden. Unzählige Strömchen vertheilen sich so günstig, daß das zirkulirende Blut allseitig von der Luft und die in den Lungenbläschen enthaltene Luft allseitig vom Blute umgeben ist. Das große Bedürfniß nach Sauerstoff, welches die Eigenwärme, die Empfindlichkeit der Nerven und die Arbeitskraft der Muskeln erfordert, verlangte eine mächtige Ausbreitung des Stromes. Die Gase, welche ins Blut übergehen oder dasselbe verlassen, müssen, wie aus dem eben Gesagten zu vermuthen, die Wandungen der Bläschen und die der Haargefäße durchdringen. Und dies geschieht, während das Blut mit einer Schnelligkeit von ungefähr 1 mm. pro Sekunde die Gefäße durcheilt. Der Austausch findet statt unter der Wirkung der Diffusion, einem jener Gesetze, nach welchem Gasarten in tropfbare Flüssigkeiten übergehen oder zwei Gasarten sich gegenseitig austauschen, welche durch eine feuchte Scheidewand getrennt sind; endlich kommt noch dazu, daß in der Lunge eine Diffusion stattfindet von Flüssigkeiten in Luft, nämlich die sogenannte Verdunstung.

Die beständige Verdunstung von Wasser auf der Oberfläche der Lungen ist eine so bekannte Thatsache, daß sie nur mit wenigen Worten erwähnt zu werden braucht. Bei kalter Luft bildet unser Hauch einen Nebel, der vor uns schwebt dem Mund entweichend, und in Gestalt kleiner Tropfen sich an metallischen oder Glasflächen niederschlägt. Die ausgeathmete Luft enthält demnach eine bedeutende Menge Wasser in Dampfgestalt und zwar ist sie, wie man nachgewiesen hat, vollständig mit Wasserdampf gesättigt. Die Menge, welche wir in dieser Form zu jeder Jahreszeit durch unsere Lungen entfernen, hängt natürlich ab von dem Wassergehalt der Luft. Ist sie, wie an Regentagen, schon nahezu mit Wasserdampf gesättigt, so kann nur wenig ausgeschieden werden, bei trockenem Wetter dagegen ist die Menge sehr bedeutend und steigt bis zu 1 Kilo Wasser innerhalb 24 Stunden. Diese Verdunstung von Wasser und überhaupt die Vorgänge der Diffusion auf der Oberfläche der Lungen lassen sich begreifen, wenn man erwägt, daß beim Menschen und bei den höheren Thieren der gesammte Blutstrom, die Gesammtmasse des Körperblutes durch die Lungen gepreßt wird und nicht etwa ein Bruchtheil davon, wie bei den Amphibien und Fischen. Er geht auch nicht wie bei den Fischen aus dem Körperherzen hervor, sondern es existirt ein eigenes Lungenherz, das freilich mit dem Körperherzen verwachsen ist, das aber nur die eine Aufgabe hat, den Lungenblutstrom im Gange zu erhalten. Die Masse, welche beständig die für den Lungenkreislauf bestimmte Abtheilung des Herzens zu dem Luftherde befördert, ist sehr beträchtlich; denn das pro Sekunde in die Lunge eingetriebene Blutquantum beträgt 176 Cubikcentimeter und pro Minute etwas über 2 Liter. Für diese unausgesetzte Ueberschwemmung bieten die Wandungen der Lungenbläschen eine Oberfläche von 88 Quadratmetern bei einem Innenraum von c. 3000 Cubikcentimetern. Unter diesen Umständen wird es begreiflich, wie die eingeathmete Luft, so kalt sie auch sein mag, augenblicklich die Temperatur des umgebenden Blutes annimmt, wie sie in Berührung mit der Blutflüssigkeit sich vollkommen mit Wasserdampf sättigt, und überdies gleichzeitig den Austausch der Kohlensäure gegen den Sauerstoff erfährt. Ein Mensch von mittlerer Größe athmet in der Minute 5 Liter Luft ein und aus, in der Stunde streichen also 300 Liter durch unsere Lungen, und in 24 Stunden 7200. Die Menge des Sauerstoffes, welches während dieser Zeit in den Körper aufgenommen wird, beträgt bei einem erwachsenen Mann ungefähr 2 Kilo. Man kann aus diesem Umstande leicht ermessen, welch wichtiges Nahrungsmittel frische sauerstoffreiche Luft ist.

Die genaue Untersuchung über das Verhalten der beiden Lungen, während sie sich ausdehnen und wieder zusammenziehen hat gelehrt, daß sie dabei niemals die Innenwand des Brustkorbs verlassen, sondern mit ihrer Oberfläche dicht an ihr auf und niedergleiten. In dem Brustkorb findet sich nirgends freie Luft, es sind ja die Lungen allseitig geschlossen. Während des Lebens gelangt also niemals Atmosphäre in den Raum zwischen Lungen und Thorax. Während der Entwicklung des Menschen aber, so lange der Körper noch offen war und die Eingeweide noch frei da lagen, besaß der Embryo noch keine Athmung, sondern befand sich umgeben von Fruchtwasser und den Eihäuten. Die Stoffe zur Bildung und zum Wachsthum erhielt sein Körper aus dem Blute der Mutter, ihre Lungen athmeten auch für ihn, denn sein Respirationsapparat ist, so lange er im Mutterleibe eingeschlossen, in vollkommene Ruhe gebannt. Wenn sich auch sonst das Kind bewegt, der Brustkorb hebt und senkt sich nie. Mit dem ersten Athemzug füllt sich auch zum erstenmale die Lunge mit Luft, zum erstenmale dringt dieses flüchtige Element in die Lunge, bis zu jenem Augenblick war sie luftleer. Unter solchen Umständen können die Lungen von der Innenwand des Thorax sich niemals entfernen; die Adhäsion hält sie beständig in Contact. Sobald er sich erweitert, folgen sie ihm ebensolange, als seine Erweiterung fortschreitet. Man hat sich von dieser auffallenden Erscheinung am lebenden Thier und Menschen schon direkt überzeugen können. Beim Knochenfraß der Rippen handelt es sich oft darum, das kranke Stück zu entfernen. Wie die Fig. 57 erkennen läßt, sieht die eine Fläche der Rippe nach dem Brustraum, nur bedeckt von dem sogenannten Rippenfell, der pleura costalis, einer 1/4 mm dünnen, hellen, durchsichtigen Bindegewebshaut. Man kann von ihr die Rippe loslösen; sie besitzt soviel Festigkeit, daß sie den Eingriffen einer solchen Operation widersteht, und ihre Fasern sind so dicht gewebt, daß Luft sie nicht durchdringt so lange sie befeuchtet ist; dabei ist sie aber durchsichtig, und man kann ohne Gefahr wiederholt die dahinter liegenden Lungen während der Operation beobachten. Der Grad der Verschiebung ist nun bei ruhigem Athmen geringer, als bei forcirtem. Während des beständigen Wechsels von Füllung und Entleerung reiben sich Thoraxwand und Lungenoberfläche aneinander. Diese Verschiebungen geschehen im gesunden Zustande völlig schmerz- und geräuschlos; beide Flächen sind glatt, die pleura costalis, das Rippenfell sowohl, als die Oberfläche der Lunge, welche ebenfalls einen feuchten Ueberzug, das Lungenfell (pl. pulmonalis) besitzt. Entzünden sich aber diese Membranen, dann verlieren sie ihre Glätte, stechende Schmerzen kündigen namentlich den Anfang ihrer Entzündung an, die man die Brustfellentzündung oder Pleuritis nennt. Dann ist jedes Einathmen qualvoll und der Arzt hört an der betreffenden Stelle ein „Reibungs-Geräusch". Wie häufig und damit auch wie gefahrlos kleine Entzündungen sind, mag man daraus entnehmen,

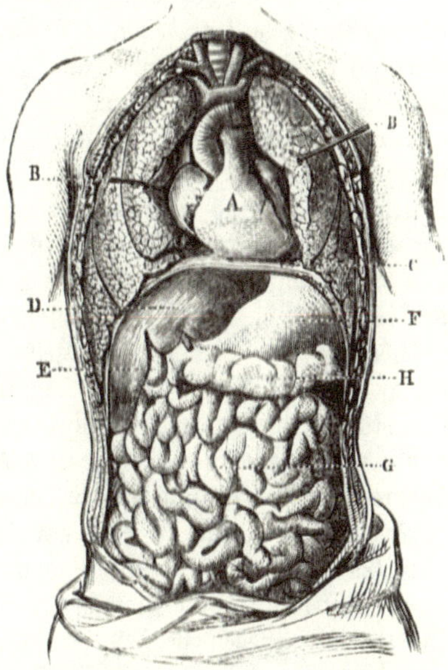

Fig. 57. Brust- und Bauchhöhle geöffnet. A Herz. B die Lungen, etwas bei Seite gezogen. C Zwerchfell. D Leber. E Gallenblase. F Magen. G Dünndarm. H. Querdarm, ein Abschnitt des Dickdarms.

daß nur selten eine völlig unversehrte Lunge gefunden wird. Die meisten zeigen an einigen Stellen die Folgen vorhergegangener Entzündungen, welche zu leichten, dehnbaren Verwachsungen geführt haben.

Die „Pleura" ist noch wegen eines anderen Umstandes von besonderem Interesse. Sie bildet zu beiden Seiten des Herzens eine vollkommene Scheidewand, so daß es nicht direkt an den beiden Lungen anliegt, sondern nur indirekt vermittelst der Gefäße mit ihnen in Verbindung steht. Diese müssen folglich die Scheidewände durchbohren und hier kehrt dasselbe Verhältniß wieder, wie an der oberen und unteren Oeffnung des Brustkorbes. Alle Röhren, welche den Verschluß passiren, sind mit dem Rande verwachsen, sind luftdicht eingefügt; denn die Pleura begleitet auch die großen Gefäße, welche vom Herzen in die Höhe steigen oder zu ihm zurückkehren bis an das obere Ende des Brustraumes, und unten verwächst sie zu beiden Seiten mit dem Zwerchfell. Durch diese seltsame Anordnung entstehen in der Brusthöhle drei vollständig getrennte Räume; die seitlichen sind für die Aufnahme der Lungen bestimmt und der mittlere Raum für das Herz.

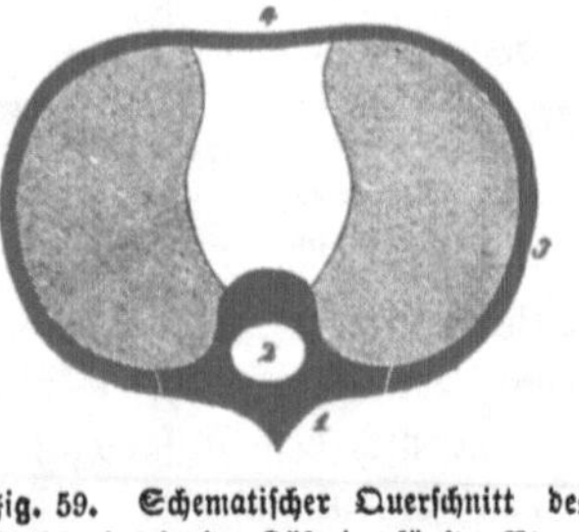

Fig. 59. Schematischer Querschnitt des Brustkorbes in der Höhe der fünften Rippe. 1 Wirbelsäule. 2 Wirbelkanal. 3 Rippenwölbung. 4 Brustbein. In der Mitte der Raum (hell) für das Herz, zu beiden Seiten Abtheilungen für die Lungen.

Durch diese Anordnung sind die beiden lufthaltigen Lungen vollständig von einander getrennt und hängen nur durch den gemeinsamen Luftkanal, die Trachea zusammen. Zwischen ihnen liegt isolirt das Herz und seine Gefäße. Die Strömung des Blutes ist zwar frei, aber nur innerhalb der geschlossenen Röhren.

Der Werth dieser strengen Gliederung tritt dann in seinem ganzen Umfange vor die Augen, wenn bestimmte Erkrankungen oder Verletzungen eines dieser Organe treffen. Bei der Brustfellentzündung z. B. kommt es nicht selten zum Erguß einer dem Blutwasser ähnlichen Flüssigkeit. Beschränkt sich die Ausschwitzung derselben auf eine Lunge, so kann sich der ganze Raum vollständig mit ihr füllen, das Athmen hört auf dieser Seite völlig auf, weil das Gewicht des Wassers die Luft heraustreibt und einen solchen Druck übt, daß jede Füllung mit diesem Lebenselement so lange unmöglich ist, als das abgesonderte Wasser in diesem Raume verharrt. Dieses verderbliche Fluidum gelangt jedoch niemals in den Pleurasack der anderen Seite, wenn auch der ganze Raum bis zur Spitze oben am Halse, erfüllt ist. Es kann auch nicht in die für das Herz bestimmte Abtheilung eindringen, weil jede Communication fehlt. Durch dieses System der Sonderung ist der enorme Vortheil erreicht, daß die von Wasser freie Lunge in ihrer wichtigen Thätigkeit unbehindert bleibt. Sie übernimmt den Dienst der kranken und oft mit solcher Vollkommenheit, daß manche Patienten nicht einmal von Athemnoth gequält werden, obwohl die Hälfte des ganzen Respirationsapparates in seiner Arbeit vollständig gelähmt ist. Nur eine solche Einrichtung macht es möglich, daß bei einem Stich oder Schuß in die eine Lunge die Erhaltung des Lebens möglich ist, weil die andere, die unverletzte noch ihre Aufgabe erfüllen kann.

Wer die Athembewegungen weiter verfolgt, wird bald bemerken, daß das Ein- und Ausathmen nicht immer gleichmäßig vor sich geht. Das ruhige oder Abdominal-

athmen unterscheidet sich scharf vom forcirten oder *Costalathmen*. Bei der ersteren Art wird mehr der Unterleib hervorgewölbt und ausgedehnt, bei der letzteren vorzugsweise die Brust. So verschieden die äußere Erscheinung am Körper ist, ebenso verschieden verhalten sich die beiden Lungen. Beim ruhigen Gang der Respiration dehnen sich zumeist nur ihre unteren Partien aus, welche auf dem Zwerchfell liegen Fig. 57; die Lungenspitzen, der schmale Theil in der Nähe des Halses nimmt nur wenig auf. Während des Schlafes und bei ruhiger Haltung des Körpers athmen wir in dieser Weise. Das Zwerchfell vermittelt nahezu ausschließlich diesen Vorgang, indem es wie der Stempel einer Spritze durch seine Contraction nach abwärts dringt und während des Ausathmens wieder in die Höhe steigt. Beim tiefen Athemzuge hebt sich dagegen der ganze Brustkorb. Die Ausdehnung des ganzen Raumes steigt um ein sehr beträchtliches und die Lungen werden von der Spitze bis herab zum untersten Lungenlappen von Luft erfüllt. Bei starken körperlichen Anstrengungen oder heftiger, leidenschaftlicher Erregung findet immer tiefes volles Athmen statt und das starke Heben und Senken der Brust kann man selbst durch die Kleidung hindurch wahrnehmen. Die Fig. 59 versinnlicht die beiden Arten des Athmens. Die dunkle Silhouette stellt den Körper eines gerade stehenden Mannes dar nach der Exspiration. Die ausgezogene Linie, welche

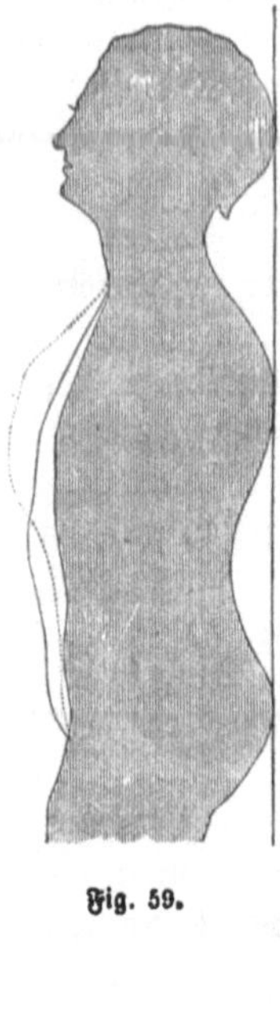

Fig. 59.

zumeist am Unterleib sich vorwölbt, zeigt den Moment der vollzogenen *ruhigen* Einathmung. Das Zwerchfell hat sich gesenkt und die in der Bauchhöhle eingeschlossenen Eingeweide herabgedrückt. Nachdem die vordere Bauchwand am meisten beweglich ist, denn hinten leistet die Wirbelsäule und die unteren Rippen sammt den umfangreichen Muskeln Widerstand, wölbt sich diese, um beim zweiten Akt sich wieder abzuflachen. Denn das Zwerchfell steigt in die Höhe und der Raum für die Verdauungsorgane ist nicht mehr beengt. Ganz anders ist die Gestalt des Athmenden während der *forcirten* Inspiration. Die punktirte Linie in Fig. 59 zeigt die beträchtliche Erweiterung des Brustkorbes, namentlich seine Erhebung dort wo die Lungenspitzen sich finden. Aber die Erweiterung findet, was bei der Silhouette nicht zu sehen ist, auch nach den Seiten statt. Die Rippen erfahren beim Erheben gleichzeitig eine Drehung ihrer Fläche nach außen, das Zwerchfell sammt den an ihm befestigten Eingeweiden wird gespannt, die Eingeweide der Bauchhöhle schlüpfen theilweise in den unter den Rippen gelegenen Theil, dorthin getrieben durch das Flachwerden der Bauchmuskeln. Bei wohlgebauten Individuen ist unter solchen Umständen die Dislokation der Eingeweide so stark, daß man das Pulsiren der auf der Wirbelsäule liegenden Bauchaorta deutlich durch Haut und Muskeln hindurchfühlen kann. Diese beiden Gegensätze zwischen dem ruhigen und forcirten Athmen verdienen unsere ganze Aufmerksamkeit. Man erwäge wohl, daß bei sitzender Lebensweise nur die unteren Lungenlappen in Thätigkeit versetzt sind während die oberen beinahe vollständig ruhen. Daraus ergibt sich eine wichtige Folgerung für die körperliche Erziehung der Jugend. Soll diese unter dem Einfluß einer sitzenden Lebensweise an dem Athmungsorgan nicht geschädigt werden, so muß man ihr Gelegenheit geben, zeitweise dasselbe in eine energische Thätigkeit zu versetzen. Dies geschieht aber nur bei körperlicher Anstrengung, wie sie für den Städter auf dem Turnplatz geboten ist. Laufen, Springen, Klettern, alle Freiübungen, die Uebungen am Barren und Reck erregen die sämmtlichen Muskeln des Körpers, und stets wird dabei auch die Muskulatur des Brustkorbs in Mitleidenschaft gezogen. Die ganze Summe der bewegenden Kräfte an unserem Körper hängt durch das Nervensystem zusammen, und sobald eine größere Gruppe in Bewegung geräth, gerathen auch die übrigen und namentlich die des Brustkorbes in denselben Zustand. Deßhalb sieht man bei einem nur etwas rascheren Gang ins Freie, obwohl sich nur die Beine bewegen, doch bald eine Steigerung der Respiration. Die Erhebung des Brustkorbes wird allmählich stärker, die Athemzüge tiefer und voller. Ja selbst die Organe, welche tief im Körper verborgen und unserem Willen entzogen sind, zeigen dem aufmerksamen Beobachter deutlich jene eigenthümliche Erscheinung der Mitbewegung, in welche sie durch die Aktion anderer Körperpartien versetzt werden. Wer den Fuß über die Schwelle hebt nnd den ersten Schritt in's Freie setzt, hat dadurch, ohne es zu bemerken, bereits die Thätigkeit seines Herzens verändert. Der Gang drückt zu wiederholtenmalen den Fuß auf den Boden, die Empfindung setzt sich durch die vermittelnden Nerven nach dem Rückenmark fort und greift, wenn auch Anfangs leise, doch stätig in alle Nerven des Körpers. Schon oben wurde der Thatsache gedacht, daß von einem einzigen Nerven an der Oberfläche des Körpers aus nach und nach die Muskeln des ganzen Stammes in Erregung versetzt werden können, dort wurde eines Beispieles aus jener schweren Erkrankung gedacht, des Starrkrampfes, der in der Regel den Organismus vernichtet. Aber hier stehen wir vor einer einfachen Erscheinung, welche den Zusammenhang der zarten Saiten, welche den Körper durchziehen, deutlich erkennen läßt. Freilich ein vollkommen Gesunder gewahrt kaum an sich jene erhöhte Thätigkeit des Herzens, welche in Folge dieser gelinden Reizung durch einen Gang aus dem Zimmer entsteht. Aber bei dem durch Krankheit reizbaren Menschen z. B. bei einem bleichsüchtigen Mädchen, das, um spazieren zu gehen, die Treppe hinunter hüpft, wird das Herzklopfen deutlich empfunden. Wenn so die leichte Bewegung allmählich das Herz und die ganze Körpermuskulalur ergreift, so können wir den Nutzen ermessen, der von zeitweise stärkeren Bewegungen für den ganzen menschlichen Körper entspringt. Vielleicht zeigt jener Zusammenhang zwischen den empfindenden Nerven und dem Herzen dem aufmerksamen Leser, daß die Bewegung des Blutes zu einem nicht geringen Theile abhängig ist vom Athemholen. Nehmen wir an, daß ein Spaziergänger, bei dem wir Herz und Nieren prüfen, statt 70 Pulsschläge deren 80 in der Minute aufweist, und das ist durchaus keine übertriebene Annahme, so ergeben sich auf Grund der Berechnungen, die später genauer aufgeführt werden sollen, daß seine Herzkammern eine Kraft entwickeln, welche um 480 Kilogrammeter jene übersteigt, welche das Herz jenes Mannes zeigt, der ruhig im Zimmer sitzt. Wir wissen ferner, daß die äußeren Theile des Körpers während einer auch nur leichten Bewegung um einen halben Grad Celsius wärmer werden, obwohl die inneren Theile dabei wahrscheinlich keine erhebliche Veränderung ihres Wärmegrades erfahren. Bedenkt man nun, daß wir während der Bewegung im Freien mehr Luft in die Lunge bringen und dazu noch die Luftschichte, die unseren Körper umgibt, beständig wechseln, daß wir die Luft in den Lungen bei mäßig warmer Witterung, bevor wir sie ausathmen, nahezu dem Blute gleich warm machen, während wir an die uns umgebende Luft nicht bloß durch Ausstrahlung, sondern auch durch gesteigerte Verdunstung mehr Wärme verlieren, als wenn wir ruhig in der Stube sitzen, so leuchtet weiter ein, welch große Folgen die Erregung nur einer bestimmten Abtheilung unserer Körpermuskeln auf das Herz, auf die Athmung und den Kreislauf übt.

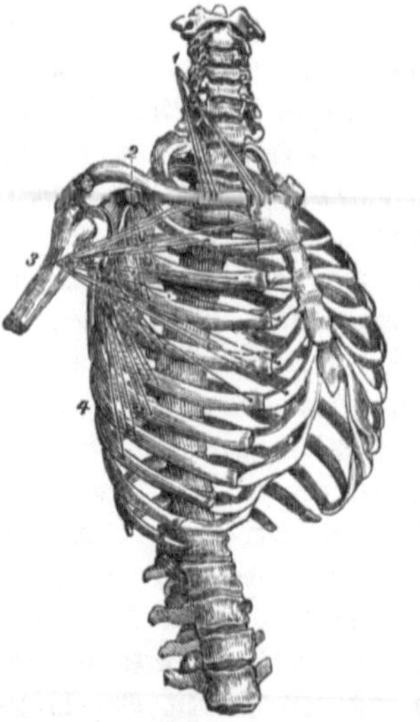

Fig. 60. Die Aufheber des Brustkorbes schematisch dargestellt.
1 der zum Schädel aufsteigende Theil. 2 der kleine Brustmuskel. 3 der große Brustmuskel. 4 der vordere Sägemuskel.

Fragen wir nun, auf welche Art der Brustkorb sich erweitert, wo die Muskeln sind, welche das Gerüste des Thorax in die Höhe ziehen, so gibt die Fig. 60, in welcher die Zugrichtung jener Muskelfasern, ihr Ursprung und ihr Ansatz durch Linien markirt ist, hierüber Aufschluß. Es finden sich Zugkräfte, welche am Schlüsselbein und Brustbein beginnen und nach dem Schädel hinauf ziehen. Fig. 60 1 zeigt den Verlauf eines solchen Stranges auf der rechten Seite. Nach der Seite gegen den Arm (Fig. 60, 3) ziehen bedeutende Fleischmassen, welche von den sechs oberen Rippen und von der

Außenfläche des Brustbeins entspringen, um am Ende des Oberarmknochens sich zu befestigen. Es sind dies die Bündel des großen Brustmuskels, dessen Stärke bei wohlgebauten Gestalten niemals durch die Haut völlig verdeckt wird. Der kleine Brustmuskel zieht von der zweiten bis fünften Rippe hinauf zum Rabenschnabelfortsatz des Schulterblattes (Fig. 60, 2), und endlich sei hier noch der vordere Sägemuskel erwähnt, der mit 10 Zacken von den oberen neun Rippen kommt, um am hinteren Winkel des Schulterblattes und höher hinauf an demselben Knochen sich festzusetzen. Wer den ganzen Verlauf, wer die Richtung und den Ansatz dieser bewegenden Kräfte verfolgt, wird bemerken, daß schon beim Erheben des Kopfes also dem Zurückziehen der Schultern sämmtliche Fasern der erwähnten Abschnitte in Spannung versetzt werden, also den Brustkorb erweitern müssen. Und in der That, ein einfaches Experiment überzeugt davon. Bei der strammen Haltung, welche die Schulterblätter einander nähert, die Arme, statt sie nach vorne herabsinken zu lassen, an die Seitenlinie des Körpers zurückzieht, ist als nothwendige Folge die Erweiterung der Brust herbeigeführt. Ihr Raum wird direkt, wie aus dem Vorhergegangenen ersichtlich ist, vergrößert und folglich die Lunge mit einem größeren Quantum Luft erfüllt.

Der Mangel an Bewegung bringt aber noch andere Nachtheile, als jene sind, welche nur in zu geringer Thätigkeit der Muskeln des Beines oder der Muskeln des Herzens und des Zwerchfells liegen; denn es wird sich zeigen, daß eine kräftige Bewegung unerläßlich ist für die Integrität der Lunge. Nur zu leicht sammelt sich bei sitzender Lebensweise in den Bronchien (Luftröhren) Schleim an, kleinere Aeste werden wohl auch unwegsam, dort entwickelt sich dann eine schleichende Entzündung und der Anfang zu den weitgehendsten Zerstörungen ist gemacht. Der Katarrh wird permanent, er verbreitet sich allmählich über die ganze Oberfläche der Bronchien und vergebens wird man nach Rettung suchen beim Arzt oder in Bädern. Es ist ferner zu betonen, daß der Brustkorb durch das forcirte Athmen nicht bloß momentan an Raum gewinnt, sondern allmählich auch für die Zukunft geräumig bleibt. Namentlich sind es die Frei- und Geräthübungen, welche eine systematische Erweiterung zu Stande bringen, weil sie vorzugsweise die Muskeln des Armes und der Schulter kräftigen. Und gerade darin liegt ein Mittel der ererbten Schwindsucht, der Tuberkulose kräftig entgegen zu wirken. Es ist bekannt, daß sich dieses Uebel durch Generationen fortschleppt vom Vater auf den Sohn oder ein Mittelglied überspringend vom Großvater auf den Enkel. Das Verderbliche und das Erschütternde dieser Krankheit liegt darin, daß sie den Erwachsenen am meisten gefährdet, daß sie den reifen Mann oder das reife Mädchen vernichtet. Der Grund ist darin zu suchen, daß die mangelhafte Form des Brustkorbes von Vater oder Mutter auch ein Antheil des Kindes wird; denn die Lungen des Neugeborenen sind an und für sich vollständig gesund. Der Mensch trägt stets die Zeichen der Abstammung an sich, und es ist nicht nur die Farbe der Haare, der Augen, es ist nicht allein die Bildung des Gesichtes, welche die Aehnlichkeit bestimmt, sondern der ganze Typus der Gestalt überträgt sich auf den Sprößling. Wie wir sehen, daß die Aehnlichkeit erst dann am Deutlichsten hervortritt, wenn mit der Reife das ganze Individuum sich scharf charakterisirt, so zeigen sich erst um diese Zeit auch die ungünstigen Verhältnisse in dem Brustkorb, der schmal, enge und abgeplattet später von so gefährlichem Einfluß auf die Lunge wird. Denn liegen die Lungenspitzen in einem allzu engen Raum, so können sie sich nicht genügend ausdehnen. Die körperliche Erziehung kann nun durch methodisches Ueben, durch ein weises Maß von Anstrengungen die großen am Brustkorb befindlichen Muskeln so beschäftigen, daß durch ihren Zug allmählich der schmale Brustkorb auseinandergezogen wird. Die Verödung der Lungenspitzen wird dadurch verhindert, denn mit der Weite des Raumes wächst ihre Größe und mit ihrer Uebung auch ihre Kraft. Auf diese Weise kann die drohende Gefahr in der That beseitigt werden und es gibt Beweise genug, daß selbst bei jungen Leuten von 18 Jahren durch die unausgesetzte Anstrengung der ganze Bau des Brustkastens allmählich verändert und die Weitung desselben erreicht wurde. Schleppt sich jedoch ein solcher Organismus durch die dumpfe Luft der Schulzimmer hindurch, um endlich an ein Pult der Schreibstube gefesselt zu werden, dann beginnt der Krankheitsprozeß und zerstört bald schneller, bald langsamer den heranreifenden Mann. Ganz dasselbe gilt natürlich von den Mädchen, welche ja gerade während ihrer kräftigsten Entwicklung in die Schulen gebannt sind. Es ist deshalb eine dringende Forderung, die körperliche Erziehnng mit der größten Umsicht zu leiten und nicht ausschließlich den hohen geistigen Anforderungen der Jetztzeit Genüge zu thun.

Der Brustkorb, der theilweise aus knöchernen Spangen besteht und im Rücken die gegliederte Wirbelsäule enthält, ist selbstverständlich nur bis an eine gewisse Grenze ausdehnbar und ebenso kann der Raum nur bis auf einen bestimmten Grad verengert werden. Dieser letztere Umstand ist vor Allem wichtig, denn er macht eine völlige Entleerung der Lungen von Luft gerade zu unmöglich. Es hat sich gezeigt, daß selbst dann, wenn die Ausathmung auf den äußersten Punkt getrieben wird, die Lungen noch 1 — 1½ Liter, genau 1200 — 1600 Cubikcentimeter Luft enthalten. Man nennt diese Menge die rückständige Luft. Selbst nach dem Tode, nach dem letzten Athemzug ist sie noch in den Lungen enthalten und kann erst entweichen, wenn der Brustkorb geöffnet wird. Bei der gewöhnlichen Art des Ausathmens bei der keinerlei Absicht auf den Brustkorb verengernd einwirkt, bleibt bedeutend mehr zurück. Die Menge beträgt ungefähr 3000 Cubikcentimeter. Die Luft, welche wir bei einem ruhigen Athemzuge der in den Lungen schon vorhandenen neu zuführen, heißt Respirations-Luft und entspricht einer Menge von 500 Cubikcentimetern. Beim gewöhnlichen Athmen wird also nur ⅙ der in der Lunge enthaltenen Luft erneuert und es geht daraus hervor, daß die frischeingeathmete mit der vorhandenen sich mischt und in diesem Zustand bis in die letzten Lungenbläschen hinabdringt.

Bei der physikalischen Beschaffenheit des Gewebes, aus dem die Lungenbläschen bestehen, läßt sich erwarten, daß die Luft während des Eindringens irgend ein Geräusch hervorbringe, gerade so wie beim Einströmen in Röhren oder lufthaltige Räume anderer Art. Dem ist nun in der That so, und an dem Brustkorb jedes gesunden Menschen kann man während des Einathmens ein leichtes knisterndes Geräusch hören, das dann entsteht, wenn die Luft in die feinen Lungenbläschen übertritt. Legt man das Ohr weiter nach oben an die Luftröhre, so hört man ein leichtes Blasen, hervorgebracht durch die Reibung der Luft an den Wänden der Röhre. Die Entdeckung dieser Thatsache hat in der Medizin allgemein dahingeführt, durch Behorchen der Oberfläche des Brustkorbes, durch die Auscultation, die Geräusche der Lunge zu studiren, um daraus den Zustand ihres Gewebes zu erfahren. Denn es läßt sich erwarten, daß erhebliche Veränderungen innerhalb der Luftwege durch Geräusche wahrnehmbar sind.

Für das Studium des verborgenen Organes während krankhafter Zustände ist dem Arzte noch ein anderes Hilfsmittel geboten, das auf den physikalischen Eigenschaften eines mit Luft gefüllten Raumes beruht, welcher in eine Erschütterung versetzt wird. Klopft man auf den Brustkorb, und man hat kleine Hämmerchen für diesen Zweck construirt, deren vorderes mit Kautschuk überzogenes Ende auf eine an die Haut gedrückte Elfenbeinplatte fällt, so gibt das Organ in der ganzen Ausdehnung, soweit es mit dem Brustkorb in Berührung ist, einen charakteristisch hohlen Ton von sich, den Resonanzton. Und bei jeder Verdichtung, bei jedem Zustande des Gewebes, der die Aufnahmsfähigkeit der Luft vermehrt oder vermindert, läßt sich durch die Beachtung der Resonanz ein klares Bild gewinnen über die Art der Veränderungen. Man nennt jene Methode der wissenschaftlichen Untersuchung der Lungen, welche aus dem Tone des Brustkorbes auf den Zustand der Organe schließt, die Untersuchung mittelst Percussion.

Wenn die Mechanik der Athmung, ihr Eingreifen in die Reihe der Lebenserscheinungen auf das Deutlichste zeigt, wie der Organismus von der Außenwelt beständig abhängt, so gibt es doch noch ein Beispiel, das jedem Laien den vollen Eindruck gibt, wie sehr der ganze Prozeß von mechanischen Kräften beherrscht wird: ich meine die künstliche Respiration bei Scheintodten, bei Asphyktischen. Es handelt sich darum, ob ein menschlicher Körper, der keine außerordentliche Verletzung erhalten hat, d. h. weder eine Zerstörung der Organe noch der Gewebe, aber aufgehört hat diejenigen Fähigkeiten zu zeigen, welche Leben genannt werden, nicht wieder in dasselbe zurückgerufen werden könne. Es muß dies selbstverständlich innerhalb jener Zeit geschehen, in der das Blut in den Gefäßen noch nicht geronnen ist und noch ehe es chemische Veränderungen unter der Form von Fäulniß erfahren hat. Der erste Versuch, der an einem durch Chloroform oder durch Ersticken im Wasser Leblosen angestellt wird, besteht in der Herstellung des künstlichen Athemholens. Das Individuum wird auf eine leicht geneigte Ebene gelegt, der Mund geöffnet, fremde Substanzen, wie bei den Ertrunkenen: Schlamm, entfernt, der Brustkorb und der Unterleib von engschließenden Kleidern befreit. Indem der Kopf in der gewöhnlichen Richtung mit dem Rumpfe gelassen wird, stellt man sich hinter denselben, faßt den obern Theil der beiden Arme in der Nähe der Schultern und trachtet durch Anziehen an sich selbst die Rippen zu heben. Es ist leicht ersichtlich, daß durch diese Bewegung die Durchmesser des Brustkorbes vergrößert werden müssen, denn man zieht mit der Erhöhung der Schulter sämmtliche Brustmuskeln gleichzeitig in die Höhe und damit alle ihre Fasern, welche sich an dem Brustbein und den Rippen befestigen. Denselben Effekt erreicht man auch damit, daß die Arme im Handgelenke gefaßt und über den Kopf des Leblosen hinaufgezogen werden. Ein kurzer Nachlaß spannt die durch das Aufheben angezogenen Brustmuskeln ab, und die Wiederholung erhebt den Brustkorb von Neuem. In der That hört man alsbald, wie die Luft mit einem Geräusch durch den Kehlkopf in die Lungen ein- und ausstreicht. Diese Bewegungen werden entweder mit dem gewöhnlichen Rhythmus der Respiration, oder auch, wenn man es als nothwendig erachtet, mit einem raschern wechselweise wiederholt. Bei diesem Vorgehen hört man das Individuum ganz wie ein Lebendes athmen, so daß es scheint, als ob dasselbe zum Leben erwacht wäre, obwohl es todt sein kann. Es ist daher möglich, daß es zum Leben zurückkehre, wenn ihm nur noch eine geringe Lebensfähigkeit innewohnt. Das künstliche Athemholen kann aber nur wirksam sein, solange noch Blut durch die Gefäße der Lunge sich verbreitet. Dies haben zahlreiche Experimente an Thieren bewiesen, welche angestellt wurden, um über die beste und schnellste Methode Gewißheit zu erhalten, welche geeignet ist, das Leben eines Menschen zurückzurufen. Man verfuhr dabei in folgender Weise. Sobald das Thier in Folge von Chloroform-Narkose aufhörte Zeichen des Lebens von sich zu geben, wurde das künstliche Athemholen eingeleitet. Auch bei Thieren ruft das Zurückziehen der Vorderbeine eine Erhebung des Brustkorbes hervor. Aber um einen tieferen Einblick in das Verhalten der Lungen zu gewinnen, verfährt man noch in einer anderen Weise. Die Brustwand wird entfernt und die direkte Wirkung der Procedur auf das Herz beobachtet. Um das künstliche Athmen zu vollziehen obwohl der Mechanismus des Brustkorbes zerstört ist, bedient man sich eines besonders hiefür construirten doppelten Blasbalges. In vielen Fällen, wenn das Herz nur noch leichte Zuckungen zeigte, war es möglich auf dem Wege der künstlichen Respiration den Herzschlag wieder vollständig in den regelmäßigen Gang überzuführen. Das erste Experiment dieser Art, mit Hilfe der künstlichen Athmung die Herzthätigkeit auf's Neue zu erregen, hat C. Ludwig gemacht; ihm gebührt das Verdienst gezeigt zu haben, welch mächtiger Erreger für die Herzthätigkeit der Sauerstoff ist, der durch die Lunge in das Blut übergeführt wird. Die Thätigkeit, der Wiederbeginn des Herzschlages geschieht zuerst in dem rechten Vorhofe, dann folgt die rechte Kammer, dann der linke Vorhof und zuletzt die linke Kammer. Versuche, welche über die Wiederbelebung namentlich in England angestellt wurden, zeigen, daß mit Hilfe der künstlichen Athmung das Herz von Neuem beginnt, selbst wenn die Lungencapillaren aufgehört haben Blut von ihm zu erhalten. Durch die Respirationsbewegung vermag sich das in den Lungen noch vorhandene Blut zu oxydiren, die linke Herzseite zu erreichen und dadurch die Macht zu erlangen, dasselbe wieder zu erregen. Von dort aus wird es sich über die Arterien verbreiten und dadurch das Leben und zwar zunächst die Athmung wieder herstellen. Die Wiederbelebung hängt also, wie diese Versuche zeigen, davon ab, ob das Herz durch die künstlich eingetriebene Luft noch erregbar ist. In vielen Fällen, in denen beim Menschen keine Spur eines Herzschlages mehr vorhanden d. h. von außen durch die Brustwandungen zu entdecken war und man mit Sicherheit annehmen durfte, daß nur schwache und ungenügende Zuckungen noch seine Wände leicht erschütterten, gelang es durch die künstliche Respiration das Leben zurückzubringen. Es bedarf dazu nur Zeit und Geduld, um dieses Resultat zu erreichen. Die Bewegungen müssen fortgesetzt werden bis zu einer Stunde und mehr; denn nachdem der Blick auf das Herz nicht frei ist, wird man erst dann von der Erfolglosigkeit sich überzeugt halten können, wenn nach unausgesetzten Bemühungen an der Stelle, wo die Herzspitze am stärksten gegen die Rippen pocht, Nichts darauf deutet, daß es seine Thätigkeit allmählich wieder beginne. Bei all diesen Versuchen ist die Wärme ein kräftiges Unterstützungsmittel: denn sie beseitigt die Zusammenziehungen der Gewebe, sie erhöht die Erregbarkeit der Nerven, von denen, wie wir in den kurz vorhergehenden Blättern erfahren, die größte Einwirkung auf das Herz ausgeübt wird.

VIII. Mechanik des Herzens.

1. Bau des Herzens.

Die mechanische Aufgabe der Lungen im Thier- und Menschenkörper berechtigt uns, sie mit einem Blasbalg zu vergleichen, der den nothwendigen Bedarf an Luft einzieht, und das Herz ist trotz der sympathischen Schläge, mit denen es die Geschicke unseres Lebens begleitet, doch nur ein Pumpwerk, das einen beständigen Umschwung des Blutes, den sog. Kreislauf bedingt. Warum es dennoch als Maschine jede Regung des Gemüthes durch die Aenderung des Rhythmus anzeigt, wurde schon angedeutet und wird unten noch des Weiteren erörtert werden; hier handelt es sich zunächst um seine Construction.

Die schon von den Säugethieren her bekannte Form findet sich auch beim Menschen. Das Herz gleicht einer ovalen Fleischmasse. Die obere Hälfte ist mehr schlaff und breit, die untere zugespitzt und verräth einen kräftigen Bau. Starke Adern ziehen dicht unter der Oberfläche, denn auch das Herz bedarf der Ernährung, und diese Gefäße bringen ihm beständig neue Zufuhr. Meist sind schmale Fettstreifen wie überall so auch hier durch ihre weiße Farbe auf dem unteren Abschnitt deutlich zu unterscheiden.

Die aus vielen Muskelbündeln gewebte Fleischmasse umschließt zwei von einander vollkommen getrennte Höhlen.

Schon von außen bemerkt man an der sonst glatten Oberfläche eine Längsfurche; sie entspricht der Scheidewand im Innern.

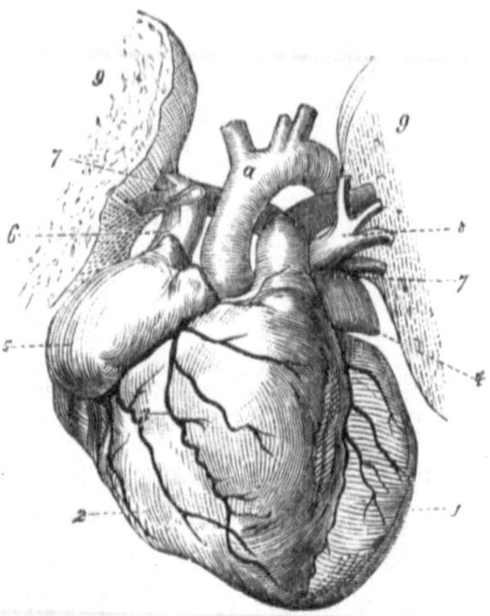

Fig. 61. Das Herz und sein Zusammenhang mit der Lunge.

1 linke Herzhälfte. 2 rechte Herzhälfte. 3 die Aorta. 4 linker Vorhof. 5 rechter Vorhof. 6 obere Hohlvene. 7 Lungenschlagader vom rechten Herzen entspringend. 8 Lungenvenen, welche das Blut zurückbringen aus 9 9 den Lungen.

Das Herz des Menschen ist nämlich wie das der Säugethiere ein doppeltes, aus zwei einfachen Herzen bestehendes, von welchen das eine das Rechte, das andere das Linke genannt wird. Jede dieser Hälften hat eine andere Aufgabe. Das Linke, das Herz mit rothem Blut, hat die Bestimmung, in seinem Vorhof das aus den Lungen durch die Lungenvenen kommende reine und hellrothe Blut aufzunehmen, um es dann in die Herzkammer übergehen zu lassen, die es durch die Schlagadern in alle Theile des Körpers führt. Das rechte Herz nimmt in seinen Vorhof das aus allen Theilen des Körpers zurückkehrende dunkle Blut auf, schafft es in seine Kammer, die es in die Lungen führt, wo es wieder hellroth wird. Mit einem Wort: das linke Herz ist dasjenige, welches bei der Vertheilung der Lebensflüssigkeit in alle unsere Organe und in alle unsere Gewebe die leitende Rolle spielt, und das rechte Herz ist dasjenige, welchem die Wiederbelebung des Blutes in den Lungen obliegt, um es dem linken Herzen zurückzugeben u. s. f. Bei dem Menschen und bei allen Thieren nähren sich die Organe vom Blut. Sie leben dort ähnlich wie die Wasserthiere im Wasser, und wie man das Wasser erneuern muß, welches sich ändert und seine nährende Elemente verliert, ebenso muß mittelst des Kreislaufes das Blut erneuert werden, das seinen Sauerstoff verliert und sich mit Kohlensäure schwängert.

Man wird diese Verrichtung des Herzens begreifen, denn seine Fibern sind dergestalt angeordnet, daß sie die Wände einer Tasche bilden. Die nothwendige Wirkung der Zusammenziehung der diese Tasche umschlingenden Fasern muß die Höhlen verengern und den Inhalt austreiben. Dies wird uns erklären, warum bei jeder Zusammenziehung der Herzhöhlen das Blut, das sie enthalten, ausgestoßen wird.

Das Herz thut seine Thätigkeit gleich beim Ursprung des Lebens kund, sehr lange bevor es seine vollendete Form und seinen charakteristischen Bau besitzt. Es gibt nichts so schönes als Zeuge zu sein von dem Entstehen des Herzens. Bei dem bebrüteten Hühnerei erscheint schon in der 26. oder 30. Stunde auf dem Keimfelde ein sehr kleiner Punkt, das punctum saliens, in welchem man endlich seltene und kaum wahrnehmbare Bewegungen bemerkt. Allmählich erlangen diese einen ausgesprochenen Charakter und werden häufiger; das Herz zeichnet sich besser ab, Arterien und Venen bilden sich, die Blutflüssigkeit gibt sich deutlicher kund und das ganze provisorische Gefäßsystem (area vasculosa) stellt sich strahlend rings um das Herz zur Schau aus. In diesem Augenblick sind die

Grundumrisse des Körpers bereits zum Vorschein gekommen: das in voller Thätigkeit befindliche Herz repräsentirt einen isolirten Blutmotor, welcher der Organisation vorangeht und bestimmt ist, die zur Bildung des Thierkörpers nothwendigen Materialien auf den Bauplatz zu befördern. Bei dem Vogel sucht das Herz die Materialien in den Bestandtheilen des Eies: bei den Säugethieren schöpft es sie aus den Elementen des mütterlichen Blutes.

Die Innenfläche der beiden Herzhöhlen ist uneben.

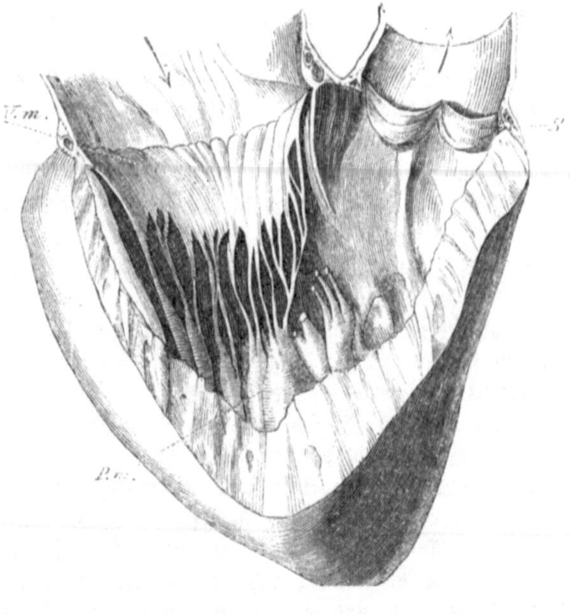

Fig. 62. Linke Herzkammer geöffnet.

V. m. Eine Segelklappe, valvula mitralis, über ihr die Wand des Vorhofes. P. m. Papillarmuskeln. S Vv. semilunares. Taschenventile an der Aorta.

Von den Wänden entspringen in einer bestimmten Höhe weiße segelähnliche Zipfel Fig. 62 V m, welche wie durch kleine Taue nach unten zu befestigt und an fleischige Pfeiler Pm festgebunden sind. Diese letzteren heißen Papillarmuskeln.

Die segelähnlichen Zipfel, im linken Herzen zwei im rechten drei, legen sich bei dem Herzschlag gegeneinander und grenzen so in jeder Herzhälfte einen oberen dünnwandigen Raum von einem unteren dickwandigen ab. Der obere jeder Seite heißt Vorkammer Vorhof, Atrium, der untere stärkere: Herzkammer oder Ventrikel. Auf diese Weise können die beiden Herzhälften zeitweise in v i e r Räume zerfallen, von denen jedoch nur die entsprechenden Seiten unter einander zusammenhängen. Die Stelle, wo die segelähnlichen Zipfel entspringen, ist außen ebenfalls deutlich, und zwar durch eine Querfurche zu erkennen. Die Grenze

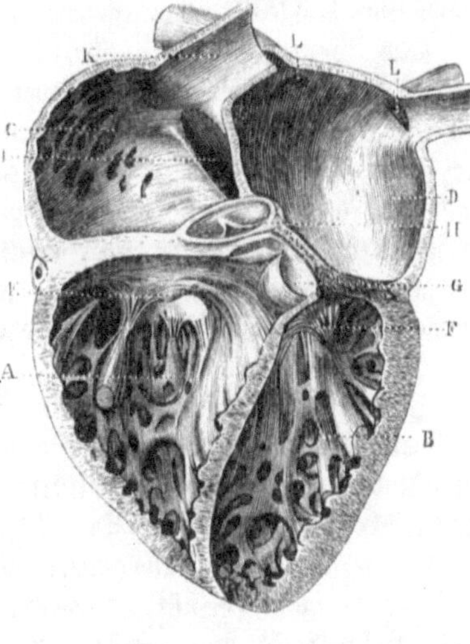

Fig. 63. Senkrechter Schnitt durch das Herz. A Rechte Kammer. B Linke Kammer. C Rechter Vorhof. D Linker Vorhof. E Oeffnung zwischen Vorhof und Kammer rechts. F Oeffnung zwischen Vorhof und Kammer links. G Lungenschlagader mit ein paar Klappen. H Aorta mit Klappen. I Untere Hohlvene. K Obere Hohlvene. L Venen, in denen das Blut zum Herzen aus den Lungen zurückströmt. (Lungenvenen.)

zwischen den Kammern und den höher gelegenen Vorkammern ist überdieß noch besonders durch die Verschiedenheit in der Stärke der Wandungen leicht zu finden.

Mit diesen vier Hohlräumen (Fig. 63) stehen nun mehrere große Blutgefäße in Verbindung. In die rechte Herzhälfte und zwar in die Vorkammer münden alle Venen oder Blutadern in Gestalt der beiden Hohlvenen Fig. 63 J K, welche mit dem aus dem Körper zurückkehrenden mit Kohlensäure belasteten Blut erfüllt sind.

Aus der Vorkammer strömt es über die Segelklappen hinweg in die rechte Kammer und findet von dort aus eine neue Abflußröhre, die Lungenschlagader G, die sich nach kurzem Verlauf in zwei Aeste für die Lungen theilt. Das Blut durchzieht nun diese Organe und kehrt auf anderen Wegen und gesättiget mit Sauerstoff nach der linken Herzhälfte zurück, und zwar zunächst in die Vorkammer. Von dieser Vorkammer steht ihm der Weg offen nach der linken Kammer.

Hier befindet sich wieder eine große Ausflußröhre, die Aorta, die Körperschlagader Fig. 64 A, welche sich verästelt und in alle Theile des Körpers Blut abgibt. Die schematische Figur 64 C K. Das Blut der linken Kammer strömt also durch den ganzen Körper und, nachdem es seine Aufgabe erfüllt, wieder zum rechten Vorhof. Diese Bahn heißt der große Kreislauf. Das Blut der rechten Kammer folgt nun den reichverästelten Bahnen durch die Lungen L, und kehrt auf dem kürzesten Weg nach dem linken Vorhof zurück. Dieser Bogen heißt der kleine Kreislauf. Die Strömungen des Blutes kommen zu Stande durch rhythmische Zusammenziehungen des Herzens; denn verkleinert es sich, dann treiben die Kammern das Blut fort Auf diese Weise entsteht wieder Raum, so daß während der Erschlaffung d. h. während der Erweiterung neue Blutmengen zuströmen können. Das Herz befindet sich also in einem fortwährenden Wechsel zwischen Zusammenziehung (Systole genannt) und Erschlaffung (Diastole). Herzschlag im eigentlichen Sinn ist stets nur die Systole, bei welcher die Herzspitze sich stärker gegen die Rippen der linken Seite anpreßt. Die Diastole d. h. die nach der Zusammenziehung folgende Erweiterung des Herzens fühlen wir nur als Pause.

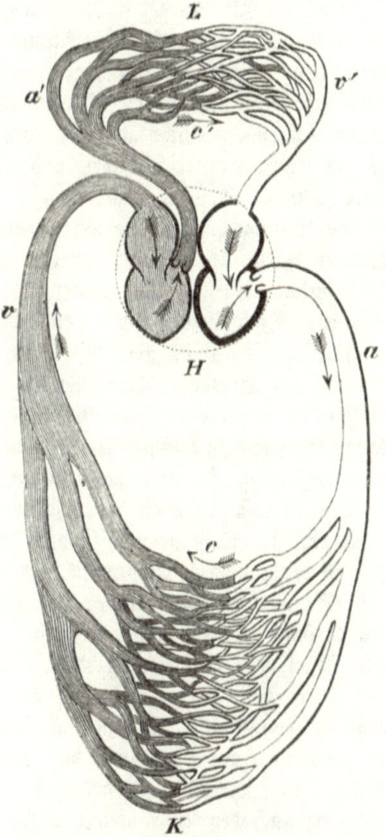

Fig. 64. Schema des Gefäßsystems.
H die beiden Herzhälften mit ihren Klappenvorrichtungen. a die Verästelung der großen Körperschlagader Aorta. c das Capillarnetz, das in allen Organen des Körpers K durch dieses Hauptgefäß gefüllt wird. v die großen Körpervenen. a' die Lungenschlagader. c' das Capillarnetz der Lunge. L v' die Lungenvene. Die Pfeile zeigen die Richtung des Blutstroms innerhalb des Gefäßkreises an.

Durch diese Zusammenziehungen wird das eingeströmte Blut stets wieder ausgetrieben, aber, was sehr wichtig ist, immer nach derselben Richtung hin und zwar innerhalb ganz bestimmter und überall geschlossener Röhren.*) Und diese Richtung ändert sich niemals in gesunden Tagen. Die Blutmenge, welche aus den Lungen zurückkehrt, wird in die große Körperschlagader und deren Aeste getrieben. Immer neue Mengen rücken nach, welche endlich nach weiten Umwegen durch die Hohlvenen in die rechte Herzkammer durch den Vorhof einströmen. Und was immer dort ankommt, muß wieder den Weg nach den Lungen nehmen. Diese stets gleichbleibende Richtung, diese unerschütterliche Regelmäßigkeit des Stromes ist bedingt durch Ventile im Herzen. Diese Ventile gleichen im Princip vollständig denen der Mechanik. Nehmen wir an, die Herzkammern seien mit Blut gefüllt und es erfolge eine Zusammenziehung: so wird das Blut nur dann die Kammern wirklich verlassen, wenn der Rückfluß nach den Vorhöfen versperrt ist. Dem ist nun in der That so. Wo die Vorhöfe in die Kammern einmünden, sind die erwähnten Segel- oder Zipfelklappen angebracht. Fig. 62 v. m. Durch das eingeströmte Blut werden sie von unten her allmählich wie Segel vom Winde aufgebläht, je stärker sich die Kammer füllt, desto mehr staut sich das Blut hinter ihnen, hebt sie empor und nun genügt schon der erste Beginn der Systole, um die durch die Taue befestigten freien Ränder so aneinander zu drängen, daß dem Blute der Rückweg nach den Vorkammern völlig verschlossen ist. Es gibt jetzt nur noch einen Ausweg für das Blut, und der

*) Der Grund, warum das Herz an der linken Seite schlägt, liegt darin, daß es nicht senkrecht zwischen den Lungen befestigt ist, sondern schief liegt mit der Spitze nach links.

ist in jenes weite Rohr, das aus jeder Herzkammer hinausführt (Fig. 64 a a') in die Lungen einerseits, und den übrigen Körper anderseits. Soll nun die volle in die Lungenschlagader und in die Aorta hinausgetriebene Blutmenge in dieser Bahn verbleiben, soll durch den Widerstand des in den Gefäßen schon vorhandenen Blutes und durch die Elasticität ihrer Wände nichts mehr in die Kammer zurückgedrängt werden, so muß an den Ursprüngen der beiden Hauptarterien ebenfalls eine Klappenvorrichtung angebracht sein. Hier finden sich denn auch die sogenannten halbmondförmigen Klappen, je drei Taschenventile aus dünner Sehnenhaut mit geradem freiem Rande. Sie gleichen dem vorderen Ende dreier Miniaturpantoffel, welche an der Innenfläche des Rohres aufgehängt sind. Die geschlossene Spitze der drei Taschen sieht gegen die Kammer, der weite Eingang nach dem Gefäßrohr.

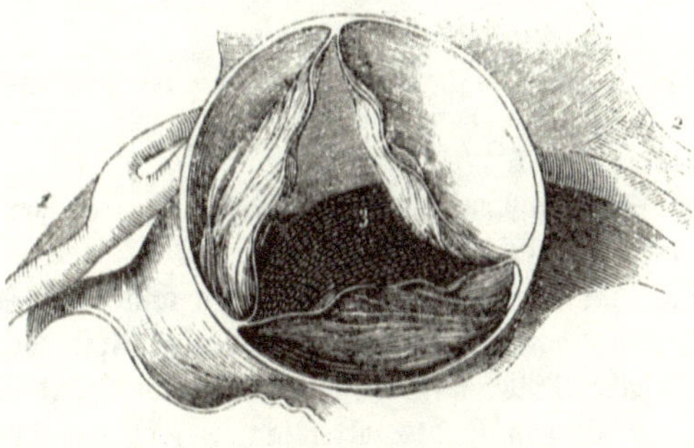

Fig. 65. Die drei geöffneten Taschenventile an der Innenwand der Aorta von Oben gesehen etwas vergrößert.

1 die Kranzschlagader des Herzens. 2 die Kammerwand. 3 Hohlraum der Kammer, an deren Kuppe die Aorta entspringt.

Der aus den Kammern hervorgetriebene Blutstrom drückt die Ventile an die Arterienwand an und rauscht so ungehindert über sie hinweg. Aber der Rückprall der Blutwelle fängt sich in den Taschen, bläht sie auf und schließt das Arterienrohr gegen die Kammer ab, indem er die Ränder der drei Klappen genau aneinander legt. So wird die Richtung des Blutstromes im Herzen durch ein äußerst sinnreiches System häutiger Klappen bestimmt.

Fig. 66. Die Taschenventile an der Aorta während des Verschlusses. Die Kammer ist abgesperrt.
1 und 2 wie in der vorigen Figur.

Die Segelklappen öffnen sich gegen die Kammer, die Taschenventile nach dem Gefäßrohr.

Man hat durch Versuche am ausgeschnittenen Herzen nachgewiesen, daß die erwähnten Klappen selbst nach dem Tode dieselbe Rolle mit derselben Vollständigkeit spielen die sie zur Regelung des Kreislaufes während des Lebens zu spielen hatten. Man kann dies an dem ausgeschnittenen Herzen eines Hundes zeigen, wobei noch ferner sich ergibt, daß es nur eines äußerst geringen Druckes bedarf, um die Klappen auch nach dem Tode hermetisch zu schließen. Man braucht nur Wasser in eine der großen Schlagadern zu gießen. Die geringe Kraft des Wasserstrahles reicht hin, die Ventile so zu schließen, daß auch nicht ein Tropfen in die Kammer gelangt. Führt man durch die Arterien eine Röhre so tief ein, daß aufgegossenes Wasser in die Kammer strömt, so kann man bei geöffneten Vorhöfen den Schluß der Zipfelklappen vollkommen beobachten.

Ein Blick auf die Darstellungen des Herzens Fig. 63 und Fig. 64 zeigt, daß die Vorhöfe im Vergleich zu den Kammern schwache Muskelwände besitzen. Es erklärt sich dies aus dem Umstande, daß sie das in ihnen angesammelte von der Peripherie kommende Blut nur in die Kammern zu treiben haben, wozu bei der Kürze des Weges und der Weite der Communicationsöffnung gerade keine bedeutende Kraft gehört, während die Kammern und namentlich die linke einer bedeutenden Kraftentwicklung bedürfen, um die Blutmenge durch die schon gefüllten großen Arterien hinein zu treiben.

So oft sich die linke Herzkammer zusammenzieht, werden 188 Gramm Blut in die Aorta getrieben und zwar mit einer Kraft, welche ausreichen würde, das Blut auf eine Höhe von 3, 2 Meter zu heben. Die linke Herzkammer würde bei jeder Zusammenziehung reichlich 600 Gramm auf die Höhe eines Meters heben können. Die rechte Herzkammer hebt bei ihrer Zusammenziehung 200 Gramm auf dieselbe Höhe.

Bei der Zusammenziehung des Herzens heben also beide Kammern eine Last von 800 Gramm auf die Höhe eines Meters. Auf die Minute kommen bei einem ruhig sitzenden Manne durchschnittlich 70 Pulsschläge, auf die Stunde also 2400. Daraus folgt, daß in der Ruhe 4200
800 = 3,360000 Gramm oder 3360 Kilogramm auf

die Höhe eines Meters durch die Kraft der Herzkammern gehoben werden.

2. Herztöne.

Man hat in der Medicin seit vielen Jahren eine vortreffliche Methode gefunden, um sich über den gesunden Zustand des Herzmechanismus zu unterrichten. Das Pumpen des Herzens verursacht Geräusche, wie jedes andere Pumpwerk und zwar entsteht der erste dumpfe Ton beim Schluß der Zipfelklappen Fig. 62 V. m., der zweite etwas hellere Ton welcher schnell, beinahe wie ein Nachschlag auf den ersten folgt, rührt von den Taschenventilen her, Fig. 65 und 66. Der erste starke Ton ist also am Beginn der Kammeraktion, der zweite schwächere am Schluß, kurz vor dem Augenblick, in welchem sich das Herz wieder ausdehnt. Obwohl der erste von getrennten Zipfelklappen des rechten und linken Herzens herrührt, so ist er doch nur ein Einziger, weil die Apparate in beiden Herzhälften sich gleichzeitig zusammenziehen; dasselbe ist auch bei dem zweiten Ton der Fall, der durch den gleichzeitigen Verschluß der an der Aorta und der Lungenarterie angebrachten Taschenventilen entsteht. Streng genommen entstehen durch die vier Klappen vier Töne, von denen aber jedesmal zwei zu einem Ton verschmelzen wegen der Gleichzeitigkeit, mit der ihre Spannung eintritt.

Es läßt sich leicht denken, daß jede Veränderung in den Klappen einer Störung im Mechanismus des Pumpwerkes gleichkommen muß. Wenn sie sich durch Entzündung verdicken, mit einander verwachsen oder wie häufig im Alter durch kalkige Ablagerungen ihre Elastizität verlieren, so werden sie dadurch schlußunfähig und ein Hinderniß für den Durchgang des Blutstromes. Die natürlichen Folgen sind Aenderungen der vorher freien Zirkulation. Die Richtung des Stromes kann unter solchen Umständen nicht blos theilweise zur Umkehr gezwungen, sondern auch der Druck des richtig fließenden Blutes herabgesetzt werden. Aber die Natur besitzt ein Hilfsmittel, geringe Schäden auszugleichen. Staut sich das Blut durch die erwähnte Umkehr, so entwickelt sich bei gut genährten Individuen der Herzmuskel kräftiger und in Folge dessen mildern sich auf lange Zeit die Beschwerden, welche die Blutstauung anfangs mit sich brachte.

Die Entdeckung der Hörbarkeit der Herztöne und ihrer äußerst mannigfachen Veränderungen bei organischen Krankheiten des Herzens bezeichnet eine neue Epoche in der Geschichte der Medicin. Das Verhältniß der Töne zu den Herzbewegungen aufzuklären, hat die größte Mühe gemacht und diese Bestrebungen haben bis in unsere Tage hinein gedauert. Es bedurfte der genauesten Beobachtungen an Thier und Mensch, an Gesunden und Kranken, um den hohen Grad von Sicherheit zu erreichen, der jetzt einen klaren Einblick in dieses Triebwerk gestattet. Und wie lange hat es gewährt, bis sich die Aufmerksamkeit darauf lenkte! Im Anfang des 17. Jahrhunderts erst entdeckte *Harvey* den Kreislauf und begann die Aufgabe des Herzens zu verstehen. Und welchen Kampf hatte seine jetzt allgemein anerkannte Lehre zu bestehen. „Malo cum Galeno errare, quum Harveji veritatem amplecti,“ so rief man damals entrüstet über diese Neuerung.

Erst um das Jahr 1815—1820 wurde die Untersuchungsmethode des Herzens, seine Erkrankungen durch das Ohr zu belauschen, in die wissenschaftliche Medicin eingeführt. Während die Aerzte früherer Zeit soviel wie Nichts davon wußten, sind die Jetzigen in den Stand gesetzt, über die Art der Erkrankung meist die genaueste Auskunft zu geben.

3. Rhythmus des Herzens.

Die Thätigkeit des Herzens hat zwischen jeder Zusammenziehung (Systole) eine kleine Pause, in der es erweitert ist (Diastole). Der Rhythmus, den das Herz bei seiner Arbeit beständig einhält, ist folgender: Sind die beiden Vorhöfe mit Blut gefüllt, so ziehen sich beide gleichzeitig zusammen, füllen dadurch die Kammern und nun ziehen sich gleichzeitig auch diese zusammen. Die Systole der beiden Vorhöfe ist kurz, erfordert wenig Kraft, denn das Blut folgt bei der Lage der Kammern dem natürlichen Gesetz der Schwere; die Systole jener erfordert dagegen mehr Kraft, weil es sich darum handelt, eine Blutmenge von nahezu 400 Gramm in die schon mit Blut gefüllten Gefäße hineinzutreiben. Die Zusammenziehung der Kammern dauert deshalb länger als die der Vorhöfe. Sofort nach der Systole erschlaffen auch sie, nun folgt eine Pause und wieder beginnt dieselbe Arbeit in derselben Reihenfolge:

I. Moment Systole der Vorkammern,
II. „ Systole der Kammern,
III. „ Erschlaffung sämmtlicher Herzabschnitte, Erweiterung — Diastole.

Wie kommt nun durch diese rhythmische Herzwirkung eine continuirliche Kreislaufbewegung des Blutes zu Stande innerhalb der geschlossenen Gefäße? Das Blut wird aus dem Herzen fort und fort stoßweise in die Arterien hinübergepumpt. Mit jedem Herzschlag steigt der Druck in den elastischen Arterien, während Druck und Spannung in den sich entleerenden Venen fällt. Da nun beide durch die Capillarröhren unmittelbar zusammenhängen, so muß das Blut aus den Einen durch die Capillaren in die Anderen überströmen. Der Verschluß der Klappen läßt keinen anderen Weg offen, so lange sie intact sind; Oeffnungen in den Wänden der Gefäße gibt es nirgends, also muß das Blut diese Wege unerbittlich wandern, wie das Wasser in der mit dem Pumpwerk zusammenhängenden Wasserleitung. Und ist es durch die Capillaren in die Venen hineingepreßt worden, so muß es in diesen zum linken Herzen zurück freilich auf dem Umweg durch die Lungen.

Werfen wir jetzt nochmals einen Blick auf das Schema des Röhrenzirkels, um die Thätigkeit dieses Pumpwerkes im Ganzen zu übersehen. Das Blut strömt von der linken Kammer durch die Arterien a nach den Capillargefäßnetzen c aller Körpertheile K, in denen es Sauerstoff abgibt, Kohlensäure aufnimmt, und seine hellrothe Farbe verliert. Dann gelangt es aus diesen Körpercapillaren durch die Venen v in den rechten Vorhof, aus dem rechten Vorhof in die rechte Kammer. Von da durch die Lungenarterie a' in die Lungencapillaren c'. Dort nimmt es Sauerstoff auf, gibt Kohlensäure und Wasserdampf ab, wird hellroth und gelangt durch die Lungenvenen v' in den linken Vorhof. Nun wird es bekanntlich in die linke Kammer geführt, um den ganzen Kreislauf von Neuem zu beginnen.

Es ist hier der Ort, die Erscheinung des Pulses zu betrachten, der stets um Aufschluß gefragt wird von dem Arzt, und der oft so viel erzählt von den krankhaften Veränderungen im Körper. Sehen wir, wodurch er sich zu dieser Vertrauensrolle aufgeschwungen hat.

Soeben wurde erwähnt, daß das Blut rhythmisch aus den Kammern in die Arterien hinübergepumpt wird. Dadurch steigt mit jedem neuen Herzschlag der Druck in den Arterien, wenn auch beständig ein Theil durch die Capillargefäße nach den Venen abfließt. Diese in die Aorta mit jeder Zusammenziehung hineingetriebene Blutmenge gibt der ganzen Blutsäule einen starken fühlbaren und sichtbaren Stoß, die elastischen Röhren dehnen sich aus und ziehen sich, sobald der Stoß aufgehört hat, vermöge der Elasticität wieder zusammen. Befühlen wir eine oberflächlich gelegene Arterie, so nehmen wir unter dem Finger die Erweiterung des Gefäßes durch die eingetriebene Blutmenge als einen Stoß wahr, die darauffolgende Verengerung als ein Zusammensinken. Dieser Stoß ist rhythmisch wie die Herzbewegung, denn er ist nichts anderes als das Zeichen einer neuen in das arterielle Röhrensystem hinausgetriebenen Blutwelle. Die Arterien signalisiren gleichsam durch diesen Stoß auch in den entlegensten Regionen für unsere prüfende Hand die unausgesetzte Arbeit des Herzens. Das Fortschreiten der Blutwelle geht so rasch, daß selbst an der Grenze des Körpers nur ein sehr geübter Beobachter das Zeitintervall zwischen dem Schlag des Herzens und dem des Gefäßes wahrzunehmen vermag.

An einem nur mäßig gespannten Seil kann man leicht Versuche anstellen über das schnelle Fortschreiten eines Stoßes. Schleudert man das in der Hand befindliche Ende in die Höhe, so durcheilt die Bewegung mit der größten Schnelligkeit die ganze Länge, doch ohne daß das Seil seinen Platz änderte. Die Masse des in die Gefäße eingetriebenen Blutes wirkt auf das schon vorhandene in ähnlichem Sinne, es entsteht eine Welle, die man hier Pulswelle heißt. Bei dem rhythmischen Einpressen in die schon gefüllte elastische Röhre wird die Welle dadurch fortgepflanzt, daß die Flüssigkeit die Röhrenwand innerhalb einer bestimmten Strecke ausdehnt und spannt. Der gespannte Röhrenabschnitt zieht sich wieder zusammen und spannt die nächste Abtheilung der Röhre und so fort, so daß der Druck in der Richtung des Stromes fortschreitet.

Die Ausdehnung, welche die Röhre durch das rhythmische Einpressen von Flüssigkeit erleidet, kann theoretisch keine überall gleichzeitige sein, aber dennoch ist ihre Schnelligkeit eine außerordentlich große.

In einem elastischen Rohr beträgt die Fortpflanzungsgeschwindigkeit der Welle über 11 Meter in der Sekunde; für die Pulswelle des Menschen hat man ungefähr 9 Meter berechnet. Bei dieser Schnelligkeit ist es einleuchtend, daß der Moment, in welchem der Stoß des Herzens erfolgt und derjenige, in welchem der Stoß der Schlagader oder der Puls selbst an der entferntesten Körperstelle gefühlt wird, nur um Bruchtheile einer Sekunde differiren könne. Nehmen wir an, daß eine Zusammenziehung des Herzens ⅓ Sekunde dauert, so ist der Anfang der Welle schon über 3 Meter weit fortgeschritten, wenn das Ende der Welle noch an der Aorta steht. Es wird also durch den Puls sehr rasch das ganze Arterienrohr ausgedehnt, das sich dann etwas langsamer vom Herzen weg wieder verengert.

Nachdem der Puls nichts anderes ist, als der Stoß der direkt vom Herzen kommenden Blutwelle, so verstehen wir, daß seine Beschaffenheit auf das Engste mit der Schnelle und Beschaffenheit der Herzcontraction zusammenhängt. Er ist ein unschätzbarer, weil zuverlässiger Gradmesser für die Thätigkeit und den Zustand des Pumpwerkes.

Ebenso sicher wie die Bussole den Gang des Schifses, zeigt uns der Puls den Gang des Herzens an, belehrt uns über Natur und Gefahr einer Krankheit und macht uns aufmerksam auf verborgene Leiden zu einer Zeit, da noch alle anderen Krankheitszeichen zu fehlen scheinen. Aber man hat in dieser Beziehung wohl zu bedenken, daß die Pulsfrequenz vielfach wechselt bei demselben Individuum. Die kleinste Bewegung, lautes anhaltendes Sprechen, Veränderungen in dem Rhythmus der Respiration, Gemüths- und Sinneseindrücke verändern sie in auffallender Weise. Sind jedoch keine solchen Erregungen mit im Spiele, dann gilt Folgendes als Regel. Während der Säugling im Durchschnitt 134 Schläge hat, Kinder von 2—3 Jahren 100, sinkt die Zahl derselben zwischen dem 20—24 Lebensjahr auf 71. Sie bleibt sich dann längere Zeit gleich und steigt endlich wieder langsam an; im 80. Jahr bis auf 79 Schläge in der Minute. Die Pulsfrequenz nimmt also von der Geburt bis zum Mannesalter ab, um von da an wieder etwas zuzunehmen. Bei demselben Individuum schwankt der Puls regelmäßig nach der Körperstellung; er verlangsamt sich durch Liegen und beschleunigt sich durch Aufstehen. Bei Geschwächten reicht schon das Aufsetzen im Bette, die Erscheinung des Arztes oder eines Fremden hin, um für einige Zeit die Pulsfrequenz zu steigern.

Es scheint mir hier am Platze, einmal darauf hinzuweisen, daß eine zeitweise Beschleunigung des Pulses d. i. der Herzthätigkeit, wie sie namentlich bei raschem Gange, beim Turnen ꝛc. eintritt, nicht im mindesten schädlich sei, vorausgesetzt, daß kein Herzfehler existirt. Denn durchkreist in Folge der schnelleren Herzbewegungen der ganze Strom in kürzerer Zeit die Organe, so wird der Austausch der Säfte reger, die Ausscheidungen erfolgen lebhafter. Ein direkter Gradmesser dieser Erscheinungen ist die belebende Wärme, welche den Körper allmählich durchströmt, wenn wir in kalten Tagen uns kräftig bewegen. Ist die vermehrte Geschwindigkeit der Circulation von längerer Dauer, so kann der Andrang des Blutes nach den Muskeln und zu der sie bedeckenden Haut sich bald steigern und die Transspiration, die Absonderung von Schweiß beginnt: eine physiologische Erscheinung, deren Wohlthat allgemein anerkannt ist und die bei bestimmten Curen eine bedeutende Rolle spielt. Dieser schnellere Umschwung kann jedoch nur erfolgen, wenn sich das Herz innerhalb einer gegebenen Zeit öfter zusammenzieht als dieß sonst der Fall ist. Sein Muskel muß also mehr leisten; diese größere Leistung erfordert einen größeren Kraftaufwand, und da Anstrengungen alle Muskeln kräftigen, so wird auch das Herz an Stärke gewinnen. Körperliche Anstrengungen entwickeln also nicht nur die Muskeln der Arme und Beine, nein, auch das Herz verdoppelt seine Kraft, ein unschätzbarer Gewinn für die körperlichen und geistigen Gefahren des Lebens.

So groß und bedeutend die Aufgabe des Herzens — der einzige Grund des Blutumlaufes ist es nicht. Es kommt noch in Betracht die Elasticität der Gefäßwandungen und die Thatsache, daß in bestimmten Gefäßbezirken ein sehr bedeutender Druckunterschied herrscht. Je enger die Arterien werden, desto mehr nimmt der Puls ab und endlich verschwindet er ganz. An seiner Stelle rollt ein ununterbrochener, gleichmäßiger Strom. Die Kraft der Blutwelle wird ebenso wie die Kraft jeder anderen Welle in elastischen Röhren endlich vernichtet durch den Widerstand der Gefäßwände und die Reibung in den Röhren. In den kleinen Arterien und in den Capillaren ist der Druck schon bedeutend geringer, noch mehr in den Venen. Schon durch das Betasten der Gefäße kann man den großen Unterschied constatiren. Die Schlagadern fühlen sich prall an, die Venen schlaff. Macht man eine Oeffnung in eine größere Arterie, so spritzt das unter hohem Druck befindliche Blut in mächtigem, mehrere Fuß hohem Strahl hervor, während das aus den Venen ruhig herausfließt. Wie die Hydraulik lehrt, kann man den Druck in einer Röhre messen mit Hilfe einer U förmig gebogenen Glasröhre, eines Instrumentes, welches man Manometer nennt. An jeder Dampfmaschine befindet sich ein solches Manometer, um die Spannung des Dampfes zu messen. Aus dem Steigen der Flüssigkeit in der Röhre wird der Druck erkannt, der in irgend einem Gefäße herrscht. Verbindet man nun mit einer durchschnittenen Arterie*) ein Manometer, das für solche Untersuchungen in der Regel mit Quecksilber gefüllt ist, so wird durch das einströmende Blut die Quecksilbersäule gehoben. Man mißt dann die unter dem Blutdruck zu Stande gekommene Erhebung der Quecksilbersäule und bezeichnet sie als Blutdruck in Millimetern Quecksilber. Es zeigt sich nun, daß der Blutdruck in den Arterien sehr bedeutend ist. In der Aorta schätzt man ihn zu 250 Millimetern Quecksilber = 3 Meter Blut.

In den Zweigen nimmt wie erwähnt seine Stärke allmählich ab; doch beträgt er in der Armschlagader noch 110—120 Mm. In den Venen ist er dagegen um vieles geringer, ja in denen, welche sich dem Herzen nähern, wird er = 0.

Dieser bedeutende Druckunterschied ist für sich im Stande, den Blutstrom aus den Arterien in die Venen

---

*) Diese Untersuchung wurde an warmblütigen Thieren z. B. Hunden oder Pferden gemacht.

durch das Capillarsystem hindurch zu unterhalten, wenn das Herz seine Thätigkeit eingestellt hat. Aus diesem Grunde findet man z. B. nach dem Stillstand des Herzens nach dem Tode, die Arterien vollkommen blutleer, eine Eigenthümlichkeit, welche so constant ist, daß man vor Entdeckung des Kreislaufes die Arterien für Luftwege hielt *).

Die Frage, in wie viel Zeit ein Blutkörperchen mit Hilfe dieser Kräfte die Gefäßbahn durchwandern kann, hat die Aufmerksamkeit in hohem Grade erregt. Es ist in der letzten Zeit gelungen, eine befriedigende und sichere Antwort auf diese Frage zu erhalten, mit Hilfe eines sinnigen Verfahrens, das darin bestand, daß man eine chemisch leicht nachweisbare Flüssigkeit z. B. Ferrocyankalium einem Thier in eine Vene einspritzte und die Zeit bestimmte, welche verlief, bis man dieselbe Substanz in Blutproben aus einem anderen Gefäß noch nachweisen konnte. Beim Pferde sind etwa 25 Sekunden erforderlich, bis das Blutlaugensalz, das in die Halsvene der einen Seite eingespritzt wurde, in der der anderen Seite nachgewiesen werden konnte. Es hatte das Blut in dieser kurzen Zeit den Weg durchs rechte Herz durch die Lungen, das linke Herz, den großen Kreislauf bis zur Halsvene der anderen Seite zurückgelegt. Es ist aber aus der Verzweigung und Vertheilung der Gefäße klar, daß nicht jedes Bluttheilchen die gesammte Bahnstrecke zurücklegt; der Kreislauf durch den Kopf und die Arme ist kleiner, als der durch die Beine. Es werden also einzelne Blutmengen die Bahn in noch kürzerer Zeit durchkreisen. Bei dem Menschen schätzt man die Umlaufszeit auf 23—24 Sekunden.

---

*) Arterie: apò tou aéra térein vom Luft führen.

4. Linkhändigkeit.

Es wurde schon auf den großen Unterschied in der Circulation des Blutes bei niederen Wirbelthieren hingewiesen und namentlich betont, wie bei dem Menschen ein Doppelherz sich in die Aufgabe theile. Während dort der Kiemenapparat, das Lungenorgan des Fisches den ganzen Druck des einkammerigen Herzens empfängt, und der übrige Körper nur den Rest der von jener Kraft in den Kiemenvenen übrig bleibt, erhält, treibt bei den höher organisirten Wesen die starke Wand des arteriellen linken Herzens einen vollen Strom ungehemmt durch alle Organe: Bei der kurzen Halswirbelsäule des Menschen und der hohen Lage des Herzens empfangen die Brustglieder und das Haupt den ersten Stoß der sauerstoffreichen Blutwelle. Mit Hilfe der Entdeckung, daß der Blutdruck nicht in allen arteriellen Gefäßen gleich stark sei, sondern allmählich an Macht abnehme, daß er in der Armschlagader z. B. schon um die Hälfte geringer ist als in der Aorta, mit Hilfe dieser Thatsache läßt sich die seltsame Erscheinung der Linkhändigkeit mechanisch erklären. Die beiden Arme sind bekanntlich nicht gleich entwickelt. Der Unterschied beträgt oft mehr als 7 Prozent. Aber nicht allein ihre Muskulatur ist kräftiger entwickelt, sie sind auch selten gleich lang. Sie differiren um 4—6 Millimeter.

Diese stärkere Entwicklung des rechten Armes und die dadurch erzielte größere Gebrauchstüchtigkeit hängt, ebenso wie die Linkhändigkeit, d. h.. das Uebergewicht des linken Arms von rein anatomischen Verhältnissen ab. Sie liegen in der Ursprungsfolge der großen Arterien der Aorta. Die rechte Schlüsselbeinschlagader, die Art. subclavia, welche unterhalb des Schlüsselbeines Armschlagader heißt, entspringt näher am Herzen als die linke. Fig. 67 I. I. Die Kraft des Herzens übt auf sie einen größeren Einfluß, sie empfängt früher den Strom, empfängt ihn ungeschwächt und wird mehr gefüllt als die der linken Seite. Mehr Blut in ihr heißt so viel, als mehr Stoff zur Ernährung, somit auch mehr Umsatz des Stoffes und stärkere Entwicklung alles dessen, was zum Arm gehört. Daß sich die stärkere Entwicklung gerade in den Muskeln so deutlich ausspricht, ist zu erwarten, da das Fleisch die Hauptmasse der Glieder bildet.

Nun kommt aber abnormer Weise eine Versetzung der Gefäße in der Art vor, daß die linke näher dem Herzen und die rechte entfernt von ihm entspringt und zwar was die Häufigkeit betrifft wie 2 : 100. In Hinsicht der Druckkraft findet jetzt das Gegentheil statt. Jetzt ist der linke Arm

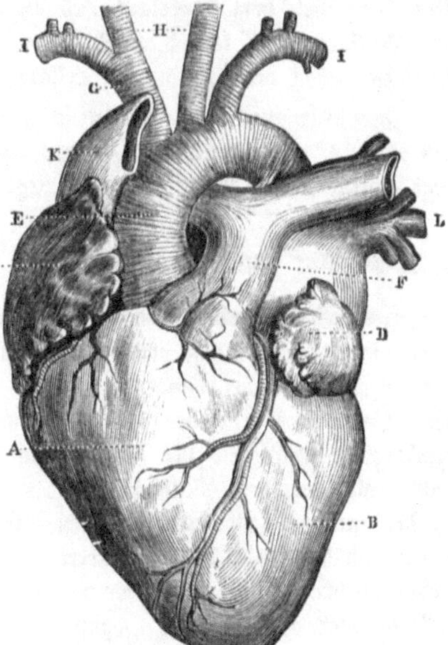

Fig. 67. Herz mit dem Ursprung der großen Gefäße. A rechte Herzhälfte. B linke Herzhälfte. C D die Vorhöfe. E Aorta. F Lungenschlagader. G Arteria anonyma. H die Kopfschlagadern. I I die Armschlagadern hier A. subclavia genannt. K Obere Hohlvene. L Lungenvenen.

im Vortheil gegen den rechten. Er wird nun von Natur aus als der Stärkere im Gebrauch vorgezogen, und der Linkhändige bedient sich desselben von der ersten Kindheit an trotz alles Zuredens und Strafens für diese vermeintliche unschickliche Angewöhnung. Seit der Erkenntniß der Vorgänge bei dem Kreislauf des Blutes ist die Ursache der Linkhändigkeit kein Räthsel mehr, sondern durch die Verschiedenheit des Blutdruckes erklärt.

Ein Vorgang, der sich in so zahlreiche Functionen des Lebens einmischt wie die Circulation des Blutes fordert eine genauere Kenntniß der bewegten Flüssigkeit selbst.

5. Das Blut und seine Strömung in den Gefäßen.

Das Blut ist eine eiweißhaltige Flüssigkeit von mehr oder minder satter Farbe, welche ihm durch eine unendliche Anzahl kleiner Scheibchen ertheilt wird. Es enthält überdies Salze und aus der Lunge Sauerstoff. Es ist die ernährende Flüssigkeit für den ganzen Körper. Alle Bestandtheile: Knochen, Muskeln, Nerven, Hirn, Fett u. s. w. werden aus dem Material erhalten und genährt, das der Herzschlag beständig überall hintreibt. Man nennt es deshalb auch den flüssigen Leib oder vergleicht es mit einer Vorrathskammer, aus der alle Organe ihren Bedarf beziehen.

Es ist hier nicht die Aufgabe, seine chemische Zusammensetzung zu schildern, sondern nur die Blutkörperchen, die kleinen in der Flüssigkeit schwimmenden Zellen zu beschreiben, weil mit ihrer Hilfe sich die Mechanik der Blutbewegung direkt beobachten läßt.

In unserem Blute wie im Blut aller Wirbelthiere schwimmen in einer farblosen Flüssigkeit, dem Plasma zweierlei körperliche Gebilde. Die einen von röthlicher Farbe heißen die rothen Blutkörperchen, die andern sind hell und farblos und heißen die weißen oder die Lymphkörperchen. Die Rothen sind klein aber ungeheuer an Zahl. In der winzigen Menge eines Kubikmillimeters finden sich bei dem Manne 5 Millionen. Im Blut eines erwachsenen Menschen schwimmen über 60 Billionen. Dem Volumen nach gehören 36 Theile den Blutkörperchen an und 64 Theile der Blutflüssigkeit. Die einzelnen Blutkörperchen lassen sich natürlich nur mit dem Mikroskop und zwar nur bei starker Vergrößerung deutlich erkennen, denn das einzelne mißt $^{1}/_{127}$ — $^{1}/_{128}$ Mm. oder 0,0077 — 0,0078. Die Rothen sind elastische Scheibchen, auf beiden Seiten mit einer leichten Delle. Jeden Beobachter überrascht die nur gelbliche Farbe der Einzelnen im Gegensatz zu der intensiv rothen Farbe des Blutes, aber er wird bald gewahr, sobald er dickere Schichten untersucht, daß die Färbung abhängt von der Menge derselben. Es verhält sich damit wie bei den meisten anderen Farben. Sie verdanken ihre Tiefe ganz demselben Umstand. Sind viele der Farbstoffkörnchen in dem Bindemittel, Oel, Firniß, Leim, so ist die Farbe satt, bei Wenigen erscheint sie blaß.

Ein gewisses Capital an rothen Blutkörperchen ist von der größten Wichtigkeit und zwar in dem Grade, daß man es als einen direkten Maßstab körperlicher und geistiger Kraft betrachten kann. Ein Mann besitzt mehr davon als ein Weib, ein starker Mann mehr als ein schwacher, ein Erwachsener mehr als ein Jüngling oder ein Greis, ein Kranker nach seiner Genesung mehr als in seiner Krankheit. Es gibt einen Zustand, der unglücklicher Weise sehr häufig vorkommt und Anämie genannt wird. Das Wort bedeutet buchstäblich Blutlosigkeit, in der That aber bezieht es sich mehr auf unvollkommene Beschaffenheit desselben. Der kreisende Strom füllt noch wie früher die hohlen Gefäße, allein er ist blaß in Folge der verminderten Menge jener schwimmenden gelben Kügelchen und wegen einer schwächeren Färbung derselben. Im lebenden Wesen sind diese Körperchen in ununterbrochener Wanderung begriffen, und es ist eine fesselnde Erscheinung, mit Hilfe des Mikroskopes ihren Lauf an geeigneten Theilen beobachten zu können. Die Schwimmhaut der Frösche oder leichter noch die Schwanzspitzen der jungen, der sogenannten Kaulquappen bieten hinreichend durchsichte Stellen. Da rollen weite Flüsse mit gekrümmtem Laufe über die Fläche, kleinere Ströme ziehen sich in mäandrischen Windungen unter derselben dahin, zweigen sich ab oder schließen sich in verschiedenen Winkeln an. Die größeren Flüsse haben eine tief orange rothe Farbe, die kleineren sind schwach röthlichgelb gefärbt. Es ist ein Bild voller Leben. In jenen vom Herzen schon weit entfernten Gebieten macht sich der Herzstoß nicht mehr bemerkbar, die eilenden rothen Scheibchen treiben immer in derselben Richtung fort; immer drängen Neue nach. Theilt sich ein Gefäß, so entsteht oft an der Theilungsstelle eine kleine Stockung. An dem spitz in das Rohr einspringenden Winkel bleiben mitunter Blutkörperchen hängen. Drückt nämlich die Strömung eines dieser biegsamen Scheibchen auf den vorspringenden Grat, dann biegt es sich nach beiden Seiten ab und reitet auf dem spitzen Winkel so, daß dadurch der Eingang in die Röhren etwas knapp wird. Die Nachfolgenden stauen sich, bis endlich nach langen wiederholten Stößen des nachkommenden Stromes das Körperchen von seinem Sitz weggeschwemmt wird.

Die gelblichen Scheiben sind es vorzugsweise, welche die Beobachtung des Blutstromes lehrreich machen. Die

Bewegung des farblosen Plasma würde man nicht sehen können, aber dadurch, daß mit jedem Augenblick hunderte von ihnen bald auf der Fläche, bald auf der Kante schwimmend in der durchsichtigen Röhre vor unserem Auge vorbeijagen, wie von einer unsichtbaren Macht getriebene Kähne, erhalten wir über manche Einzelnheiten des Kreislaufes eine deutliche Anschauung. So bemerkt man an etwas größeren aber noch durchsichtigen Gefäßen mit voller Deutlichkeit, daß die rothen Blutkörperchen immer rasch in der Mitte des Gefäßes strömen, ohne daß eines die Wand berührte. An jener bewegen sich langsam die größeren farblosen. In der Mitte des Stromes folgen sich die Körperchen so dicht, daß das Plasma völlig verdrängt scheint, am Rande ist eine größere Schichte desselben bemerkbar. Die Strömung in der Achse des Gefäßes ist also lebhafter, als die an den Wandungen und zwar nach Berechnungen zehnmal stärker. Es entspricht diese Thatsache genau den Grundsätzen der Hydrodynamik. Am Ufer eines Stromes ist die Geschwindigkeit des Wassers eine geringere als in der Mitte und in einer Röhre ist die Bewegungsgeschwindigkeit in der Achse größer, als an der Wand.

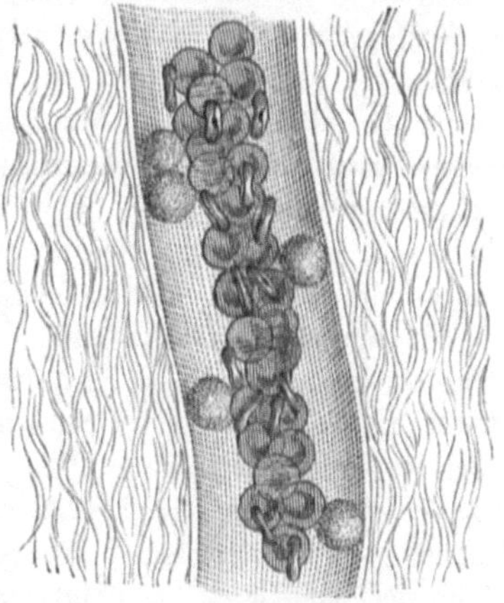

Fig. 68. Ein kleines Gefäß mit den schwimmenden Körperchen gefüllt. In der Mitte des Stromes die rothen platten Scheibchen am Rande die Lymphkörperchen.

Aber noch manches andere Gesetz, das in der großen Natur den Gang der strömenden Gewässer beherrscht, wirkt auch im Innern unseres Körpers und regelt auch dort den Blutstrom. Bekanntlich wird die Geschwindigkeit eines jeden Stromes bedeutend geringer, sobald sich sein Bett erweitert. Und dieß ist in einem auffallenden Grade der Fall selbst bei dem mächtigsten Strom, sobald die Erweiterung eine sehr bedeutende wird. Wenn seine Ufer zur Bildung eines Sees auseinander treten, so ist die Strömung erst in der Nähe der Ausflußöffnung wieder deutlich zu erkennen. Ein derartiger Fall tritt in der Blutbahn regelmäßig ein. Die Arterien verzweigen sich bekanntlich immer mehr und mehr und dadurch wird die Blutbahn beständig weiter. Die Summe der Querschnitte der Zweigröhren übertrifft stets um eine bedeutende Zahl den Querschnitt des unverzweigten Gefäßes. Je mehr sich die Gefäße verästeln, und je zahlreicher die Capillaren sind, desto bedeutender wird also die Verlangsamung der Geschwindigkeit. Die Berechnungen zeigen, daß in der Aorta die Blutkügelchen mit einer Schnelligkeit von etwa 400 Millimeter in der Sekunde strömen, in der großen Kopfschlagader beträgt die Geschwindigkeit 300 Mm., in einer kleinen Arterie des Fußes 50 Mm., in den kleinsten nur mikroskopisch sichtbaren Arterien 8 Mm. In den Haargefäßen endlich ist die Geschwindigkeit der Blutbewegung 10 mal geringer; sie beträgt im Gegensatz zu den Arterien nur 4/5 Mm., mit anderen Worten: im Innern der Organe strömt das Blut wie in einem erweiterten Rohr nur sehr langsam und ist bei der Zartheit der Wandungen unter die günstigsten Bedingungen gesetzt, um Stoffe abzugeben und aufzunehmen. Alles läuft ja darauf hinaus, daß das Blut den verschiedensten Körpertheilen nicht allein die aus der

Nahrung erhaltenen Substanzen zuführe, sondern auch den Sauerstoff. Kein einziges Organ lebt ohne Blut. Alle brauchbaren Substanzen, welche wir in der Nahrung oder durch die Lungen aufgenommen haben, werden in diesem fließenden Vorrath aufgehäuft. Alle Ausgaben zur Erhaltung der Organe und zur Entwickelung der Bewegung werden aus diesem Vorrath bestritten. Jedes Organ schöpft nur aus dem durch seine Capillargefäße strömende Blut Kraft und neues Leben. Und dieser belebende Austausch ist im höchsten Grade erleichtert durch die langsame Strömung. Ist es doch wie in der Natur! Leicht gleiten auf einem ruhigen Strome die Schiffe auf und nieder, es kreuzen die Nachen und die dichtbevölkerten Städte tauschen die werthvollen Güter aus. Er weckt und befördert überall Thätigkeit, während reißende Gewässer durch öde Wälder dahin eilen ohne Einfluß auf die Entwicklung des Wohlstandes.

Eine der Substanzen, welche durch den Blutstrom überall hingeführt wird, sei hier besonders erwähnt, weil sich die Aufnahme und Abgabe am deutlichsten verfolgen läßt. Ueber ihre Vertheilung sind die eingehendsten Untersuchnngen angestellt worden, denn sie zieht vor allem die Aufmerksamkeit auf sich, weil ihr Verlust die Farbe des Blutes wesentlich ändert. Es ist dies der Sauerstoff. Blut, das sauerstoffreich geworden ist durch den Athmungsprozeß in den Lungen, ist hellroth, das sauerstoffarme, das in den Organen diesen Stoff verloren hat durch Abgabe, ist dunkelroth. Aus einem weiteren Grunde ist ein tieferer Einblick in diesen Vorgang von Wichtigkeit, weil wir dadurch uns ein lebendiges Bild entwerfen können, wie leicht die Blutkörperchen, die Hauptträger dieses Elementes, nicht allein ihren Sauerstoff, sondern auch die übrigen Substanzen an die Organe übertragen. Der Farbstoff des Blutes, das Haemaglobin, bindet den Sauerstoff an sich, und man ist seit lange überzeugt, daß der Eisengehalt es sei, welcher den Blutkörperchen die Fähigkeit ertheilt, den Sauerstoff anzuziehen. Es ist zwar in sehr geringer Menge vorhanden, aber diese scheint für die Vermittlung dieser eminenten Eigenschaft vollkommen zu genügen. Schon der alten Zeit ist der Unterschied aufgefallen, den das Blut in den beiden Hauptabschnitten, im arteriellen und venösen Systeme zeigt. Der Verlust des Sauerstoffes findet in den Capillargefäßen statt, dort geht er in die Organe über; die dunkle fast blaurothe Farbe des Venenblutes ist die Folge des Sauerstoffmangels und der Aufnahme der Kohlensäure.

Wollte man die Frage aufwerfen, warum wohl im Blute diese kleinen Zellen sich finden, da doch die Flüssigkeit sich ebenso wie jede andere mit Gasen schwängern kann, so brauchte man nur auf die wahrhaft kolossale Vergrößerung der Oberfläche hinzuweisen, welche mit Hilfe dieser kleinen Elemente erreicht wird. Nur 36 Volumina sind in der Blutmenge, wenn diese gleich 100 gesetzt wird, an rothen Körperchen vorhanden; aber diese Billionen kleiner Schwämmchen, die sich gierig mit neuen Nahrungsstoffen belasten, wenn sie vorher in den Organen ihren Vorrath erschöpft, bieten eine mindestens zehnfach größere Oberfläche als 36 Volumina Flüssigkeiten bieten könnten.

Durch die Herstellung so kleiner rothgefärbter Körperchen in ungeheurer Zahl ist in der That eine kolossale Oberfläche im Körper geschaffen. Die in einem Kubikmillimeter Blut enthaltenen Blutkörperchen (5,000000) besitzen eine Gesammtoberfläche von 640 Quadratmillimetern. Für die Körperchen des gesammten Körperblutes = 4400 Kubikcentimeter berechnet sich nach Welcker eine

Oberfläche von 2816 Quadratmetern d. i. eine Oberfläche, welche auf dem kürzesten Wege zu durchschreiten 80 Schritte kostet, eine Größe, deren Bedeutung nicht zu unterschätzen ist. Wenn man bedenkt, daß innerhalb einer Minute zweimal die gesammte Blutmenge durch die Lungen getrieben wird, also zweimal diese enorme Oberfläche ausgebreitet der Luft zugewendet ist, so kann man die belebende Wirkung frischer Luft und den vernichtenden Einfluß gewisser Gase wohl begreifen. Wer hätte ferner nicht schon gehört von der Blutvergiftung, welche von einer selbst nicht sehr bedeutenden Wunde aus eintreten kann. Das Staunen über die Schnelligkeit der zerstörenden Wirkung wird sich vermindern, wenn man bedenkt, wie groß die Oberfläche der Blutkörperchen ist, welche beständig mit der Wunde, d. h. mit der eiternden Oberfläche in Berührung kommen.

Es wurde schon betont, daß der Strom des Blutes in geschlossener Bahn vom Herzen kommt und zum Herzen geht. Die Substanzen, welche für die Zwecke der Ernährung dienen, gelangen allerdings in den Gefäßen bis in das Innere der Organe, müssen aber durch die Wandungen hindurchtreten, diffundiren, um die einzelnen Gewebselemente zu durchtränken. Nicht überall finden sich die gleich günstigen Bedingungen für die Diffusion. Die Arterien, welche das Blut vom Herzen nach den Organen führen, Fig. 67 E G H I, haben sehr dicke Wandungen. Die Dicke der großen Körperschlagader, welche durch die Brust- und Bauchhöhle nach abwärts gegen die Beine strebt, hat eine 2 Mm. dicke Wandung, welche für die Diffusion unbrauchbar ist. Die Wandungen ihrer Hauptäste sind nicht viel dünner, erst weiter vom Herzen entfernt in den kleineren Arterien schwindet mit dem Abnehmen des Blutdruckes im gleichen Verhältniß auch die Dicke der Wandungen. Doch noch immer sind die Wandungen ¼ Mm. dick; denn bis zur Dicke einer mäßigen Stricknadel herab bestehen sie aus 3 Häuten; einer inneren, die nach der Lichtung der Röhre zu vollkommen glatt ist, Membrana intima Fig. 69 b. Sie enthält vorzüglich elastische Elemente, welche die schon oft erwähnte Elasticität bedingen. Darauf folgt eine circuläre Muskelschichte, Membrana muscularis c, aus spindelförmigen Muskelzellen, deren Bedeutung später erwähnt werden soll, und außen ist eine Schichte von Bindegewebe, welche bei ihrer Anordnung die elastischen Eigenschaften der Arterien nur erhöht.

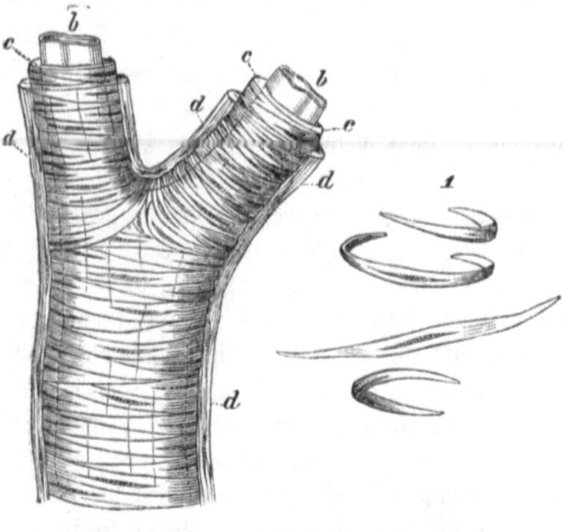

Fig. 69. Eine kleine Arterie des Menschen; ¼ Mm. dicke Wandungen, stark vergrößert.

b b Innere elastische Haut. c c Muskelschichte — mittlere Gefäßhaut. d d Aeußere Bindegewebslage — Adventitia. 1. Isolirte Muskelfasern.

Man sieht leicht ein, daß durch solche Wandungen kein Diffusionsstrom sich bewegen kann. Dieß ist erst der

Fall, wenn die Gefäße noch enger geworden sind und größere Feinheit erreicht haben, wenn folglich die Wandungen dünner geworden. Man hat das ganze Bereich dieser engsten Röhren, deren Durchmesser unter die Feinheit selbst des feinsten Frauenhaares herabsinkt, das System der Haargefäße, oder der Capillargefäße (von capilli Haare) genannt. Wie die kleineren Arterien durch Theilung der großen entstehen, so kommt es zur Bildung der Capillargefäße durch wiederholte gabliche Verzweigung dieser und schließlich entstehen so durchsichtige feine Röhren, daß sie gerade noch Raum gewähren zum Durchgang einzelner Blutkörperchen. Sie hängen alle durch Seitenäste mit einander zusammen; sie bilden Netze, welche die Bläschen und Fasern der Organe von allen Seiten umspinnen. Nachdem so jedes Organ je nach dem Grade seiner Thätigkeit durch den Zutritt der Arterien im Innern auch zahlreiche Capillarnetze erhielt, vereinigen sich die feinsten wieder zu etwas größeren Stämmen, immer neue Strömchen münden zusammen, und endlich bemerkt das freie Auge die mit dunklem Blut gefüllten Venen z. B. aus dem Gehirn heraustreten, welchem durch die Arterien hellrothes zugeführt worden war.

Auf dem Wege durch das Organ tritt also der Sauerstoff und die für die Ernährung der Gewebe nothwendigen Substanzen durch die Wandungen der dünnsten Gefäße hindurch und das Blut tritt den Rückweg an, ärmer an jenen Stoffen, mit denen es vom Herzen ankam, aber dafür beladen mit den durch die Umsetzung unbrauchbar gewordenen Producten. Ein Diffusionsstrom durch thierische Membranen ist nirgends in der Natur nur einseitig, stets findet ein Wechsel statt, d. h. es treten Stoffe in die Organe und umgekehrt. Auf diese Weise gelangen die Umsetzungsproducte des Körpers wieder in das Blut, um in der Lunge, den Nieren u. s. w. schließlich entfernt zu werden.

Man wird nach dem eben Gesagten begreifen, warum alle Vorgänge, welche die Ernährung und Erhaltung des Körpers umfassen, in das Bereich der Capillargefäße verlegt sind. Die Feinheit ihrer Wandungen gestattet allein die Diffusion.

Werfen wir noch einen Blick auf die Venen oder die sogenannten Blutadern, welche das dunkle Blut wieder zum Herzen zurückführen. Während der Strom in den Schlagadern durch jeden Herzstoß heftig bewegt wird, gleitet er in den Venen ruhig dahin.

Die Venen zerfallen in oberflächliche und tiefliegende. Die tiefliegenden verlaufen zwischen den Muskeln und sind bei jeder Bewegung durch das Hartwerden der Muskeln der Compression ausgesetzt. Durch zahlreiche Verbindungen mit den oberflächlichen oder Hautvenen kann der Strom des zurückkehrenden Blutes in solchen Fällen andere Bahnen wählen. Das Anschwellen der Hautvenen, sobald die Hand stark zur Faust geschlossen und der Arm in strammer Haltung gestreckt bleibt, kann Jeder an sich beobachten. Die merkwürdigen rankenförmigen Krümmungen, welche der Verlauf der Hautvenen so oft am Bein aufweist, diese Varicositäten, als Krampfadern bekannt, erklären sich aus statischen Verhältnissen. Ist der Rückfluß des Blutes wie so häufig z. B. bei der Schwangerschaft gehemmt, so entstehen durch den Blutdruck Ausbuchtungen, Erweiterungen des Venenrohres. Diese bedingen, wenn die erweiterten Stellen zahlreicher sind, den Anschein schlangenförmiger Krümmungen und führen bei längerer Dauer der Krankheit eine rankenförmige Windung des Venenstammes herbei. Die Verdickung der Wände varicöser Venen erlaubt ihnen nicht, nach dem Durchschneiden zusammen zu fallen, und der Druck, welchen größere Varices auf die Haut ausüben, läßt sie oft wie harte Stränge hervorquellen.

Diese Krampfadern sind jedoch keine ausschließliche Plage der Frauen. Sie kommen auch bei dem anderen Geschlechte vor, besonders häufig bei Handwerkern, welche bei ihrer schweren Arbeit in angestrengter aufrechter Körperstellung verharren. Die Länge des Blutstromes und die der Schwere entgegenstrebende Richtung machen diese Venen zu einem so häufigen Sitz der Erkrankung. Denn man erwäge, in den Venen, mit Ausschluß derer des Kopfes und Halses, muß das Blut gegen die Gesetze der Schwere bis zum Herzen in die Höhe steigen. Um nun den Rückfluß, auf welchen der Herzstoß nur noch sehr geringen Einfluß ausübt, zu unterstützen, sind im Innern der nach dem Brustkorb steigenden Venen Taschenventile angebracht, welche sich in der Richtung des Stromes öffnen, dagegen eine Umkehr desselben verhindern. Auf ähnliche Weise treibt die Industrie Wasser in Kanälen über Berge hinweg. Das System der Schleußen hilft ihr, von Strecke zu Strecke das Wasser zu schwellen. Es hebt sich, mit ihm die gefüllten Kähne, bis es an der nächsten Schleuße überfluthet. Was glücklich hinübergelangt ist, findet den Weg durch dasselbe Verfahren weiter, den die Schleußen versperren den Rückfluß.

Ist nun das Blut durch die Venen zurückgeströmt zum Herzen, so muß es, um von Neuem brauchbar zu werden für weitere Verwendung zuvor durch die reinigenden Lungen wandern. Dieser Umschwung des Blutes, dieser Kreislauf, darf keine Unterbrechung erfahren. Kaum gibt es ein eindringlicheres Beispiel, um seine Bedeutung für unser Leben zu erhärten, als die Abhängigkeit der Muskelwirkung von der regelmäßigen Blutzufuhr. Es wurde schon oben erwähnt, daß Muskeln, denen das Herz kein Blut mehr zusenden kann, sofort die Fähigkeit verlieren, sich zu contrahiren. Aus der kurzen Beschreibung der Gefäße und der Erscheinung der Pulswelle in den fernsten Gebieten geht wohl zur Genüge hervor, wie nachgiebig die Wandungen selbst größerer Stämme sind. Es wurde ferner der Thatsache gedacht, daß sie beständig einer gewissen Spannung ausgesetzt sind. Eine weitere Folge ist nun die Fortsetzung dieses Druckes noch innerhalb der Capillaren bis in die feinsten Röhren, oder mit anderen Worten bis in die Organe selbst. Jedes Organ steht demnach unter einem gewissen Blutdruck. Dem feinen Strom auf dieses Gebiet zu folgen, ist aber mit der größten Schwierigkeit verknüpft. Denn der Durchmesser ist außerordentlich gering, und ebenso unmeßbar sind darum die Kräfte. Und doch ist dort gerade die Hauptthätigkeit; dort im Innern der Zellen und Fasern geschieht der Umsatz, dort findet die Erzeugung von Wärme statt und von Kraft; denn die Organe sind der Herd der Zersetzungen.

Diese Seite unserer Erkenntniß ist noch mangelhaft; noch weit sind wir davon entfernt, jene Schwankungen des Stromes im Innern der Organe mit Sicherheit nachzuweisen, von welchen doch zunächst die Thätigkeit abhängt, welche das Gedeihen bedingen und beherrschen. Daß aber solche stattfinden während des normalen Lebens, erschließen wir aus dem Wechsel der Farbe, der Härte und der Ausdehnung der Organe. Welche Rolle sie in krankhaften Zuständen spielen, zeigt die Röthe der Entzündung, die steigende Temperatur und die Zunahme des Umfanges. In manchen Fällen gelingt es, solche Vorgänge künstlich an Thieren hervorzurufen, wenn wir in dem lebenden

Strom, in den Arterien oder Venen Aenderungen hervorbringen. Hier wie in so vielen anderen Zweigen der Physiologie fußt die Möglichkeit des Fortschrittes wesentlich auf der Beobachtung des lebenden Thieres. Wer darum nicht auf die Vortheile der Erkenntniß verzichten will, muß das falsche Mitleid bewältigen, das ihn bestimmt, Thiere zu schonen, damit die unerbittliche Naturgewalt den hilflosen Menschen verderbe. Mit Hilfe solcher Versuche wurde festgestellt, daß innerhalb der Organe die Stärke des Stromes während des völlig normalen Zustandes bedeutenden Schwankungen unterliege. Die Möglichkeit hiezu liegt zunächst in dem anatomischen Bau der Gefäße. Denn mit Ausnahme der feinsten Haargefäße sind die Blutgefäße des Menschen und der Thiere in ihrer Wandung mit Muskelfasern versehen, welche in kreisförmiger Richtung die Röhre umspinnen. (Fig. 69 1 und c, c.)

Diese Muskelfasern sind verschieden von denen des rothen Fleisches; ihr Bau ist um vieles einfacher. Eine längliche Zelle mit gleichförmigem Inhalt, in deren Mitte ein länglicher Kern liegt, vollzieht hier den Dienst. Sie besitzt, wie jene zierlich gebaute quergestreifte, die Eigenschaft, sich zu verkürzen. Je nach der Dicke des Gefäßes sind es entweder mehrfache Schichten, welche sich in die Wandung des Rohres einlagern, oder wie bei den feineren schon durchsichtigen Gefäßen bilden sie eine einzige Schichte. Die in der Fig. 69 c deutlich hervortretenden Kreislinien zeigen die Anordnung und dicht daneben sind einige im isolirten Zustand dargestellt. Nur mit dem Mikroskop sind sie aufzufinden und es bedarf starker Säuren, um sie aus ihrem Zusammenhang zu befreien. Auch sie besitzen einen natürlichen ihnen eigenthümlichen Grad der Spannung, einen Tonus, auch ihre Zustände wechseln zwischen denen der Contraction und der Erschlaffung und auch sie stehen im Dienst bestimmter Nerven und bedürfen nach einer Zeit der Thätigkeit wieder der Erholung. Durch ihre Zusammenziehung verengert sich das Gefäßlumen, bei Erschlaffung derselben wird es durch den Seitendruck des Blutes erweitert. Wenn sich die Gefäße hier erweitern, und dort verengern, so wird das eine Gebiet eine größere, das andere eine geringere Blutmenge erhalten. So kann es kommen, daß in dem einen Bezirk Blutarmuth, in dem anderen Blutfülle nachweisbar ist. Seit man diese Thatsache kennt, lassen sich einzelne Erscheinungen genügend erklären. Die Abspannung und die Unfähigkeit zu geistiger Arbeit nach der Mahlzeit rührt von dem Blutmangel des Gehirns her. Denn während der Verdauung sind alle Organe des Unterleibes, welche mit dieser Aufgabe beschäftigt sind, stärker mit Blut gefüllt, als später, wenn ihre Thätigkeit beendigt ist. Wenn nach einer kräftigen Bewegung unserer Arme die Muskeln anschwellen, die Haut heiß wird, so strömt mehr Blut hindurch. Ohne diesen lebhaften Strom wäre eine bedeutende Leistung in verhältnißmäßig kurzer Zeit undenkbar. Später, wenn die größere Blutmenge nicht mehr nöthig ist, ziehen sich die Gefäße wieder zusammen, die Fluth nimmt ab und steigt in anderen Organen, welche nun ihre Arbeit beginnen und eine größere Menge dieses Saftes bedürfen. Eine geheimnißvolle Macht öffnet und senkt die Schleußen. Bei den meisten krankhaften Processen zeigt sich eine ähnliche Verschiedenheit in der Füllung der Blutgefäße. Der erkrankte Theil wird heiß, roth; und während hier wie in einem überschwemmten Gebiete durch den Ueberfluß Gefahr droht, herrscht in anderen Gebieten oft der größte Mangel. Wenn man die vielfachen

Gewinne bedenkt, welche die Aufklärung dieser merkwürdigen Erscheinung für die praktische Seite mit sich bringen mußte, so läßt sich begreifen, daß der Scharfsinn beständig darnach spähte, jenen Regulator aufzufinden, der die Strömung des Blutes unabhängig von dem Einflusse unseres Willens beherrscht. Der Weg zur Lösung des Räthsels war betreten, als man die Entdeckung gemacht hatte, daß nach Durchschneidung des sympathischen Nervenstranges am Halse die Temperatur der entsprechenden Körperhälfte sich erhöhte. Schon lange war festgestellt, daß der Sympathikus sich in der Muskelschichte der Gefäße verbreite, und daß diese Muskelfasern gleich allen anderen zur Zusammenziehung angeregt werden durch die Nerven, welche mit ihnen in direkter Verbindung stehen. Man vernichtete also durch diesen Eingriff ihre Wirkung und bemerkte, daß damit der natürliche Spannungsgrad der Gefäße abnahm: sie sind also gelähmt und können dadurch nicht mehr in gleichem Grad dem Blutdruck widerstehen, sie werden erweitert und in die erweiterten Bahnen ergießt sich das Blut in reichlicherer Menge als vorher.

Diese Nerven führen den Namen der vasomotorischen oder Gefäßnerven. Werden sie gereizt, so ziehen sich die das Blutgefäß umspinnenden Muskelfasern zusammen und das Rohr wird enger. Hört die Reizung auf, so erweitert es sich unter der Gewalt des Blutdruckes bis zu jener Grenze, die durch den Widerstand der Gewebe und den Tonus bedingt ist. Wird ein vasomotorischer Nerv durchschnitten (der Halssympathikus ist ein solcher für die Gefäße des Kopfes), so ist damit seine peripherische Ausbreitung zerstört, die Gefäße erweitern sich, denn ihre Muskeln sind gelähmt. Zum Zeichen dieses Eingriffes röthet sich das betreffende Organ. Wegen der größeren Menge des durchfließenden Blutes wird demnächst auch seine Temperatur dauernd gesteigert. Gefahrdrohende Symptome kündigen sich damit an, denn bald entwickeln sich jetzt Erkrankungen aus diesem abnormen Zustande. Jene Provinzen werden der Sitz einer Ueberschwemmung, einer Entzündung. Der Regulator des Blutstromes ist vernichtet.

Schon ist aus diesen Erfahrungen uns manche Erkenntniß geworden über die schwierigsten und verborgensten Zustände. So um zunächst einer krankhaften Erscheinung zu gedenken, steht jetzt so viel fest, daß bei dem Fieber die vasomotorischen Nerven eine wichtige Rolle spielen. Während des Kältestadiums befinden sich die Gefäße im Zustand der Verengerung, die Körperoberfläche erscheint blaß. Im Hitzestadium dagegen sind die Gefäßmuskeln in einen Zustand der Lähmung versetzt, erweitert, die Haut ist roth und heiß und reichlicher Schweiß entquillt ihr. Der Regulator der Körpertemperatur ist in Unordnung gerathen.

Für das Verständniß der Bewegungen des Herzens sind aber diese Forschungen geradezu bahnbrechend geworden. Man hat nachgewiesen, daß der Sympathikus es ist, der das Herz beständig treibt, daß seine Erregung die Herzthätigkeit erhöht.

6. Nerven des Herzens.

Das Herz enthält die Bedingungen seiner rhythmischen Thätigkeit, den Sporn, der es beständig zur Arbeit zur Contraction stachelt, in sich selbst. Daher kommt es, daß seine Bewegung eine so große und merkwürdige Selbstständigkeit besitzt. Das ausgeschnittene Froschherz kann man noch stundenlang pulsiren sehen. Auch bei

bei den höheren Wirbelthieren, ja wie Versuche an eben Enthaupteten lehren, sogar beim Menschen, fährt das aus dem Körper g a n z herausgeschnittene Herz einige Zeit fort, rhythmisch zu schlagen. Dies ist eines jener Schauspiele welche den Geist des Beobachters mit einer Art zitternden Erstaunens erfüllen. Von unserer Kindheit an haben wir gelernt, das Schlagen des Herzens in irgend welchen Zusammenhang mit einer dunkeln mysteriösen Lebenskraft zu bringen, und hier sehen wir es unter Umständen, welche jeden Einfluß solcher Art ausschließen. Zerstört ist der Organismus, dessen treibende Macht noch vor kurzen das Herz gewesen und nun liegt neben dem todten Körper dieses pulsirende Organ und kämpft gegen die Vernichtung.

Diese Energie, diese Anregung des Herzmuskels erfolgt aus zerstreuten Häufchen von kleinen Nervenknoten, welche ähnlich wie alle jene des Sympathikus N e r v e n z e l l e n enthalten. Aus ihnen entspringen zahlreiche Nervenfasern, deren feinste Ausläufer in die Muskelbündel des Herzens eindringen und daselbst ihr Ende finden. In den Nervenzellen des Herzens entstehen durch die ununterbrochenen Ernährungsvorgänge jene der Nervensubstanz eigenthümlichen E r r e g u n g e n, welche sich als motorische oder B e w e g u n g s i m p u l s e i n n e r h a l b d e r N e r v e n f ä d e n bis in die Herzmuskelfasern fortsetzen und die letzteren zur Zusammenziehung veranlassen.

Diese motorischen Impulse erfolgen aber deßhalb rhythmisch, unterbrochen durch Momente der Ruhe, weil sie in ihrem Verlauf auf Widerstände stoßen. Es ist noch nicht genau festgestellt, wo sich dieselben befinden, in dem Muskel, der das hohle Herz verengert oder in den leitenden Nervenfasern, genug die Rhythmik findet ihre einfache und vollständige Erklärung in der Voraussetzung eines solchen Widerstandes, der von dem neuen Impuls überwunden wird. Dieses *im* Herzen befindliche eigenthümliche Nervensystem durch dessen selbstständige Thätigkeit die rhythmischen Bewegungen *veranlaßt* und unmittelbar *beherrscht* werden, versieht noch am ausgeschnittenen Herzen beharrlich seinen Dienst. Ihm bleibt noch lange jene Kraft, den Muskel zu erregen, automatisch zu handeln. Dieses Herznervensystem besitzt jedoch keine absolute anatomische und physiologische Selbstständigkeit. Der centrale Sammelpunkt aller Nervenfasern, das Gehirn hat sich seine Souveränität auch in jenen fernen Gebieten bis zu einem gewissen Grade gewahrt, und es läßt diese sonst unabhängige Provinz seine Herrschaft oft deutlich fühlen.

Das obenerwähnte Herznervensystem hängt nämlich durch *zwei funktionell verschiedene* Nervenstämme direkt und indirekt mit dem Gehirn zusammen. Auf diesen beiden Wegen wird es von den Zuständen des *Central*nervensystems in seiner Thätigkeit beeinflußt.

Im Gehirn entspringt, wie schon einmal beim Sympathikus flüchtig angedeutet wurde, der Lungenmagennerve, der nervus vagus. Er steigt mit einem Theil seiner Fasern *direkt* zum Herzen herab.

Das ist die *eine* dieser verbindenden Bahnen.

Andere Nervenstränge entspringen zwar ebenfalls vom Gehirn, gelangen aber durch das *Rückenmark* in den Brustkorb, indem sie durch die Verbindungsfasern des Markes mit dem Grenzstrang ihren Weg nehmen und so ihren Bestimmungsort, das Herz erreichen.

Die neuere Experimentalphysiologie hat über den Einfluß dieser Nerven folgende wichtige Thatsachen festgestellt: Die aus dem Lungenmagennerven also die *direkt* vom Gehirn zum Herzen herabsteigenden Fasern, *hemmen*, wenn sie gereizt werden, die Thätigkeit des Pumpwerkes. Sie häufen die Widerstände, so daß sich die Pausen zwischen den Schlägen vergrößern und bringen in den extremsten Graden das Herz sogar längere Zeit in der Diastole zum Stillstand. Gefüllt, alle Räume voll von dem eben eingeströmten Blut verharrt es in Ruhe.

Man nennt diese Nerven die Hemmenden. Sie wurden vor Dezennien von dem Leipziger Brüderpaar Eduard und E. H. Weber zuerst entdeckt und richtig physiologisch gewürdigt.

Die zweite Art der Nervenstränge, welche auf dem Umweg durch das Rückenmark und den Grenzstrang zum Herzen gelangen, erhöhen wenn sie gereizt werden die Thätigkeit des Herzens. v. Bezold, der diese Wirkung zuerst experimentell nachwies hat sie deshalb die excitirenden Nerven genannt.

Durch die verschiedenen Zustände unseres Gehirns wird thatsächlich in jedem Moment des Lebens durch Steigerung oder Schwächung des einen oder des anderen dieser Nerveneinflüsse die Thätigkeit des im Herzen befindlichen, automatisch wirkenden Nervensystems bestimmt. Von diesen drei verschiedenen Nerven hängt also unmittelbar die Häufigkeit und Stärke der Herzschläge in ihrer unendlichen Mannichfaltigkeit ab.

Steigt der excitirende Einfluß vom Gehirn aus, so nimmt die Zahl der Herzschläge zu, ohne daß jedoch die Energie der Zusammenziehungen vermehrt würde.

Ueberwiegt plötzlich die Wirkung der hemmenden Nerven, so bleibt kürzere oder längere Zeit das Herz ganz stillstehen, oder schlägt nur in gedehnten Pausen. Die Energie ist aber dann vermehrt, der Herzschlag wird selten aber stark.

Alle Eindrücke auf unsere Sinne haben im Gehirn Erregungszustände, Reize, zur nothwendigen Folge. Je nach dem Grad dieser Erregungen und der damit verbundenen Vorstellungen gerathen dadurch seine Atome in Schwingungen und diese setzen sich fort zu den Herznerven. Sie können bei einer erschütternden Gemüthsbewegung einen plötzlichen Stillstand des Herzens veranlassen. Mit dem Aufhören des rothen Blutstromes nach dem Gehirn tritt aber der Verlust des Bewußtseins ein, die Ohnmacht. Indem der Kopf seines Blutes beraubt ist, erscheinen die Gesichtszüge bleich und eine Menge anderer Nebenwirkungen treten auf. Die Dauer der Ohnmacht steht natürlich in Verbindung mit der Dauer des Stillstehens des Herzens. Je länger das Stillstehen, desto tiefer die Ohnmacht und desto schwerer stellt sich der Herzschlag wieder her, der Anfangs unregelmäßig zurückkehrt und nur langsam seinen normalen Rhythmus wieder beginnt. Bei starken Menschen beschränkt sich eine solche Erregung meist auf eine Verlangsamung des Herzschlages, während sie bei einem kränklichen oder erschöpften Menschen zum Stillstand führt.

Noch sei einer dritten Möglichkeit gedacht, welche durch den Einfluß des Gehirns eintritt. Steigert sich der Reiz gleichzeitig in jenen beiden Bahnen, welche von den Nervencentern zum Herzen gehen, so kommt es zu jener stürmischen Bewegung, welche so viele unserer heftigen und leidenschaftlichen Gemüthsaffekte begleitet; das Herz pocht stark und häufig. Es gibt zuerst einen Anfangseindruck, bei dem das Herz langsam pocht. Aber bald beschleunigt es, wie ein von einem Stachel verwundetes Thier seine Bewegungen und treibt das Blut voll durch alle Adern. Und in dieser Weise sind eine Menge Zwischenstufen möglich von dem Schreck, der zur Ohnmacht führt, von der tiefen Trauer bis zur Schwermuth, die den Herzschlag verlangsamt, die Trägheit des Darmes bedingt, die Verdauungsthätigkeit des Magens hemmt und dadurch Appetitlosigkeit herbeiführt.

Bei freudigen Gemüthsaffekten, bei denen die Pulse höher schlagen, sind ebenfalls die Hirnregionen gereizt, und die Erregung der excitirenden und hemmenden Nerven bedingt jene raschen und doch vollen Schläge, welche z. B. die Liebe begleiten. Eine solche Beschleunigung des Herzschlages hat einen stärkeren Zufluß des Blutes nach dem Gehirn und die am Kopfe befindlichen Theile zur Folge; das Gesicht röthet sich und erhält den Ausdruck des Behagens. Wenn man also sagt, daß die Liebe das Herz höher schlagen mache, so ist dies nicht blos eine poetische Redeform, es ist auch eine physiologische Wirklichkeit.

Die angeführten Beispiele mögen genügen. Sie erläutern an der Hand der thatsächlichen Forschung den Zusammenhang des Herzens mit dem Gehirn und zeigen, wie es zu jener hohen ethischen Bedeutung kommt, welche ihm der Sprachgebrauch aller Völker und aller Zeiten beilegt.

Nennt es doch ein Dichter ob seiner sympathischen Schläge sogar:

„Das Meisterwerk in Raum und Zeit —
Das ist das Herz in seinem Wallen
Das Herz in seiner Trunkenheit.“

Ich bin am Ziel. Hier schließt sich der Ring. Die Reihe der mechanischen Vorgänge gipfelt in der Bewegung des Herzens. Der Kreislauf des Blutes weckt überall die Thätigkeit der Organe. Die Erzeugung der Kraft aber aus dem Umschwung der Stoffe im Innern der lebendigen Theile, jene Welt der Bewegungen, welche in den Vorgängen der Zersetzung sich vor unserm Geist enthüllt, die Summe dieser Erörterungen gehört vor das Forum der physiologischen Chemie, vor das der Chemie im Organismus.

Unsere Aufgabe war die Maschine zu zerlegen, um ihre Mechanik am thätigen Organismus zu begreifen.

www.ingramcontent.com/pod-product-compliance
Lightning Source LLC
La Vergne TN
LVHW092108300926
849161LV00002B/77